The Herschel Objects and How to Observe Them

ハーシェル天体
ウォッチング

James Mullaney, F.R.A.S.
ジェームズ・マラニー 著　　Tamao Tsunoda
角田玉青 訳

地人書館

成人した我が子たち——我が天空における三つの輝かしい星たちへ

コリーン・マラニー・レンフェスティー
クリスティン・マラニー・タカクス
ジェームズ・ウィリアム・マラニー

Translation from the English language edition:
The Herschel Objects and How to Observe Them by James Mullaney
Copyright © 2007 Springer Science+Business Media, LLC
All Rights Reserved

Japanese translation rights arranged with Springer-Verlag GmbH, Heidelberg, Germany
acting the name of Springer Science+Business Media, LLC, New York
through Tuttle-Mori Agency, Inc., Tokyo

日本語版へ

　親愛なる日本の天文仲間の皆さんへ．ウィリアム・ハーシェル卿は，本書でスケッチしたように，数々の発見で飾られた栄光の小道を空に残しました．この小道をたどれば，皆さんもハーシェルこそが，間違いなく史上最も偉大な星空の眼視観測家だったとお認めになるでしょう．常に「澄んだ空」が皆さんとともにありますように！

ジェームズ・マラニー（王立天文学会会員）

まえがき

　今日，活動的なアマチュア天文家の多くは，すでにメシエやコールドウェルによるポピュラーな星表(カタログ)に含まれる，星団・星雲・銀河の探査を終え，愛機で探検すべき新たな地平線を探し求めている．その候補として，偉大なイギリスの天文学者，ウィリアム・ハーシェル卿が 1790 年代の終わりから 1800 年代の初めにかけて成し遂げた発見の数々ほど，うってつけのものはおそらく他にないだろう．ただし，上記二つのカタログが 100 をわずかに上回る天体を含むだけなのに対して，ハーシェルのカタログには約 2,500 個の項目が含まれている．いかに深宇宙天体に入れ込んだ観望家といえども，大概はこの数の多さに恐れをなして，これら未知の驚異を探ろうという気にはなれなかった．

　筆者は，『スカイ・アンド・テレスコープ』誌 1976 年 4 月号に掲載された手紙の中で，ハーシェルのリストをもっと魅力ある観測対象とするための方法を提案した．彼の発見は，クラス I〜VIII と名づけられた 8 種に分類されている（第 3 章参照）．そのうちの 1,893 個がクラス II と III，すなわちハーシェルがいうところの「暗い星雲」と「非常に暗い星雲」に分類されている．これらを除外して，残りのクラスに含まれる項目だけを観測対象にすれば，615 個の天体が残ることになり，観望対象としてははるかに現実的で，扱いやすいものになるだろう．この手紙が掲載された後，『アストロノミー』誌 1978 年 1 月号に，このアイデアを元にした 1 本の記事が載り，さらに（だいぶ後のことだが）『スカイ・アンド・テレスコープ』誌 1992 年 9 月号にも同様の記事が載った．こうした記事がきっかけとなって，天文ファンの間でハーシェル天体の観測が流行りだし，筆者の提案に応えてフロリダ州セントオーガスチンにある「古代都市天文クラブ」(Ancient City Astronomy Club) が実際にハーシェル・クラブを結成した．こうした一地方の努力が，ついには天文連盟（全米の大半の天文クラブからなる連合体）による全国レベルのものにまで発展した（この件に関する詳細と，他のハーシェル・クラブ——1958 年までさかのぼる，短命で終わったものも含む——については，「付録 1」を参照のこと）．残念ながら，これらの団体が採用した目標天体リストには，私が推奨した 615 個すべてではなく，総計 400 個ほどの対象しか載っていない（その創設メンバーの中には，現在ハーシェル・カタログすべてに挑戦中という人もいるのだが）．そのリストには，アイピース越しに覗いてもまったく面白

まえがき

味のないクラスⅡとⅢに属する天体が多く含まれているし，その一方で，ハーシェル天体本来の見どころの多くが漏れている．

ハーシェル天体と，アマチュア天文家によるその観測に特化して，しかもクラスⅠ，Ⅳ，Ⅴ，Ⅵ，Ⅶ，そしてⅧに属する615個の天体に重きを置いた著作が，これまで長いこと求められてきた．今読者が手にしているこの本こそ，それに対する筆者の答えである．以下，本書の冒頭では，ウィリアム・ハーシェル卿の目覚ましい生涯と時代，その驚くべき天文学上の発見の数々，そして手製の金属鏡式反射望遠鏡——小は口径15cm程度のものから大は122cm，すなわち一時は世界最大を誇った有名な「40ft」〔12.2m〕望遠鏡に至るまで——について（有名な彼の妹カロラインと息子ジョン卿についても若干触れながら）概観した後で，彼のカタログとさまざまなクラスについて簡単に述べる．さらに観測テクニックについて論じてから，5cmから36cm級のアマチュア用望遠鏡で眺めるのにふさわしい，選り抜きの見どころを165個ほどスケッチしてみよう（そして同じ視野に入ってくる，さらにかすかな天体についても触れる）．この部分こそ本書の中核部分であり，読者の多くは途中をはしょってでも，すぐこれらの章に進みたいと思うだろう．しかし，ハーシェルの時代背景や，発見に際して彼が使った望遠鏡，そして彼が設定した各クラスの性質を多少なりとも知っておくと，その見どころの数々を眺めるという究極の喜びもぐっと増すはずである．なお，クラスⅡとⅢの天体がどんな見え方をするのか，観望家に感じ取ってもらえるよう，その中からもいくつか興味深い例をとり上げた．さらにその後で，ハーシェルが天空を「掃査」（sweep）する過程で，奇妙にも見落とした多くの見どころにも光を当てる（そして彼の発見後に，どうやら空から消えてしまったらしいいくつかの天体も！）．「付録1」ではさまざまなハーシェル・クラブについて述べる．続く「付録2」では，この驚くべき天文一家についてもっと知りたいと思う読者のために，ハーシェルに関する参考文献の中からいくつか選んで載せておく．最後に本書を完全なものとするために，「付録3」として，筆者本来の提案に従い，上記6個のクラスに含まれる615の天体すべてを見たいと望む人への，実践向き一覧表を掲げた．

さあ，親愛なる読者諸氏．この真に偉大で，情熱的な観測家が残した天空の輝かしい小道を一緒にたどろうではないか！

2007年3月
アメリカ，デラウェア州レホボスビーチ
ジェームズ・マラニー

謝　辞

　本書が完成するまでには，プロ，アマ双方の天文コミュニティに属する多くの方々の助力があった．まず『スカイ・アンド・テレスコープ』と『アストロノミー』両誌の編集部は，ハーシェル天体の観測とハーシェル・クラブ結成に関する，私のさまざまな記事や手紙を多年にわたり好意的に掲載して下さった．ピッツバーグのアレゲニー天文台の元台長，ニコラス・ワーグマン博士には，二重星やハーシェル天体を含む深宇宙の驚異を眼視で探査する目的で，同天文台のすばらしい口径33cmフィッツ-クラーク製屈折望遠鏡を存分に使うことを（時には，口径75cmブラッシャー製屈折望遠鏡さえも！）快くお許しいただいた．（ウィリアム・ハーシェルがその初代会長をつとめた）ロンドンの王立天文学会に所属するロナルド・ウィルトシャーとピーター・ヒングレーには，資料を快くご提供いただいたことで，特に感謝申し上げる．資料には，『星雲・星団新総合目録』（*New General Catalogue of Nebulae and Clusters of Stars*, NGC）と二つの『索引目録』（*Index Catalogue*）を合わせて1962年に再刊された本も含まれており，このNGCには，ウィリアム卿（およびその息子であるジョン卿やその他の多くの人々）が深宇宙で成し遂げた発見のすべてに関する完璧な記述一覧が載っている．また，王立天文学会およびロンドンの写真科学ライブラリーのローズ・テイラーにも，ハーシェル一族の画像3点と，彼らの望遠鏡の画像をご提供いただいたことを深謝する．本書を飾る選り抜きのハーシェル天体のCCD画像の大半を撮影していただいたことで，マイク・イングリス博士（王立天文学会員）には特にお世話になった*．またカリフォルニア在住の天体写真家，スティーブ・ピーターズも，個人的に撮影した多くのハーシェル天体の画像を提供してくれた．IBMの元エンジニア，チャールズ・フェルドマンにも感謝したい．彼は私のために本書の最初の数章で使用した多くの画像をCD-ROMに焼いてくれた．シュプリンガー社の担当編集者の方々——ニューヨーク事務所のハリー・ブロム博士，クリストファー・コフリン，ジェニー・ウォルコヴィッキ，ロンドン事務所のジョン・ワトソン博士（王立天文学会員），そして本書を含むシリーズ全体の編集者であるマイク・イングリス博士ご当人——には，全面的なご協力をいただいた．私の3冊目の本**が，この世界的出版社から出るにあたって，彼らと一緒に仕事できたことは大きな喜びである．そして最後に，長期に及ぶ本書の調査・執筆の間中，絶え

謝 辞

ず私を励まし,支えてくれた親愛なるわが妻,シャロン・マクドナルド・マラニーに感謝を捧げたい.

＊イングリス博士が使用したのは,口径 20cm,25cm,30cm のシュミット・カセグレン式望遠鏡であり,撮影年は 2005 〜 2006 年,当時の空の状態は「適当」から「優秀」までさまざまである.画像処理には MaximIDL,IRAF,Adobe Photoshop を使用した.
＊＊2 冊の前著とは,『二重星・多重星とその観測』(*Double and Multiple Stars and How to Observe Them,* Springer, 2005) と,『天体望遠鏡と双眼鏡の購入・活用ガイド』(*A Buyer's and User's Guide to Astronomical Telescopes and Binoculars,* Springer, 2007) を指す.

ハーシェル天体ウォッチング　目次

日本語版へ　3
まえがき　5
謝辞　7
凡例　14
掲載天体一覧　15

第1部　ウィリアム・ハーシェルの生涯，望遠鏡，星表(カタログ)

第1章　はじめに　21
　ウィリアム・ハーシェル卿とは？　21
　音楽家から天文家へ　21
　天王星と宮廷天文家　22
　カロラインとジョン卿　23
　宇宙の探求　26

第2章　ハーシェルの望遠鏡　29
　初期の機材　29
　望遠鏡作りの仕事　29
　大小二つの「20ft」望遠鏡　31
　「40ft」巨大望遠鏡　32

第3章　ハーシェルのカタログとクラスについて　35
　二重星と多重星　35
　星団，星雲，銀河　36
　間違って分類された天体　39
　GC，NGC，そしてNGC2000.0　40

第4章　観測のテクニック　43
　テクニックの必要性　43
　暗順応　43
　そらし目　45
　色彩の知覚　46
　目の鋭さ　47
　倍率と視野　48
　空の状態　49
　記録をつけること　52
　対象の発見　54
　人的要因　56

ハーシェル天体ウォッチング　目次

第2部　ハーシェル天体の見どころ探検

第5章　クラスⅠの見どころ——明るい星雲　61

おひつじ座　61
うしかい座　61
かに座　62
りょうけん座　62
かみのけ座　66
からす座　67
いるか座　69
りゅう座　69
エリダヌス座　71
しし座　71
やまねこ座　74
へびつかい座　75
ペガスス座　76
ペルセウス座　77
いて座　79
たて座　79
ろくぶんぎ座　80
おおぐま座　81
おとめ座　84

第6章　クラスⅣの見どころ——惑星状星雲　91

アンドロメダ座　91
みずがめ座　92
きりん座　93
カシオペヤ座　94
ケフェウス座　95
からす座　97
はくちょう座　98
いるか座　100
りゅう座　101
エリダヌス座　102
ふたご座　103
ヘルクレス座　103
うみへび座　104
いっかくじゅう座　105
へびつかい座　106
オリオン座　107
とも座　107
いて座　109
おうし座　110
おおぐま座　111
おとめ座　113

第7章　クラスⅤの見どころ——きわめて大型の星雲　115

アンドロメダ座　115
ポンプ座　117
きりん座　118
りょうけん座　119
くじら座　121
かみのけ座　123
はくちょう座　124
りゅう座　126
ろ座　128
しし座　128

オリオン座　*128*　　　　　　さんかく座　*133*
いて座　*132*　　　　　　　おおぐま座　*135*
ちょうこくしつ座　*133*

第8章　クラスⅥの見どころ——きわめて密集した多数の星からなる星団　*137*

うしかい座　*137*　　　　　いっかくじゅう座　*144*
カシオペヤ座　*137*　　　　へびつかい座　*145*
ケフェウス座　*139*　　　　オリオン座　*146*
かみのけ座　*141*　　　　　ペルセウス座　*146*
ふたご座　*141*　　　　　　いて座　*149*
うみへび座　*143*　　　　　さそり座　*149*
てんびん座　*144*　　　　　ちょうこくしつ座　*150*

第9章　クラスⅦの見どころ——大小の星からなる密集した星団　*151*

アンドロメダ座　*151*　　　はくちょう座　*157*
わし座　*152*　　　　　　　いっかくじゅう座　*157*
ぎょしゃ座　*153*　　　　　ペルセウス座　*158*
きりん座　*153*　　　　　　とも座　*158*
おおいぬ座　*154*　　　　　いて座　*159*
カシオペヤ座　*155*　　　　おうし座　*160*
ケフェウス座　*156*　　　　こぎつね座　*161*

第10章　クラスⅧの見どころ——雑然と散在した星団　*163*

ぎょしゃ座　*163*　　　　　オリオン座　*167*
カシオペヤ座　*163*　　　　とも座　*168*
はくちょう座　*164*　　　　たて座　*170*
とかげ座　*164*　　　　　　おうし座　*171*
いっかくじゅう座　*165*　　こぎつね座　*171*
へびつかい座　*167*

第11章　クラスⅡとⅢの例——暗い星雲と非常に暗い星雲　*173*

アンドロメダ座　*173*　　　くじら座　*175*
わし座　*174*　　　　　　　かみのけ座　*175*
カシオペヤ座　*175*　　　　りゅう座　*176*

ハーシェル天体ウォッチング　目次

ふたご座　*177*　　　　　　　　ペガスス座　*181*
ヘルクレス座　*178*　　　　　　いて座　*182*
うみへび座　*179*　　　　　　　さんかく座　*183*
しし座　*180*　　　　　　　　　おとめ座　*183*

第12章　ハーシェルが見落とした見どころ　*185*
なぜ見落としが起こったのか？　*185*　　はくちょう座　*189*
見逃された見どころのリスト　*186*　　　ろ座　*190*
みずがめ座　*186*　　　　　　　ヘルクレス座　*191*
わし座　*186*　　　　　　　　　こと座　*192*
ぎょしゃ座　*187*　　　　　　　いっかくじゅう座　*192*
きりん座　*187*　　　　　　　　へびつかい座　*193*
カシオペヤ座　*187*　　　　　　オリオン座　*193*
ケフェウス座　*188*　　　　　　いて座　*194*
くじら座　*189*　　　　　　　　おうし座　*195*

第13章　「消えた」ハーシェル天体　*197*
それらはどこに
　　いってしまったのか？　*197*　　くじら座　*201*
HⅧ-44の消滅　*198*　　　　　　はくちょう座　*201*
いくつかの　　　　　　　　　　　いるか座　*201*
　「存在しない」ハーシェル天体　*199*　ふたご座　*201*
わし座　*200*　　　　　　　　　いっかくじゅう座　*201*
ぎょしゃ座　*200*　　　　　　　オリオン座　*202*
かに座　*200*　　　　　　　　　とも座　*202*
おおいぬ座　*200*　　　　　　　いて座　*202*
こいぬ座　*200*　　　　　　　　おうし座　*202*
ケフェウス座　*200*　　　　　　こぎつね座　*203*

第14章　むすび　*205*
ハーシェルの遺産　*205*　　　　　光子で宇宙とつながる　*208*
「天界の構造」　*206*

付録1　ハーシェル・クラブ　*211*

付録2　ハーシェル文献選　*215*
　　単行本とマニュアル類　*215*
　　論文と雑誌記事　*218*
付録3　ハーシェル天体615個の目標リスト　*221*

著者について　*235*

訳者あとがき　*237*

索引　*239*

凡　例

(1) 本書は James Mullaney 著，*The Herschel Objects and How to Observe Them*（Springer, 2007）の全訳である．

(2) 〔　〕内は訳者による注である．

(3) 原文中のインチ，フィートはメートル法に換算して表記した．その際，センチの場合は小数点以下1桁で四捨五入した整数で，また，メートルの場合は小数点以下2桁で四捨五入して小数点以下1桁まで表示した．ただし，固有名詞としての「7ft」望遠鏡，「20ft」望遠鏡，「40ft」望遠鏡はそのままとし，適宜〔　〕内に長さを補った．

(4) 本書の第2部では，各天体の見え方について，ハーシェルによるオリジナルの記述を引用している．ハーシェルの記載は一連の少数の単語の組み合わせからなり，そのまま訳すと日本語として不自然な部分も出てくるが，原文の意を損なわないように，あえて直訳とした．以下の①，②，③はその主要なものである．これにしたがい，たとえば，"Bright, considerably large, round, gradually, then pretty suddenly very much brighter in the middle to a resolvable (mottled, not resolved) nucleus." であれば，「明るい．かなり大型．丸い．中央部は分離可（斑状，未分離）の中心核にかけて，ゆるやかに，次いでいくぶん急に増光」のように訳出した．

①　天体の性質・部位を表わす語
bright 明るい，brighter 増光，compressed 密，extended 延伸，faint 暗い，globular 球状の，involved 包含，irregular いびつな／不整形，large 大型，middle 中央部，nebulosity 星雲状物質，nucleus 中心核，partially resolved, some stars seen 部分的に分離し，いくつかの星が見分けられる，poor 星数少，resolvable (mottled, not resolved) 分離可（斑状，未分離），rich 星数多，round 丸い，small 小型，well resolved, clearly consisting of stars はっきりと分離し，明瞭に複数の星からなる

②　程度や様態を表わす語
a little わずかに，considerably かなり，extremely 極端に，gradually ゆるやかに，little（副詞）少々／少しだけ，much 大きく／大いに，pretty いくぶん，pretty much いくぶん目立って，suddenly 急に，very とても（大・多の強意）／ほんの（小・少の強意），very much 著しく，very very たいへん／非常に，very very little ごくわずかに

③　評価語・その他
magnificent 壮麗な，remarkable 注目に値する，remarkable, very much so きわめて注目に値する，then 次いで，to… 〜にかけて

掲載天体一覧

　本書の第5章から第12章で取り上げられている天体を，その天体が属する星座ごとに，星座の五十音順に掲げる．それぞれ，ハーシェル名（クラス-番号），（　）内に対応するNGC番号，天体の種類の略語，（　）内にメシエ番号・通称など（もしあれば），掲載頁である．天体の種類の略語は，OC＝散開星団（open cluster），GC＝球状星団（globular cluster），PN＝惑星状星雲（planetary nebula），DN＝散光星雲（diffuse nebula），SR＝超新星残骸（supernova remnant），GX＝銀河（galaxy）である．

■アンドロメダ座
HⅡ-224（NGC404）：GX（偽りの彗星）173
HⅣ-18（NGC7662）：PL（青い雪玉）91
HⅤ-18（NGC205）：GX（M110/M31の伴銀河）115
HⅤ-19（NGC891）：GX 116
HⅦ-32（NGC752）：OC 151

■いっかくじゅう座
HⅣ-2（NGC2261）：DN（ハッブルの変光星雲）105
HⅥ-27（NGC2301）：OC 144
HⅥ-37（NGC2506）：OC 145
HⅦ-2（NGC2244）：OC（バラ星団）157
HⅧ-5＝HⅤ-27（NGC2264）：OC（クリスマスツリー星団）165
HⅧ-25（NGC2232）：OC 165
――（NGC2237）：DN（バラ星雲）192

■いて座
HⅠ-150（NGC6440）：GC 79
HⅡ-386（NGC6445）：PL（二日月星雲）182
HⅣ-41（NGC6514）：DN（＝M20 三裂星雲）109
HⅣ-51（NGC6818）：PL（小さな宝石星雲）109
HⅤ-10/11/12（NGC6514）：DN（M20 三裂星雲の内部）132

HⅥ-23（NGC6645）：OC 149
HⅦ-7（NGC6520）：OC 159
――（NGC6530）：OC 195
――（NGC6822）：GX（バーナードの矮銀河）194

■いるか座
HⅠ-52（NGC7006）：GC 69
HⅠ-103（NGC6934）：GC 69
HⅣ-16（NGC6905）：PL（ブルーフラッシュ星雲）100

■うしかい座
HⅠ-34（NGC5248）：GX 61
HⅥ-9（NGC5466）：GC 137

■うみへび座
HⅡ-196（NGC5694）：GC 179
HⅣ-27（NGC3242）：PL（木星の幽霊）104
HⅥ-22（NGC2548）：OC（＝M48）143

■エリダヌス座
HⅠ-64（NGC1084）：GX 71
HⅠ-107（NGC1407）：GX 71
HⅣ-26（NGC1535）：PL（ラッセルの最も驚くべき天体）102

■おうし座
HⅣ-69（NGC1514）：PL 110
HⅦ-4（NGC1817）：OC 160
HⅦ-21（NGC1758）：OC 160
HⅧ-8（NGC1647）：OC 171
――（NGC1554/5）：DN（ハインドの変光星

15

雲）195
── （NGC1807）：OC　196
■おおいぬ座
HⅦ-12（NGC2360）：OC　154
HⅦ-17（NGC2362）：OC（おおいぬ座τ星星団）154
■おおぐま座
HⅠ-168（NGC3184）：GX　82
HⅠ-201（NGC3877）：GX　82
HⅠ-203（NGC3938）：GX　82
HⅠ-205（NGC2841）：GX　81
HⅠ-206（NGC4088）：GX　83
HⅠ-224（NGC4085）：GX　83
HⅠ-231（NGC5473）：GX　83
HⅠ-252（NGC4041）：GX　83
HⅠ-253（NGC4036）：GX　82
HⅣ-61（NGC3992）：GX（＝M109）112
HⅣ-79（NGC3034）：GX（＝M82）111
HⅤ-45（NGC3953）：GX　136
HⅤ-46（NGC3556）：GX（＝M108）135
■おとめ座
HⅠ-9（NGC4179）：GX　84
HⅠ-24（NGC4596）：GX　86
HⅠ-25＝HⅡ-74（NGC4754）：GX　88
HⅠ-28.1（NGC4435）：GX（両目銀河）85
HⅠ-28.2（NGC4438）：GX（両目銀河）85
HⅠ-31＝HⅠ-38（NGC4526）：GX　85
HⅠ-35（NGC4216）：GX　84
HⅠ-39（NGC4697）：GX　88
HⅠ-43（NGC4594）：GX（＝M104 ソンブレロ銀河）87
HⅠ-70（NGC5634）：GC　89
HⅠ-126（NGC5746）：GX　89
HⅠ-139（NGC4303）：GX（＝M61）84
HⅡ-75（NGC4762）：GX（凧）183
HⅡ-297（NGC5247）：GX　184
HⅣ-8（NGC4567）：GX（シャム双生児）113
HⅣ-9（NGC4568）：GX（シャム双生児）113
■おひつじ座
HⅠ-112（NGC772）：GX　61
■オリオン座
HⅣ-34（NGC2022）：PL　107
HⅤ-28（NGC2024）：DN（炎星雲）131

HⅤ-30（NGC1977）：DN　130
HⅤ-32（NGC1788）：DN　128
HⅥ-5（NGC2194）：OC　146
HⅧ-24（NGC2169）：OC（「37」星団）167
── （NGC1981）：OC　193
■カシオペヤ座
HⅡ-707（NGC185）：GX　175
HⅣ-52（NGC7635）：DN（バブル星雲）94
HⅥ-30（NGC7789）：OC（カロライン星団）138
HⅥ-31（NGC663）：OC　137
HⅦ-42（NGC457）：OC（ふくろう星団）155
HⅦ-48（NGC559）：OC　156
HⅧ-78（NGC225）：OC　163
── （NGC147）：GX　187
── （NGC281）：DN　187
■かに座
HⅠ-2（NGC2775）：GX　62
■かみのけ座
HⅠ-19（NGC4147）：GC　66
HⅠ-75（NGC4274）：GX　66
HⅠ-84（NGC4725）：GX　67
HⅠ-92（NGC4559）：GX　67
HⅡ-391（NGC4889）：GX　175
HⅤ-24（NGC4565）：GX123
HⅥ-7（NGC5053）：GC　141
■からす座
HⅠ-65（NGC4361）：PL　67
HⅣ-28.1（NGC4038）：GX（触角銀河）97
HⅣ-28.2（NGC4039）：GX（触角銀河）97
■ぎょしゃ座
HⅦ-33（NGC1857）：OC　153
HⅧ-71（NGC2281）：OC　163
── （IC 405）：DN（フレーミングスター星雲）187
■きりん座
HⅣ-53（NGC1501）：PL（牡蠣星雲）93
HⅤ-44（NGC2403）：GX　118
HⅦ-47（NGC1502）：OC（黄金の竪琴星団）153
── （IC 342）：GX　187
■くじら座
HⅡ-6（NGC1055）：GX　175
HⅤ-20（NGC247）：GX　122

HⅤ -25（NGC246）：PL 121
――（IC 1613）：GX 189
■ケフェウス座
HⅣ -58（NGC40）：PL 97
HⅣ -74（NGC7023）：DN（アイリス星雲）96
HⅣ -76（NGC6946）：GX 95
HⅥ -42（NGC6939）：OC 139
HⅦ -44（NGC7510）：OC 156
――（NGC188）：OC（古代の神） 188
■こぎつね座
HⅦ -8（NGC6940）：OC 161
HⅧ -20（NGC6885）：OC 171
HⅧ -22（NGC6882）：OC 171
■こと座
――（NGC6791）：OC 192
■さそり座
HⅥ -10（NGC6144）：GC 149
■さんかく座
HⅢ -150（NGC604）：DN 183
HⅤ -17（NGC598）：GX（= M33 さんかく座銀河） 133
■しし座
HⅠ -13（NGC3521）：GX 74
HⅠ -17（NGC3379）：GX（= M105） 73
HⅠ -56/57（NGC2903/5）：GX 71
HⅡ -44/45（NGC3190/3193）：GX（ヒクソン銀河群 44 番） 180
HⅡ -52（NGC3626）：GX 181
HⅤ -8（NGC3628）：GX 128
■たて座
HⅠ -47（NGC6712）：GC 79
HⅧ -12（NGC6664）：OC 170
■ちょうこくしつ座
HⅤ -1（NGC253）：GX（ちょうこくしつ座銀河） 133
HⅥ -20（NGC288）：GC 150
■てんびん座
HⅥ -19 HⅥ -8?（NGC5897）：GC 144
■とかげ座
HⅧ -75（NGC7243）：OC 164
■とも座
HⅣ -39（NGC2438）：PL 107
HⅣ -64（NGC2440）：PL 108
HⅦ -11（NGC2539）：OC 158

HⅦ -64（NGC2567）：OC 159
HⅧ -1（NGC2509）：OC 170
HⅧ -38（NGC2422）：OC（= M47） 168
■はくちょう座
HⅣ -72（NGC6888）：DN（三日月星雲） 100
HⅣ -73（NGC6826）：PL（まばたき星雲） 98
HⅤ -14（NGC6992/5）：SR（網状星雲） 125
HⅤ -15（NGC6960）：SR（網状星雲） 124
HⅤ -37（NGC7000）：DN（北アメリカ星雲） 126
HⅦ -59（NGC6866）：OC（凧星団） 157
HⅧ -56（NGC6910）：OC 164
――（IC 5146）：DN（繭星雲） 190
――（NGC6819）：OC（フォックスヘッド星団） 189
――（NGC7027）：PL（スティーブンの原始惑星状星雲） 190
■ふたご座
HⅡ -316/317（NGC2371/2372）：PL 177
HⅣ -45（NGC2392）：PL（エスキモー星雲） 103
HⅥ -1（NGC2420）：OC 143
HⅥ -17（NGC2158）：OC 141
HⅥ -21（NGC2266）：OC 142
■ペガスス座
HⅠ -53（NGC7331）：GX 76
HⅠ -55（NGC7479）：GX 76
HⅡ -240（NGC7814）：GX（電気アーク銀河） 181
■へびつかい座
HⅠ -48（NGC6356）：GC 75
HⅣ -11（NGC6369）：PL（小さな幽霊星雲） 106
HⅥ -40（NGC6171）：GC（= M107） 145
HⅧ -72（NGC6633）：OC 167
――（IC 4665）：OC（夏の蜂の巣） 193
――（NGC6572）：PL（Struve 6N） 193
■ヘルクレス座
HⅡ -701（NGC6207）：GX 178
HⅣ -50（NGC6229）：GC 103
――（NGC6210）：PL（Struve 5N） 191
■ペルセウス座
HⅠ -156（NGC1023）：GX 79

掲載天体一覧

HⅠ-193（NGC650/1）：PL（＝M76 小亜鈴星雲）77
HⅥ-25（NGC1245）：OC 148
HⅥ-33（NGC869）：OC（二重星団）146
HⅥ-34（NGC884）：OC（二重星団）146
HⅦ-61（NGC1528）：OC 158

■ポンプ座

HⅤ-50（NGC2997）：GX 117

■みずがめ座

HⅣ-1（NGC7009）：PL（土星状星雲）92
――（NGC7293）：PL（らせん星雲）186

■やまねこ座

HⅠ-200（NGC2683）：GX 75
HⅠ-218（NGC2419）：GC（銀河間の放浪者）74

■りゅう座

HⅠ-215（NGC5866）：GX 69
HⅡ-759（NGC5907）：GX（木っ端銀河）176
HⅣ-37（NGC6543）：PL（猫の目星雲）101
HⅤ-51（NGC4236）：GX 126

■りょうけん座

HⅠ-96（NGC5005）：GX 65

HⅠ-176/177（NGC4656/7）：GX（ホッケースティック銀河）64
HⅠ-186（NGC5195）：GX（M51の伴銀河）65
HⅠ-195（NGC4111）：GX 62
HⅠ-198（NGC4490）：GX（繭銀河）63
HⅠ-213（NGC4449）：GX 62
HⅤ-41（NGC4244）：GX 119
HⅤ-42（NGC4631）：GX（鯨銀河）120
HⅤ-43（NGC4258）：GX（＝M106）120

■ろくぶんぎ座

HⅠ-3（NGC3166）：GX 81
HⅠ-4（NGC3169）：GX 81
HⅠ-163（NGC3115）：GX（紡錘銀河）80

■ろ座

HⅤ-48（NGC1097）：GX 128
――（NGC1360）：PL 190

■わし座

HⅢ-743（NGC6781）：PL（シャボン玉星雲）174
HⅦ-19（NGC6755）：OC 152
――（NGC6709）：OC 186

第1部　ウィリアム・ハーシェルの生涯，望遠鏡，星表(カタログ)

第1章　はじめに

◎ウィリアム・ハーシェル卿とは？

　ウィリアム・ハーシェルは，文句なしに史上最も偉大な眼視観測家である．彼はあるときは「観測天文学の父」，またあるときは「恒星天文学の父」など，さまざまな見方をされるが，彼はまさにその身一つで深宇宙の未開地を望遠鏡で探求する道を切り開いた．彼がいうところの「天界の構造」（construction of the heavens）を研究するという壮大な計画の過程で，ハーシェルは文字通り何千という未知の二重星・多重星，星団，星雲，それに銀河を発見した．（スタートレックのセリフを借りるなら）まさに「人跡未踏の地に大胆にもおもむいた」のだ！　ハーシェルは独学の人で，厳密にいえばアマチュア天文家だったが，彼のおかげで当時はまだ太陽系と恒星の位置にもっぱら関心があったプロの天文学界はすっかり様変わりし，彼が新たに定めた進路を今もなお全力で突き進んでいる（ついでながら，「アマチュア」という語は，「愛すること」を意味するラテン語"amare"――より正確にいえば「何かを愛する人」という意味の"amator"――に由来する．アマチュア天文家とは星を愛する人のことであり，確かにウィリアム卿ほど星を愛した人はいないだろう）（図 1.1, p.22）．

◎音楽家から天文家へ

　ハーシェルは 1739 年，ドイツのハノーバーの音楽一家に生まれ，1770 年頃イギリスに移住した．他の家族と同じように，彼の初期の職業は音楽家であり，彼の場合は，バースの町〔イングランド西部の温泉保養地〕で音楽を教え，管弦楽曲を作曲していた．バース在住の間に，彼は天文学に魅了された（誰かがいったように，「とりつかれた」という方が適切かもしれない．彼は時には演奏中でも，幕間になると観測のために文字通り家まで走って帰った．そして後にフルタイムの天文家になると，夕暮れから夜明けまで観測するのが常だった）．彼は自分用の望遠鏡作りに取りかかり，手始めは小型の屈折望遠鏡だったが，いろいろな理由からそれを断念し，代わりに反射望遠鏡に注目した．そして鏡金製の鏡を含む機材一式を完全に独力で作り上げた（よく知られる銀メッキガラス鏡は，1822 年にハーシェルが没した後，だいぶ経ってか

第1章 はじめに

ら登場したものだ）．しかし，ハーシェルは単に当時最も偉大な望遠鏡製作家だったばかりでなく，世界史上類を見ないぬきんでた観測家でもあった．彼は手製の機材を使って，知られざる天上の宝を求めて空を「掃査」（sweep）した．その最初の「視察」（review）は，227 倍という倍率のニュートン式「7ft」〔2.1m〕反射望遠鏡を使って行なわれた（その当時，望遠鏡は口径ではなく，長さで呼ばれていたことに注意）．これが彼の最初の二重星・多重星目録として実を結んだ．この機材はさらに観測天文学史上最も偉大な発見の一つを生むことになるが，それを成し遂げた者こそ，まったく無名の「アマチュア」だったのだ！

◎天王星と宮廷天文家

　1781 年 3 月 13 日の晩，ふたご座の空を掃査しているとき，ハーシェルは小さな緑がかった円板像に出くわした．注意深い観測によって，それは恒星の間をゆっくりと動いていることが判明し，ハーシェルはそれを奇妙な見え方をする彗星だと信じ込んだ．他の者もその意見に賛成し，ほぼ 1 年にわたって数学者たちはそれを元に

図 1.1　55 歳のウィリアム・ハーシェル卿．彼の発見になる天王星とその二つの衛星（これも彼の発見である）の図を手にした姿で描かれている．1794 年に J. ラッセルが描いた有名なパステル画による肖像画を写した写真．ハーシェルの若い頃の像はきわめて少なく，見つけるのはむずかしい（図 14.1 は，もっと後年の容貌を示している）．Yerkes Observatory Photograph, courtesy of Richard Dreiser.

軌道計算を試みた．だがすべての試みは失敗し，ハーシェルが見つけたのは実際には新たな惑星だったことが最終的に判明した．これこそ，このような形で初めて発見された天体であり（肉眼で見える五つの惑星，すなわち水星，金星，火星，木星，土星は大昔から知られていた），これによって太陽系の大きさは優に2倍になった．既知の惑星以外にも，実際にはもっと多くの惑星があろうとは，まったく誰一人想像もしていなかった．

　この電撃的な予想もしなかった発見によって，ハーシェルはにわかに名声を博し，国王ジョージⅢ世の注意を引き，王はハーシェルを自分のお抱え天文家として雇い入れた．この栄誉に伴う俸給は，ハーシェルを音楽上の義務から解き放ち，天文学にフルタイムで取り組ませるのに十分な額であった．ハーシェルは感謝の気持ちを込めて，新惑星にパトロンの名をとって「ジョージの星」（Georgium Sidus）の名をつけたが，他の天文学者の承認を得ることはできなかった．代わりに「天王星」という名が最終的に選ばれた．これは他の五つの惑星が，古い神話の神々の名をとって名づけられたのに倣うものだった．

◎カロラインとジョン卿

　ウィリアム・ハーシェルの業績について語るには，彼の献身的な妹，カロラインに触れないわけにはいかない．彼女は夜間，望遠鏡のそばで兄を助け，同時にその発見の数々を記録・整理して最終的な公刊に備えるという困難な仕事にあたり，さらには食事の準備を含む家事一切まで取り仕切った（何時間も続く鏡面研磨の作業中，兄のために食事を口に運んだり，書かれた物を読み上げたりすることもあった！）．彼女は当時における代表的な女性天文家となり，〔女性としては〕初めて彗星を発見した（彼女が発見した8個という記録は，ほぼ2世紀の間破られなかった）．彼女が観測に用いたのは，兄が特に彼女用に作ってくれた焦点距離69cmの小ぶりなニュートン式「彗星掃査望遠鏡」で，カロラインはこれを使って，兄が会合に出かけたり王や廷臣たちに星を見せるため不在のときに独力で空を調べた．こうして彼女自身が行なった深宇宙での発見の多くも，ウィリアム卿のカタログには含まれている．その中で筆者の個人的なお気に入りは，カシオペヤ座にあるHⅥ-30（あるいはNGC7789）と名づけられた，美しく鮮やかな散開星団で，筆者はこれを「カロライン星団」と呼んでいる（この注目すべき女性天文家についてもっと知るには，ぜひ「付録2」に掲げたマイケル・ホスキン著『ハーシェル・パートナーシップ——カロラインの視点から』（*The Herschel Partnership: As Viewed by Caroline*）を参照していただきたい）（図1.2, 1.3）．

第1章 はじめに

図 1.2 残念ながらカロライン・ハーシェルの娘時分の絵は存在しない.しかしながら,このような驚くべき復元図が,ハーバードの有名な天文学者にして科学史家のオーウェン・ギンガリッチの天文学講義を受講した,ある画学生によって描かれた.この画家は,たまたま演劇上演のために,若い学生が年寄りに見えるようにメークした経験があり,若い頃のカロラインについて公刊されている記述を元に,上の手順を単純に逆転してみたのだと語っている. Painting by Lisa Rosowsky, 1987, courtesy of Dr. Owen Gingerrich.

図 1.3 カロライン・ハーシェル.ハノーバーに帰国後の 80 代の頃の姿.ウィリアム卿の没後,彼女はハーノーバーに帰った.甥であるジョン・ハーシェル卿への手紙の中で,彼女はこう書いている.「この丸 17 年間というもの,私がどんなに孤独で味気ない生活を送ってきたか,あなたにはおわかりでしょう.なぜといって,兄弟の中で最もすばらしい方が,私を 1772 年 8 月にイギリスへ連れて行ってくださったあのとき,私が後にしたハノーバーの姿はもうありませんし,そこに住んでいた人も誰一人としていないのですから」. Courtesy of the Royal Astronomical Society/Science Photo Library, London.

ウィリアム・ハーシェルはかなり晩婚の人だったが，息子を一人もうけ，ジョン・フレデリック・ウィリアムと名づけた（あるいは単に「ジョン」とも言う）．父親や叔母カロラインと同じく，彼も天文学者として名を成した．しかし，彼は同時に有能な数学者であり，他の分野でも有能な科学者であった．そうした他の活動分野の一つに写真術の実験があり，現存する中では最古の写真をガラス乾板に記録した（すなわち父親の作った「40ft」望遠鏡のぼんやりした画像だ！）．ジョンは父親が北半球の空で行なった探査を完成し，さらにそれを南半球の空にまで拡張したことで，とりわけよく知られている．彼は南アフリカのケープタウンで天空の掃査を4年にわたって続けたが，その際に父親がお気に入りだった望遠鏡，すなわち「大型」の「20ft」〔6.1m〕反射望遠鏡（第2章参照）を携え，それまで知られていなかった何千という二重星・星団・星雲を記録にとどめた．ジョンは1838年にイギリスに帰国したが，この業績で国家的英雄となり，他の栄誉とともにナイトの位を授けられた．ジョン卿は最終的に，自分の発見をカタログの形で公にし，さらにその後，自分と父親が望遠鏡で成し遂げた多くの発見を1冊にまとめて出版した．後者の著作が元になって，有名な『星雲・星団新総合目録』（*New General Catalogue of Nebulae and Clusters of Stars*，略してNGC）が編まれ，1888年に出版されたのである（図1.4，1.5）．

図1.4 青年期のジョン・ハーシェル．彼は，イギリスから見える北半球の空について父親が行なった仕事を発展させたばかりでなく，父ウィリアム・ハーシェル卿のお気に入りだった「大型20ft反射望遠鏡」（図2.2参照）を使って，南アフリカのケープタウンから南半球の空についても同様の探査を行なった．Courtesy of the Royal Astronomical Society/Science Photo Library, London.

第1章　はじめに

◎宇宙の探求

ここに記した最低限の記述からも，この特筆すべき天文家とその家族に関して，その信じがたい生涯と業績の片鱗がうかがえるだろう．読者はぜひとも「付録2」に挙げた，ハーシェルに関するいろいろな参考文献にあたってみてほしい．曇りの晩にはうってつけの，魅力的な読書となるだろう！　しかし，この観測家の類まれな天才とその驚くべき成果について多少なりとも感じ取っていただくために，さしあたり，ここで上記文献リストに挙がっているウィリアム・ハーシェルの伝記の中から印象深い二つの証言を掲げておこう．

リック天文台の台長，エドワード・ホールデンは，1881年に出た古典的著作『ウィリアム・ハーシェル卿』（*Sir William Herschel*）の中で，この偉大な天文家と，観測に基づく彼の銀河系モデルについてこう述べている．

> ひょっとして，それは科学的概念として人類の心に兆したものの中で，最も壮大なものかもしれない．観測天文学者（practical astronomer）として，彼は依然比類なき存在である．深遠なる哲学において，彼以上の者は少ない．幸運な偶然によって，彼はいずれの国にも属さぬ市民と呼びうるが，まったくのところ

図 1.5　後年のジョン・ハーシェル．彼は天文学者としての名声に加えて，卓越した数学者であり，有能なサイエンス・ライターであり，さらに写真術の分野におけるパイオニアでもあった．Courtesy of the Royal Astronomical Society/Science Photo Library, London.

彼の名こそ全世界に帰属する数少ない名前の一つなのである．

同様に印象深いのは，イギリスの天文学史家，アグネス・クラークが1895年に書いた古典的評伝『ハーシェル家と現代天文学』(*The Herschels and Modern Astronomy*)からとった次の言葉である．

　ハーシェルが生涯をかけて取り組んだ大問題は，彼が思っていた以上に複雑に入り組んでいる．それは一つの要塞にもたとえられよう．その砦に接近するには，まず無数の塁壁を突破せねばならない．この無二の人物は，宇宙を見つめることによって鼓舞された，はちきれんばかりの好奇心に駆り立てられ，奇襲によってそれを攻略しようとした．そして砦にわずかな裂け目も作らぬままに，攻撃から撤退したが，彼の『破れてなお翻る軍旗』は常に驚きをもって想起されるにちがいない．

第2章　ハーシェルの望遠鏡

◎初期の機材

　ウィリアム・ハーシェルは1773年，比較的小型の屈折望遠鏡の試作から望遠鏡作りの仕事を始めた（小型というのは口径のことで，長さになると話は別である．そのうちの一つは長さが9.1mもあった！）．それらは今日の機材に比べれば，光学的にはまだまだ素朴なものだったので，彼はすぐ反射望遠鏡へと目を転じた．反射望遠鏡ならば，より大きなサイズも作れたし，レンズの代わりに鏡を使うので，光学ガラスの品質に気を使う必要もなかったからだ．ただし，ここでいう鏡とは，今日ふつうに見られるような反射望遠鏡用の鏡ではない．銀メッキガラス鏡が登場したのは，ハーシェルの死後だいぶ経ってからのことである．代わりに，当時の鏡は鏡金（speculum metal）製の，銅と錫を主成分とした硬くてもろい鋳造品だった．ハーシェルは最初グレゴリー式反射望遠鏡のために何枚か鏡を作ったが，その後，もっと単純なニュートン式に注目するようになった．その後に作った望遠鏡はすべて長焦点のニュートン式で，そのサイズは徐々に大型化し，ついには巨大「40ft」反射望遠鏡を生み出すに至った（以下参照）．

　彼は間もなく口径約15cmの1台の「7ft」〔2.1m〕望遠鏡を作った（前にも述べたように，ハーシェルの時代には，望遠鏡はその光学系のサイズではなく，全体の長さで分類された）．彼はまた「10ft」〔3m〕反射望遠鏡のために，23cm鏡を何枚か作った（さらにずっと後になって，61cm鏡を備えた「10ft」望遠鏡も作った）．その後に続くのが，以下に述べる30cm鏡と47cm鏡を持った「20ft」〔6.1m〕望遠鏡だ．しかし，当初彼のお気に入りだった反射望遠鏡は，ハーシェル言うところの「最もすぐれた金属鏡」を備えた，口径16cmのもう1台の「7ft」望遠鏡だった．これこそ彼が初めて空の「視察」を行なう際に用いた望遠鏡で，彼はこれを使って天王星を発見した（図2.1）．

◎望遠鏡作りの仕事

　ハーシェルの望遠鏡は，品質・大きさいずれをとっても，同時代の他のすべての

望遠鏡よりはるかに先を行っていた．グリニッジを含むイギリス中の数多くの天文台を比較検討した結果，彼は自信をもって述べた．「私はこれまで作られた望遠鏡の中で最もすぐれたものを所有していると今や断言できる」．彼の望遠鏡製作家としての名声は急速に広まり，間もなく他の観測家や天文台からも，望遠鏡を作ってほしいという注文が殺到した．ハーシェルは望遠鏡づくりが本業ではなかったものの，国王から受け取る金では（それは確かに音楽家としての義務からは解放してくれたが），出費のすべてをあがなうことはできなかったので，望遠鏡の製作販売を私的に行なうようになった．彼は少なくとも60台の完成品（多くは2.1mから3mのサイズ）に加えて，自分の望遠鏡用に作った鏡以外にも実に数百枚もの鏡を注文に応じて作った．

図 2.1 口径 16cm の「7ft」反射望遠鏡．ウィリアム・ハーシェルはこれを使って，1781 年 3 月 13 日の晩に天王星を発見した．彼の望遠鏡がすべてそうだったように，これも彼自らの手で研磨・成形した鏡金製の鏡を備えていた．Courtesy of the Royal Astronomical Society/Science Photo Library, London.

賞賛すべき「7ft」望遠鏡でハーシェルが最初に空を視察した際，そこで発見した天体の多くは二重星と多重星だったが，それと同時に彼はこの望遠鏡を使って，早くもたくさんの星団や星雲を発見している（当時は，銀河がまだ銀河と認識されておらず，単に「星雲」というカテゴリーで十把一絡げにされていたことをいっておく必要がある）．ハーシェルのカタログに載っている天体の多くは，「20ft」望遠鏡を使って発見されたものだが，現代の 15～20cm 級の望遠鏡ならば――「暗い星雲」や「非常に暗い星雲」に分類されたものの多くを含め――その大半が見分けられるし，良質の 30cm 望遠鏡ならば，間違いなくすべて見ることができるとよくいわれる．もちろん，現代のコーティングされた鏡の方がはるかに高い反射能を持っていることが，その大きな理由だが，現代のアイピースによる影響も若干ある（ハーシェルはもっぱら単レンズの接眼鏡を使った*．複数の部品からなるデザインや，反射防止コーティングの登場はまだずっと先のことである）．筆者は，5～36cm 級の望遠鏡（時には 76cm も！）を使って，こうした宇宙の驚異を長年観測してきた経験から，上記の見解に全面的に賛同する．

　* 余談ながら興味深い話題として，ハーシェルはこうした単純なアイピースを用いて太陽系や二重星を研究する際，きわめて高い倍率――時には 6000 倍以上！――を使ったとしばしば述べている．同時代の多くの人がこの主張に疑問の目を向けたが，彼のアイピースを現在の技術で光学的に調べてみると，ハーシェルは掛け値なしにそうした驚くべき倍率を実現していたことがわかる．現に，残された接眼鏡の一つは，焦点距離が 0.028 ミリしかない！　もっとも，彼は高倍率の限界について誰よりもよく知っており，その観測の多くは（大型の機材を用いる際でも）300 倍以下の倍率で行なわれた．

◎大小二つの「20ft」望遠鏡

　ハーシェルの 2 頭の「頼れる愛馬」というべき望遠鏡は，2 台の「20ft」〔6.1m〕望遠鏡だった（後に行なわれた種々の観測では，いずれもこの両者が使われた）．先に作った口径の小さい方（「小型 20ft」望遠鏡と呼ばれる）は 30cm 鏡を備え，後から作ったより大きいもの（「大型 20ft」と呼ばれる）は，47cm 鏡を備えていた．ここで鏡（mirrors）が複数形になっていることに注意してほしい．その理由は，いずれの望遠鏡も，数枚の主鏡を必要としたからである．つまり，1 枚は現に使用するもので，他にも最低 1 枚，鏡金の曇りやすさのために再研磨・再成形を行なうのに必要とされたのである（図 2.2）．

　47cm 鏡を備えた 1 台は，ハーシェルにとって最も役立つ望遠鏡となった．後年になっても，巨大な「40ft」望遠鏡より，彼はむしろこちらを好んだほどである．その

方が扱いやすかったし，鏡の性能も良かったからである（47cm鏡の方が段ちがいに製作も保守も容易だったことは言うまでもない）．この望遠鏡は，晴れた晩には夕暮れから夜明けまで恒常的に使われ，それまで未知の星団・星雲を2,000個以上も明らかにした．ニュートン式では，二つの反射面で光の大きな損失が生じることから，ハーシェルは最終的に副鏡を省略しようと考えた．代わりに主鏡を傾けて，光軸からはずれた位置に焦点が来るようにし，それを鏡筒の筒先から直接観測できるようにした．すなわち，彼が「フロント・ビュー」と呼んだ方式である．このアイデアは，市販の望遠鏡でも，またアマチュアの自作望遠鏡でも今なお使われている．ただし，今では「フロント・ビュー」方式と呼ぶ代わりに，その発明者をたたえて「ハーシェル式」の名で呼ばれている．反射光の損失は，今ではハーシェルの時代ほど問題にはならないが，副鏡とその支持棒を光路外に出せば，レンズが持つ色収差の問題を完全に避けられると同時に，光路上に障害物がないという屈折望遠鏡の利点も兼ね備えることができる．

◎「40ft」巨大望遠鏡

ハーシェルにとって最も野心的な（そして史上空前といってもよい）望遠鏡製作

図2.2　「大型20ft」反射望遠鏡は，口径が47cmあった．これはウィリアム卿にとって最も有用な機材で，これを使って星団・星雲・銀河の大半が発見された（それ以前に作った30cm鏡を載せたもう1台の20ft望遠鏡と区別するために，彼はこれを「大型」と呼んだ）．Courtesy of the Royal Astronomical Society/Science Photo Library, London.

計画が，直径122cmの主鏡を備えた巨大な「40ft」〔12.2m〕反射望遠鏡（焦点比はf/10）の建造だった．この大事業を進めるために，彼は国王から資金援助を受け，いったん完成した後も望遠鏡の維持費として毎年給付を受けた．そこそこの研磨と成形を行なえるだけの鏡を最終的に手に入れるまでに，ハーシェルは結果的に数枚の鏡を製作した（図2.3）（興味深いことに，ハーシェルはずっと以前にも30ft〔9.1m〕望遠鏡を目指して鏡を作ろうとしたことがあるのだが，鋳造を試みている最中に，大惨事寸前の事故を何度も経験し，そのアイデアを放棄した）．

1787年，ハーシェルは巨大な筒先までよじ上り，自分が最初に作った鏡の焦点位置を探った．目指すはオリオン星雲．彼はそれを「極端に明るい」と書きとめたが，像は完璧というには程遠かった．その後の挑戦では，土星をテスト対象として選び，その際いくつかの新衛星を発見している．この望遠鏡の集光力については，ウィリアム卿がそれでシリウスを見たときの有名な記述からうかがい知ることができる．

> ……シリウスの登場は自ずと明らかだった．角度で何度という離れた位置から徐々に明るさを増しながら近づいてきて，ついにこの輝く星が望遠鏡の視野に入った．日の出さながらの輝きに，私はこの美しい光景から思わず目をそらした．

この望遠鏡を使った定期的な作業は，最終的に1789年から始まった．しかし，ハーシェルはこの望遠鏡の働きに決して満足しなかった．おそらく，このことを最もよく表わしているのが，望遠鏡の歴史研究家であるヘンリー・キングの名著『望遠鏡

図 2.3 ハーシェルの巨大40ft反射望遠鏡．口径1.2mの主鏡を備えていた．この当代の驚異は，王族や高位の人々をはじめ，遠近を問わずあらゆる土地から見学者を集めた．今日でも，この有名な像は，過去の眼視による観測天文学の時代を物語る永遠のシンボル（icon）として用いられている．Courtesy of the Royal Astronomical Society/Science Photo Library, London.

の歴史』からとった次の一文だろう．

　　ハーシェルが「40ft」望遠鏡で行なった観測は，回数も少なく間隔も不定だった．このことからも，この巨大望遠鏡が製作者の期待を裏切るものだったことは，ほぼ間違いない．そもそも，これだけの口径を生かせるほどの好天はめったになかったし，天気がまずまずならば，ハーシェルはもっと小型で扱いやすい20ft望遠鏡の方を好んで使った．小型の相棒では見えないが，「40ft」なら見えるという天体は少ないことに，ハーシェルは気づいたのである．

　ハーシェル・カタログに含まれている天体のうち，実際に「40ft」望遠鏡を使って発見されたものはきわめて少ないという事実は，上の文章を裏づけている．この偉大な機材に捧げた艱難辛苦を思えば，ハーシェルはいったいどれほど悲しんだことだろう！　しかし，彼にとっては失望だったにしても，王族やお歴々，それに世界中の高名な科学者たちを含め，口をぽかんと開けてこの当代の驚異を眺める野次馬たちにとっては，決してそんなことはなかった．当時の有名な出来事に，国王がカンタベリーの大司教を伴って，まだ建設中の望遠鏡を視察に訪れたことがあった．彼らが鏡筒の開いた筒先から中に入ろうとしたとき（このとき鏡筒はまだ地面に横たわっていた），国王はこう言った．「さあ，司教殿，お出でなされ．天国への道をご覧に入れよう！」．今日でもなお，ハーシェルの巨大な40ft望遠鏡の姿は，天文学の歴史における偉大な――最も偉大な，とは言えないにしろ――象徴の一つである．

　最後に，二つの非常に重要な点を指摘しておかなければならない．まず1点めは，ハーシェルの数多くの望遠鏡は，いずれも単純な経緯台に載っており，その動作と追尾はすべて手動で行なわれたことだ．そして2点めは，ハーシェルはいくたびか転居したが，望遠鏡はいずれも家屋の外，夜の外気の下に据えつけられたことである．その名声と数々の発見にもかかわらず，ウィリアム卿はただの一度も天文台を持ったことがないのである！

第3章　ハーシェルのカタログとクラスについて

◎二重星と多重星

　空のどんなところでも，ウィリアム・ハーシェルが強力な望遠鏡を向けたところには，彼以前の誰も目にしたことのない驚異が常に存在し，彼の前にはまさに人跡未踏の無限の広野が広がっていた．このわくわくする天空探検の成果である天文学上の発見をまとめて，ハーシェルはこの世に2冊の偉大なカタログを残した．先に出た1冊には，天空を掃査する過程で見つけた二重星・多重星が含まれており，その最初の掃査は，お気に入りの口径16cmの「7ft」〔2.1m〕望遠鏡を使って，227倍の固定倍率で行なわれた（前述のとおり，これは天王星の発見に使われたのと同じ機材である）．「7ft」望遠鏡と並行して「20ft」〔6.1m〕望遠鏡も使った後の観測で，彼はさらに多くの二重星・多重星を発見し，その総数は800組以上に達した（彼が発見した中で最も見ごたえがあるものの一つは，美しい三重星系，いっかくじゅう座のβ星で，これは「ハーシェルの驚異星」（Herschel's Wonder Star）として有名である）．彼は二重星や多重星はないか，顕著な色彩など何か目立つ特徴を持った星はないか，それらを探し求めて一晩で400個以上の星を調べることもしばしばだった．

　1782年から1784年にかけて出版した何冊かのカタログの中で，ハーシェルは自分が発見した多くの二重星を，以下の六つのクラスに分類した（これは同じく彼が考案した星団・星雲のクラスとちょっと似たところがある．下述）．

　　HⅠ……分離も測距も（あるいはそのどちらかが）困難．
　　HⅡ……近接しているが測距可能．
　　HⅢ……角距離 5″～15″
　　HⅣ……角距離 15″～30″
　　HⅤ……角距離 30″～60″（1′）
　　HⅥ……角距離 1′～2′

　ここでハーシェルが，息子のジョンによる発見（"h"で表わされる）と区別するために，自分の発見に"H"という接頭辞を使っていることに注意してほしい．ジョンの発見は南北両半球の空でなされたが，その数は実に数千個にも及ぶ（その顕著

35

な例が，おおいぬ座のシリウス南東に位置する色鮮やかなオレンジとブルーの二重星 h3945 で，私はこの星を「冬のアルビレオ」と呼んでいる．はくちょう座にある同名の有名な星に似ているからである）．ウィリアム卿が新たに発見した二重星を編んだ新カタログは，かなり遅れて 1821 年に出た．そこでは以前の発見と区別するために"H N"という接頭辞を使っている．なお，これら色とりどりの空の宝石を観測してみたいと思われる読者は，拙著『二重星・多重星とその観測』（*Double and Multiple Stars and How to Observe Them*, Springer, 2005）を参照していただきたい．

◎星団，星雲，銀河

　恒星天文学の分野において先駆的な数々の発見をしたにもかかわらず，ハーシェルの名はむしろ深宇宙の探索によって有名であり，よく記憶されている．2,500 個以上の星団・星雲が，以下の八つのカテゴリー（彼は「クラス」と呼んだ）にしたがってカタログに記載された（なお，ここでいう星雲には多くの銀河が含まれている．当時，銀河の正体はまだ不明だった）．以下，カッコ内の数字は各天体の総数である．

　　クラスⅠ……明るい星雲（288）

　　クラスⅡ……暗い星雲（909）

　　クラスⅢ……非常に暗い星雲（984）

　　クラスⅣ……惑星状星雲（78）

　　クラスⅤ……きわめて大型の星雲（52）

　　クラスⅥ……きわめて密集した多数の星からなる星団（42）

　　クラスⅦ……大小（明暗）の星からなる密集した星団（67）

　　クラスⅧ……雑然と散在した星団（88）

　結局，ハーシェルのカタログには全部で 2,508 項目が含まれており，そのうち 1,893 個がクラスⅡとⅢで占められている（天体の実際の数はこれより若干少ないことに注意．理由は不明だが，ウィリアム卿は約 3 ダースの天体を複数のクラスにまたがって分類したり，あるいは同一クラスに 2 回登場させたりしている）．目標がこのような膨大な数に達するため（しかも，当時世界最大の望遠鏡を使用していた当の発見者によって，その大半が「暗い」とか「非常に暗い」と分類されていたので），これまで多くの観望家は，カタログに載っている天体全部を見てみようという気になれずにいた．「まえがき」にも書いたが，筆者は何年か前，『スカイ・アンド・テレスコープ』と『アストロノミー』両誌に寄せた記事や手紙の中で，クラスⅡとⅢの大部分は見つけにくく，見映えもしない天体なのでこれを省略し，それらについては残り 615

個の天体を見た後で挑戦したらどうか，その方がはるかに現実的な目標だろうと提案した．この提案がきっかけとなって，全国レベルのハーシェル・クラブが創設されたのだが，この件については「まえがき」や「付録1」の中でも触れた．本書の第5章から第10章では，クラスⅡ，Ⅲ以外の六つのクラスから，全部で165個の見どころを紹介する．これらは，ハーシェル天体の恰好の見本というばかりでなく，615個の目標すべてを見ようと考えている人にとっても，最良の予習となるだろう（615個の全リストは「付録3」で見ることができる）（図3.1）．

　メシエの仕事に敬意を払って，ハーシェルは自分の編纂物に有名な M 天体〔メシエ・カタログに載っている天体で，頭に M がつく〕をほとんど含めていない．わずかに彼が含めたのは，ほとんどが M104 から M110 までの番号を振られたものである．これらはハーシェルの時代よりもずっと後に，メシエの功績に帰せられたもので，後年の歴史研究によって，実際にメシエ（やその同僚の一人）が目にしていたことが判明した天体群だが，もともとメシエのオリジナルなカタログには含まれていなかったものだ．この原則の驚くべき例外が H Ⅴ -17〔＝ハーシェル・カタログのクラスⅤの17番〕で，これは実際には，さんかく座の大型の渦巻銀河 M33 のことである．これまで，ハー

図3.1 過去に出た3冊の有名な深宇宙観測ガイド．左：W.H. スミス著『ベッドフォード・カタログ――「天体の回転」より』（*The Bedford Catalog from A Cycle of Celestial Objects*），中央：T.W. ウェッブ著『普通の望遠鏡向きの天体』（*Celestial objects for Common Telescopes*）第2巻，右：C.E. バーンズ著『宇宙の驚異1001個』（*1001 Celestial Wonders*）．これら3冊の古典的著作は，いずれもハーシェルによるクラス記号と番号をつけて天体を掲げている．Photo by Sharon Mullaney.

第3章　ハーシェルのカタログとクラスについて

シェルが記録したのは本当は M33 そのものではなくて，その渦状腕にある NGC604 と名づけられた輝く恒星雲（star-cloud）ではないかと推測されてきた．しかし，彼は現に後者の天体について H Ⅲ -150 として別個に記載しているので，M33 がなぜハーシェルのリストに含まれているのかという謎は依然残る．他にも二つ，例外的にハーシェル記号〔H〕を振られているのは，エッジオン〔＝側面をこちらに向けた〕特異銀河 M82 と三裂星雲（M20）である．

ところで，メシエのリストといえば，それよりずっと新しい，イギリスのパトリック・ムーア卿が編纂した『コールドウェル・カタログ』のことが想起される．M102 の重複を考慮に入れれば〔メシエ天体 110 個のうち，M102 は M101 を誤ってダブルカウントしたもの〕，前者のリストと同じく，後者も 109 個の深宇宙天体を含んでいる．そこには多くのハーシェル天体が載っているとはいえ，コールドウェルの一覧表には，ハーシェル・カタログの中で観望家を待ち受ける，知られざる驚異の数々のごく一部しか例示されていない．しかも残念なことに，これぞ真の見ものというものをいくつか落としている．第 5 章にも出てくるが，「獅子の大鎌」〔しし座の頭部〜胸部の星の配列〕からわずかに離れた，明るい渦巻銀河 H Ⅰ -56/57（NGC2903/5）などはその一例である（図 3.2）．

図 3.2　分厚い 3 巻本，ロバート・バーナム著『バーナムの天界ハンドブック』（*Burnham's Celestial Handbook*）〔邦訳『星百科大事典』，斉田博訳，地人書館，1988〕は，2,100 ページを超える大冊で，約 7,000 の天界の驚異をカバーしている．図 3.1 に挙げた古典と同じく，この本もハーシェルによるクラス記号と番号を（さらに NGC と IC 番号も）使って，星団・星雲・銀河を表示している．写真に写っている本は，本書の筆者が常時使っているためにぼろぼろになっている．Photo by Sharon Mullaney.

ハーシェル天体の中には——少なくともウィリアムに関係したものに限れば——ほぼ赤緯 − 33°より南に位置するものはないことに注意してほしい（厳密には − 32°49′．彼が発見した最も南の天体は，うみへび座の銀河 H I -241/NGC3621 である）．というのも，彼の観測地はいずれもロンドン周辺で，比較的緯度が高かったためである．もし彼があと 7°か 10°南を見ることができたなら，次のような天界の驚異を我が物にできたのだが（そして，その姿に興奮したことだろう！）．たとえば，ろ座の大きくて明るい銀河 NGC1316 と NGC1365，それにちょうこくしつ座の NGC55 と NGC300．あるいは燦然と光り輝く散開星団，とも座の NGC2477．さらにまた，魅力的な惑星状星雲，さそり座の NGC6302（虫星雲）や，ほ座の NGC3132（八つ裂き星雲．北天で有名なこと座のリング星雲のいわばライバル）等々．しかしながら，これらはすべて後に南天探査を行なった，その息子の手に委ねられた．

◎間違って分類された天体

　ハーシェルの発見のうち，少なからぬ数の天体が間違ったクラスに分類されている．印象的な例として，第 6 章に書いた，ヘルクレス座の H IV -50（NGC6229）がある．ハーシェルがこの小天体を惑星状星雲と考えたため，昔の多くの観測家も長らくそのようなものとして見てきた．実際，それはアイピースの中では典型的な惑星状星雲のように見える．しかし，現実にはそれは球状星団であり，ハーシェルの望遠鏡の解像力をはるかに超えていたのである．「付録 3」に掲げたクラス I，すなわち「明るい星雲」のリストの終わりの方に目をやると，他にも多くの小星団が星雲に分類されているのがわかるだろう．同じく，クラス IV「惑星状星雲」の項目にまとめられている中にも，実際には多くの散光星雲が含まれており，また真の惑星状星雲よりも銀河の方がむしろ数としては多い．当時，彼が見つけた星雲状天体の多くは，その真の物理的性質がまだ不明であり，こうした同定ミスは当然予想されるところだ．何といっても，分光学的分析も，天体物理学も，ずっと未来の話だったのだから．ハーシェルが自分の発見を分類した際の唯一の基準は，いろいろな望遠鏡で覗いた際の見え方の違いだけである．観測者が，ウィリアム卿によるアイピース越しの印象を確かめたり，彼がなぜある天体を実際そのクラスに分類したのか知ろうとするならば，上のような事実によって，これらの天体を観望する魅力はいっそう増すだろう*．そして，純粋に対象の見え方だけに基づくと相当数の天体について分類ミスをしでかしてしまうにしろ，こうしたやり方が時にはびっくりするような洞察や発見に結びつく場合もあった．その一例として非常に印象的なのが，おうし座の惑星状星雲，H IV -69（NGC1514）に関するエピソードだが，この話は第 6 章

までとっておこう．

＊ここで，NGC の編纂過程で編者ドレイヤーは，より新しい知識に基づいて，ハーシェル自身の略号を用いた記述に書き加えたり，修正を施したり（あるいはその両方を）していることに十分注意する必要がある．これによって，少なくともいくつかの謎は説明がつく．たとえば，ある天体が球状星団だと書かれているのに，ウィリアム卿自身は星を見たと一言も述べておらず，それを星雲の一つとしてクラスに振りわけて分類しているような場合である．本書の第2部に出てくるハーシェルのさまざまな発見に関する記述を読む際には，いかなる場合でもこの点を絶えず念頭に置く必要がある．

◎ GC，NGC，そして NGC2000.0

最後に，ウィリアム・ハーシェルがその二重星と深宇宙での発見の数々をまとめた一覧表の類は，もともとロンドンの王立協会が出していた『哲学紀要』（*Philosophical Transactions*）中の論文として，1700 年代末に発表されたものであることを述べておく必要がある．1864 年，ジョン・ハーシェルがその記念碑的著作『星雲総合目録』（*General Catalogue of Nebulae*, GC）を公にしたのも，『哲学紀要』誌上であり，その 5,000 個以上もの非恒星天体の大半は，父親と自分自身の発見によるものだった．主にこの GC に基づいて，J.L.E. ドレイヤーは，その後有名な『星雲・星団新総合目録』（*New General Catalogue of Nebulae and Clusters of Stars*, NGC）を編纂した．その 7,800 個以上の項目のうちには，GC 自体を除けば，ウィリアム卿の発見を網羅した唯一完全なリストが含まれており，また，ハーシェル父子の考案した各天体ごとのクラス記号と番号，さらに略語を用いた記述が書かれている（ドレイヤーは同じ形式を NGC 全体を通じて採用した）＊（図 3.3）．

＊訳注：NGC ではアルファベットや数字による略号で天体を叙述している．たとえば NGC772（p.29 参照）は "B, cL, R, gbM, r" と書かれており，これは "Bright, considerably large, round, gradually brighter in the middle, resolvable (mottled, not resolved)"「明るい．かなり大型．丸い．中央部はゆるやかに増光．分離可（斑状，未分離）」の意味である．凡例（p.14）も参照のこと．

1953 年，さらにその後 1962 年と 1971 年に，ロンドンの王立天文学会は，NGC と後から出た 2 冊の補遺（『索引目録』（*Index Catalogues*）と呼ばれる）を 1 冊にまとめて再版した．悲しむべきことに，この貴重な本も再び絶版となってしまい，今では天文台の書庫か，古書市場でしかお目にかかれなくなってしまった．1988 年，長いこと『スカイ・アンド・テレスコープ』誌の編集者を務めたロジャー・シノットは『NGC2000.0』（Cambridge University Press/Sky Publishing）を出し，天文マニアの

世界に大きな貢献をした．シノットは，可能性に満ちた本をもたらしてくれた．彼は原著の多くの誤りを正し，最新の2000年分点の座標値と，より現代的な天体分類，視直径や明るさに書き改めてくれた．だが，（ハーシェル父子を含め）最初の発見者による名称とカタログ番号の表示を割愛したのは，いかにも残念である．したがって，われわれハーシェル・ファンにとっては，依然NGCそれ自体が究極の参照文献なのである！

図3.3 新旧2種類の『星雲新総合目録』（NGC）．左はドレイヤーが編んだオリジナルのNGC（ロンドンの王立天文学会によるリプリント版）．右はロジャー・シノット編『NGC2000.0』．後者の本は，NGCにもともと載っていた短い記載に加えて，最新の座標，天体のタイプ，等級，視直径が載っている．ただ残念なことに，ハーシェルのクラス記号と番号は，より新しいNGC番号に置き換えられている．Photo by Sharon Mullaney.

第4章　観測のテクニック

◎テクニックの必要性

　ウィリアム・ハーシェルが述べた有名な二つの言葉を読めば，ハーシェル天体を観測する準備として，この長い章がいかに大切かわかっていただけよう．一つはこうである．「見るということは，ある意味技術（art）であり，意識して学ばねばならない」．以下に述べるように，人間の目は，訓練によってもっと良く見えるようになることは間違いない．少なくとも，宇宙の驚異を見ることに関係した，四つの確固たる領域——暗順応，そらし目，色彩の知覚，そして目の鋭さ——についてはそうである．そして，このことが実際可能であるのは，人間の眼はそれ単独で働くわけではなく，驚異的な「画像処理コンピュータ」（＝ヒトの脳！）と協力して働くからである．

　ハーシェルのもう一つの金言は，「もしある対象がよりすぐれた力［大型の望遠鏡］で見つかれば，その後はより劣った力［もっと小さな望遠鏡］でも十分それを見ることができる」というものだ．この言葉の正しさは，ウィリアム卿の時代から現代に至るまで，眼視観測家によって何度となく実証済みである．その古典的な一例が，有名なシリウス伴星の白色矮星だ．この微小な天体を発見するには，46cm屈折望遠鏡を必要としたが，その後は（主星を回る近接した軌道上のどこに位置するかにもよるが）10〜15cmの小口径でも観測が可能になった．

　以下の内容をじっくり時間をかけて学び，活用することは，ハーシェル・カタログに含まれる驚異の数々を探求し，楽しむ上で大いに役立つし，十分そうするだけの価値がある．なお，これらの点について（望遠鏡，アイピース，架台，アクセサリーの基礎と使用法も含め）より深く知りたいと思われる読者は，拙著『天体望遠鏡と双眼鏡の購入・活用ガイド』（*A Buyer's and User's Guide to Astronomical Telescopes and Binoculars*, Springer, 2007）をご覧いただきたい．

◎暗順応

　明るい部屋から出ると，その後，暗さに目が慣れるまで時間がかかるというのは，

明白な事実である．「暗順応」として知られる現象だ．実際にはそこに二つの要因が働いている．一つは瞳孔そのものが拡張・散大することである．この反応は暗いところに行けばすぐに始まり，数分間続く．もう一つは現実の眼の化学反応が関係しており，ホルモンの一種であるロドプシン（しばしば「視紅」と呼ばれる）が，眼の桿体を刺激し，照度の低い状態に対応できるようその感受性を高めることである．この二つが組み合わさることで，夜間の視力は30分かそこらのうちに顕著に向上する（そして，この最初の段階を過ぎた後も，ごくゆっくりと何時間もかけて向上し続ける）．最初戸外に出たとき，ふつう空は黒く見えるが，その後十分暗さに慣れると灰色がかって感じられるのは，こうした理由による．すなわち，前者は明瞭な対比効果によるものであり，また後者は眼が鋭敏になって，最初は見えなかった周囲の明かりや光害，それに空自体の大気光が感じ取れるようになったことによる（図4.1）．

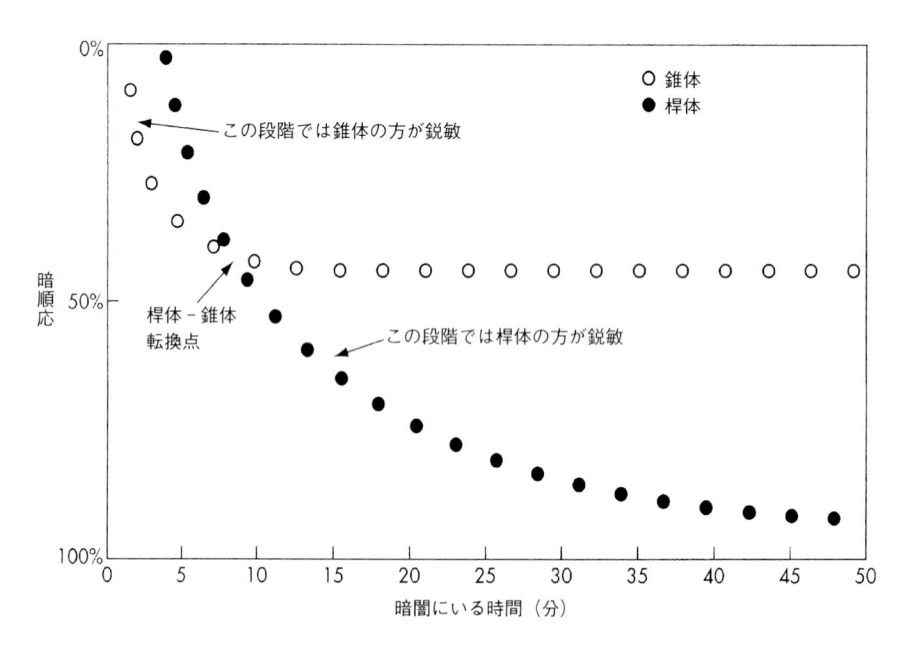

図 4.1 網膜の中心部にあって色彩に敏感な錐体（白丸）と，周縁部にあって光に敏感な桿体（黒丸）のそれぞれ暗順応に要する時間．暗闇に身を置いてから約10分後の「桿体－錐体転換点」で，錐体の感受性は一定レベルに達し，以後は変化しない．しかし桿体の方は，より少ない光でも感じ取れるように感受性が上昇を続け，完全に暗順応するまで最低でも4時間はかかる．実際的な目的からすれば，眼は約30〜40分で実質的に暗順応するといえる．十分な暗順応は，かすかなハーシェル天体を見る上で欠かせない．

天体観測ファンは，観測の手始めにまず月や惑星のように明るい天体を眺め，それからもっと暗い天体に移るのがふつうである．徐々に無理なく暗順応する時間を眼に与えるためだ．この手順は，ハーシェル・カタログに載っているような天体を観測する場合，きわめて重要である．通常，恒星そのものは，望遠鏡で覗けば即座に十分よく見えるぐらいの明るさがある（ともに暗い連星や，明るい星のそばの暗い伴星は例外で，主星の輝きのせいで暗順応がしばしば妨げられる）．白色光は眼の暗順応を阻害するが，赤い光ならば暗順応を維持するので，星図を見たり，アイピースの傍らでメモを書く際は，赤い照明を使うのが標準的な方法となっている．もう一つ役に立つテクニックは，夏の宵に「かすかなボンヤリした天体」(faint fuzzies)を見ようと思ったら，日中戸外に出るときは常時サングラス（偏光グラスが望ましい）をかけることだ．明るい陽光——特に海岸や水辺，あるいは雪原からの反射光——は，眼の暗順応を時には数日間も遅らせることがわかっている．

　ハーシェルは暗順応を維持するために，しばしば黒いフードを頭からかぶった．今日の観望家にも，特に光害のひどい地域に住んでいる人の中には，同じことをする人がいる．ふつう「写真師の布」として知られるが，要するに黒っぽい不透明な布のことで，観測者の頭と望遠鏡の接眼部をすっぽり覆い，余計な光を効果的に遮って暗順応を保つ働きをする．そうした布は，カメラ店や一部の望遠鏡ショップでも販売しているが，自分で簡単に作ることもできる．ただ実際の場面では，特に暖かくジメジメした晩など，このフードは少々息苦しいかもしれない．それに，暗闇に潜んでいるところを隣人に見つかったら，きっと相手はギョッとすることだろう！

◎そらし目

　眼と脳の組み合わせを鍛える第2の分野は，かすかな天体を眺めるときに，「そらし目」(averted vision，あるいは「脇見」side vision)を使うテクニックに関連するものだ．これは，網膜の外縁部に「桿体」と呼ばれる受容体が存在し，「錐体」と呼ばれる網膜の中心部にある受容体よりも，暗い光に対してはるかに敏感だという，よく知られた事実を利用している（錐体の色彩知覚について論じた次節も参照のこと）．夜間に歩行や運転をする際，対象を視野の隅で捉えた方が，直接それに目を向けたときよりも，明るく感じられることを日常経験するが，これも上記の事実で説明できる．

　そらし目は，天体観測に応用して，二重星のかすかな伴星や，散開星団ないし球状星団中の暗い星を見つけるときにも使われる．しかし，それがいちばん役立つのは（そして，その効果が最も大きいのは），ハーシェル・カタログに載っている星雲や銀河のように，表面輝度の低い対象を眺める場合である．その際，見かけの明る

第4章　観測のテクニック

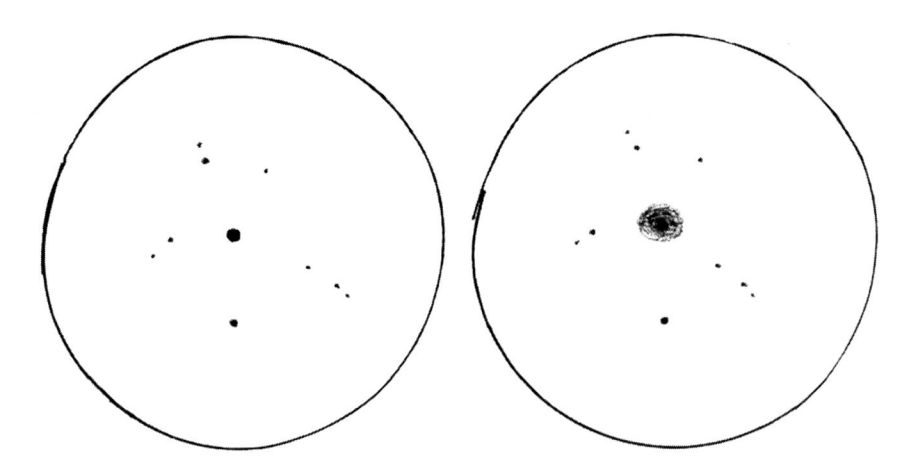

図 4.2　「まばたき星雲」(Blinking Planetary, H Ⅳ -73/NGC6826) を直接見つめると，中心の明るい星しか見えない（左図）．そらし目に切り替えると星雲が突如現われ，星はほとんどその中に埋没してしまう（右図）．

さは，実に2倍から2.5倍になるとも報告されている！　いったん，そうした対象を視野の中心に入れてから，視野の端（上でも下でもよい）を見てほしい．不思議なほど対象がよく見えるようになるはずだ（ただし，網膜には小さな暗い領域，すなわち「盲点」があって，目と耳を結ぶ線上でそれに出くわすことに注意）（図4.2）．

　そらし目の効果が最も劇的な例の一つとして，はくちょう座の惑星状星雲 H Ⅳ -73 (NGC6826) がある．「まばたき星雲」の名で有名だが（この名は，筆者が何年も前に『スカイ・アンド・テレスコープ』誌上で考案した），この驚くべき天体については，第6章でもう少し詳しく触れよう．この天体は，観望の最中に「何かをする」(do something) ように見えるという，深宇宙の光景としては珍しい例で，ハーシェル・カタログ全体を通じて，最もワクワクする眺めの一つである．

◎色彩の知覚

　眼と脳の組み合わせに関わる第3の領域は「色彩の知覚」である．一見，すべての星は白く見える．しかし，じっくり眺めると，明るい星では色の違いが自ずと明らかになる．赤っぽいオレンジ色をしたオリオン座のベテルギウスと，同じく青白いリゲルの美しい対比は，冬の空に見られる印象的な例だ．春の空や夏の空にはさらに別の例も見つかる．青白いこと座のベガ，オレンジ色のうしかい座のアルク

トゥールス，そしてさそり座の赤いアンタレスを比べてみるとよい．目を訓練して，いったんそれが見えるようになれば，空は本当に色彩であふれているのだ（ついでに述べておくと，星の色は主にその表面温度を示す指標である．赤っぽい星は相対的に温度が低く，青っぽい星はかなりの高温に達する．黄色とオレンジの恒星は両者の中間に位置する）．

　色彩の知覚は，ハーシェル天体を眺めることと無関係に思えるかもしれないが，それは散開星団に含まれる星の色や，ハーシェルが発見した多くの惑星状星雲が示す不思議な色彩（しばしば青と緑の鮮やかな組み合わせで輝いている）を見てとるのに役立つ．眼〔網膜〕の周縁にある桿体は光に敏感だが，基本的に色はわからない．そこで，こうした天体や，他にもいろいろな空の驚異が示す色彩を見るには，正面視が使われる．つまり眼の中心にあって色彩に敏感な錐体を使うわけだ．ルールはごく簡単．すなわち，色彩を知覚するには対象をまっすぐ見ること，そして対象をより明るく見ようと思えば，対象から目をそらすこと（惑星や，肉眼でも見える恒星のように，すでに十分明るい対象ならばその必要はない）．なお，「プルキンエ効果」と呼ばれるきわめて特異な現象についても，ここで述べておきたい．これは赤い星を眺めるとき，長い間見れば見るほど，明るく見えてくるという現象である．

◎目の鋭さ

　眼と脳の組み合わせを鍛える第4の分野として，「目の鋭さ」，つまり像の細部まで見分ける力の鍛錬がある．アイピースを覗く時間が多ければ多いほど，結果的により詳しい細部が見えてくる——このことは疑問の余地がない！　意図的にトレーニングしようと思わなくても，眼と脳のコンビは，現に見ている対象のより細かい部分を探し，見分けることを自然に学んでしまう．しかし，少なくとも数週間，毎日簡単な練習を繰り返すことで，この過程をかなり早めることができる．まず，白紙に直径8cmほどの円を描く．そして柔らかく濃い鉛筆を使って，広がりのある濃淡や細かい点や線など，いろいろな模様をでたらめに円の中に描く．描き終わったら，その紙を部屋の向こうの壁に（最低6mは離れた位置に）貼り付けて，肉眼で見えるものをスケッチしてみよう．最初のうちは，比較的目立つ模様しか見えないだろう．しかし，時間をかけて同じことを繰り返すと，より多くのものが実際に見えてくるはずだ．

　実験によれば，目を鍛えることで，全体的な目の鋭さがある尺度では実に10倍にもなることが示されている．練習の成果として，太陽・月・惑星の細部が見えてくるばかりでなく，以前よりもさらに近接した二重星を分離することもできるように

なるだろう．目の鋭さはハーシェル天体の観測にも関係しており，小さくまとまった散開星団や，密な球状星団の個々の星を分解することもできるようになるし，さらに，明るい散光星雲や惑星状星雲の複雑な細部を見たり，銀河の中心核・渦状腕・星の生成領域といった特徴を見つけ出す上でも役立つだろう．

◎倍率と視野

　一般に認められているように，望遠鏡の倍率を上げると，その分実際に見える空の面積（視野）は狭くなる．そのため，ハーシェル・カタログに載っているような深宇宙の驚異，特に大型の星団や広がりのある星雲，それに大きな銀河を探すときには，できるだけ広い面積が見えるように，極力低倍率を使うのが標準的な手続きとなっている．対象がいったん見つかれば，今度はその細部をよく見るために，お好み次第でもっと高倍率に切り替えてもよい．これは，特に密な球状星団や小型の惑星状星雲，それに銀河の内部構造を見る場合に有用だ．ふつうの望遠鏡の場合，空をスキャンするには口径 1cm あたり 3 倍弱〜4 倍，すなわち 13cm 望遠鏡ならば，35〜50 倍程度が適当である．さらに中等度の倍率としては口径 1cm あたり 6〜10 倍程度，実用レベルの上限倍率は，通常の晩なら 1cm あたり 20 倍程度である（望遠鏡の倍率は，その焦点距離をアイピースの焦点距離で割ればわかる．ただし，単位は両方ミリかインチにそろえること）．筆者が，主として持ち運びのしやすさで気に入っている望遠鏡を例にとれば，口径は 13cm，焦点比は f/10，シュミット・カセグレン式カタディオプトリック望遠鏡で，軽量の経緯台に載っている．天空掃査には

図 4.3　望遠鏡の倍率が高くなるにつれて，実際に見える空の面積は小さくなる（そのため，ハーシェル天体の掃査など，多くの観測場面においては低倍率の方が好まれる）．ここに示した 3 枚の絵は，月を低倍率・中倍率・高倍率で見たときの模式的スケッチである．倍率が上がると，像は大きくなるが，アイピースの視野に収まる領域はどんどん狭くなる．

40倍を使い，じっくり見るときは80〜100倍を使用している．結果的に，視野の広さは低倍率で1°余り，中倍率で約30′となるが，この数字は使用するアイピースの種類にもよる．高倍率は主に月や惑星，それに大気の安定した晩に近接した二重星を見るのにもっぱら使っている（図4.3）．

上で述べた「実視界」は，「見かけ視界」50°のアイピースを使用した場合の数字である（見かけ視界とは，昼間の空をアイピースで覗いたときに見渡せる角度のことである）．アイピースの見かけ視界を倍率で割れば，実視界が得られる．したがって，たとえば見かけ視界50°のアイピースをある望遠鏡で使ったときの倍率が50倍とすれば，実視界は1°になる．これは言い換えると天球上の満月2個分の直径に相当する．しかし，多くの読者はご存知だろうが，今日では60°はおろか82°という途方もない見かけ視界を持った，すばらしい新型アイピースが広く出回っている（物によってはお値段も相当なものだが）．こうしたレンズで眺めると，驚異的な宇宙の「スペースウォーク」体験を味わえるが，こればかりはご自分の目で見てもらうしかない．したがって，天空掃査にはこうした広角ないし超広角接眼レンズがぜひとも欲しいところだ．それにしても，ウィリアム卿だったら，この光学の驚異をどう思っただろう．なにしろ彼が用いた単レンズのアイピースは，どの望遠鏡で使ったにしろ，1°にも満たぬごく狭い実視界しかなかったのだから！

ところで，観望家の中には上で推奨した倍率よりもっと高い倍率で掃査するのを好む人もいる．それは倍率を上げると背景の空がより暗くなるためだ．しかしもう一度繰り返すが，倍率を上げれば視野は狭くなる．その対極にあるのが短焦点の広視野望遠鏡（リッチ・フィールド・テレスコープ，略称RFT）で，2°〜3°という広い実視界が得られる．こうした望遠鏡は，天空掃査全般で驚くべき働きをする．プレアデス，ヒアデス，「蜂の巣」〔プレセペ〕といった大きな星団を眺めるにもいいし，天の川の恒星雲を掃査するにもいい．ただし，もともと像の大きさが小さいために，典型的な惑星状星雲や，淡い銀河のように小さな天体を見逃す可能性も同時に高くなる．

◎空の状態

望遠鏡でどれぐらい天体がよく見えるかには，大気やそれに関連したさまざまな要因が絡んでいる．月・惑星・二重星などの場合，最も大事なのは大気の乱れ具合，すなわち「シーイング」で，これは像の安定性を示す指標である．たとえば，大気が非常に不安定なために（「煮え立っている」（boiling）と表現されることもある），星像がまるで大きなゆらめくボールのように見え，月や惑星表面の詳細などまった

くわからない晩もある．こうしたことは，大気の「透明度」が良い晩に起こるのがふつうで，空は水晶のように透明だが，そのとき頭上の大気は急速な運動と攪拌の状態にある．いっぽう，星像が針でつついたような姿でじっと動かず，月や惑星の表面細部がまるで芸術家の彫った版画のように鮮やかに見える晩もある．そういう場合は，しばしば霞がかかったり，（同時に）蒸し暑い晩だったりするが，観望家の頭上にはよどんだ安定した大気があって，シーイングが良好なことを示している（図4.4）．

大気の状態を数量化するために，観測家たちはシーイングと透明度を表わすさまざまな尺度を編み出した．中でも最もふつうの方法は，1から5までの5段階尺度で，シーイングを例にとれば，1はどうしようもないほど像が乱れてぼやけている状態，5は像がまったく動かず，くっきりと鋭い状態を指す．いずれの場合も3は平均

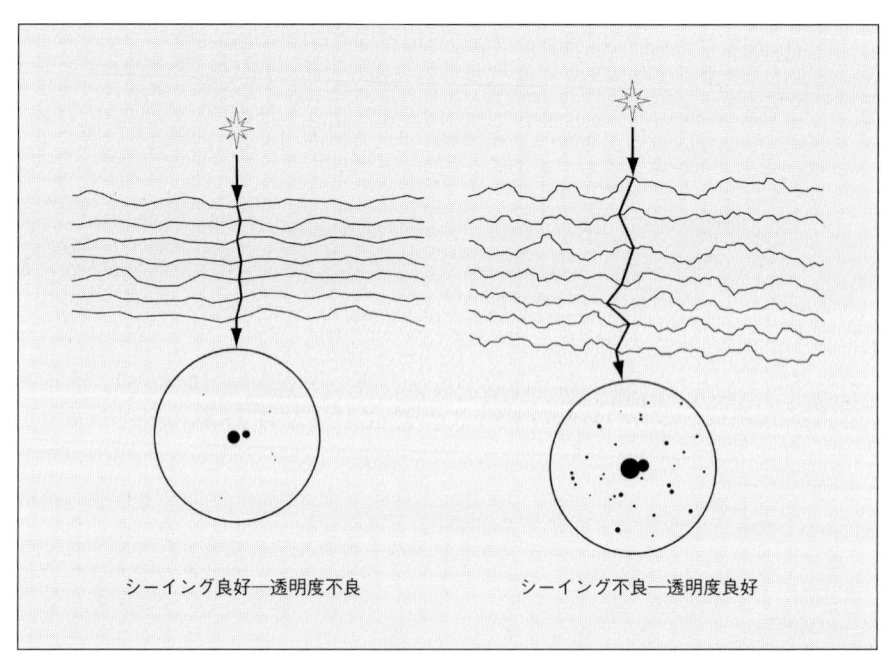

シーイング良好—透明度不良　　　シーイング不良—透明度良好

図 4.4　「シーイング」の良い晩，すなわち大気が安定した晩には，観測者の頭上の空気は静穏で，相対的になめらかな層をなしている．その結果，多少霞がかかった空になることが多い．こうした状態のおかげで，星の光は乱されることなく透過し，アイピースはシャープな像を結ぶ．シーイングの悪いときは，大気が非常に乱れているものの，水晶のように透き通った空を伴うのがふつうで，淡い対象を見るにはうってつけである．しかし，そこで見られる星像はたいていぼんやりとゆらめく光の球で，そうした晩は月や惑星の細部を見たり，近接した二重星を分離したり，密な球状星団を個々の星に分解するにはまったく不向きである．

的な状態を意味している．また1〜10の10段階システムを好む人もいる．その場合もやはり1は非常に劣悪な状態を意味し，10は完璧といってよいシーイングを意味する．透明度は通常5段階で評価され，1はひどくもやがかかり，湿度が高い状態，5はすばらしく晴れ上がった空を意味する（数字の順序が逆で，小さな数ほど良い状態を表わし，数字が大きくなるにつれて条件が悪化する方式もある）．気ままなスターウォッチングならば，平均以下の像の安定性しかない晩に行なってもよいが，最高の解像度が求められる観測には「良」から「優」の条件が必要だ．さらに，「淡いぼんやりした対象」を見るには，良好な透明度が絶対不可欠である．とはいえ，ウィリアム卿は空が晴れてさえいれば，どんな条件であっても毎晩作業をしたのだが！

望遠鏡で眺める像の質を左右する，もう一つの要因は，「局所的シーイング」（local seeing）として知られるものだ．これは望遠鏡の内部や，付近の温度条件を指す．自動車道路，歩道，街路，家屋，その他の建物などからの熱放射は（特に日中暑かった晩には）像の質を悪化させるのに重大な役割を演じる．これは大気の状態そのものとはまったく関係がない．したがって，ビルや高速道路から離れた野原や芝地で観測できれば，そうした熱源に由来する局所的シーイングを最小化するには，最も有効である．

また，望遠鏡の光学系と鏡筒全体を外気温になじませることも大切である．これはシャープな像を得ようと思ったら，決定的に重要だ．季節によっては，光学系（特に大型反射望遠鏡の主鏡）の温度が，夜間冷え込んだ外気温と等しくなるまで1時間以上かかることもある．この冷却過程の最中は，望遠鏡の鏡筒内で空気の対流が起こり，像の質が無残に損なわれてしまうことが起こり得るが，これは大気のシーイングがどんなに良くても，また人気のシュミット・カセグレン式カタディオプトリック望遠鏡のように，閉鎖鏡筒系を採用していても同様である．反射望遠鏡の場合，鏡筒径は主鏡本体より最低数インチ〔数cmないし十数cm〕は大きくなければならない．熱の対流が光路を横切らず，鏡筒の内面に沿って上昇する余地を残すためである（ハーシェルの「40ft」〔12.2m〕望遠鏡では，122cm径の主鏡を収めるのに直径152cmの鏡筒を使った）．ちょっと驚きだが，観測者の体から放射される熱でさえ，ここには関係してくる．特にトラス式の開放鏡筒を持ったドブソニアン望遠鏡の場合はそうである．

空の条件と，それが観測に及ぼす影響を論じようと思ったら，自然光にせよ人工光にせよ，明るい光がもたらす悪影響に触れないわけにはいかない．特に満月の前後は，明るい月の光が，観測者の暗順応（前述）を妨げるばかりでなく，ハーシェル・カタログに載っている多くの淡い星団・星雲・銀河をかき消してしまう．その現代版ともいえるのが光害の脅威——すなわち，かつてないほど多くの家屋，オフィ

スビル，ショッピングモール，駐車場からあふれる照明——しかも，本来それを必要としている地上ではなく，空を照らしている明かりである．こうした光は大気を照らし，観測者もまた大気を通して見るしかないので，それは明るい月の光とほぼ同じ結果をもたらす．ただし，人工光の場合は，もやや薄雲がそれを望遠鏡や双眼鏡，そして観測者の目の中にまで反射して，その影響を強めるという，さらに別の要因がつけ加わる．こうした「光の犯罪」（light trespass）——そう呼ぶ観望家もいる——は，月や惑星，それに変光星や二重星を含む明るい恒星を見るときには，さほど重大な問題でないかもしれないが，ハーシェル天体のようにかすかな天界の驚異を見ようと思ったら，まさに壊滅的な結果をもたらすのである．

◎記録をつけること

　アマ，プロを問わず天文学の歴史をひも解けば，星空の下で記録を続ける徹夜仕事には，科学的な価値とならんで個人的な価値のあることがはっきりわかる．ウィリアム・ハーシェル自身，この点徹底しており，望遠鏡で行なう夜毎の観測を記録するためだけに，フルタイムの助手を雇った（献身的な妹，カロラインである！）．まず個人的な価値について見てみよう．天界の驚異を最初に見たときのこと，あるいは月，木星，土星を恋人や友人，あるいはまったく見知らぬ人と最初に眺めたときのことを，何年後かに振り返る際，夜毎見えていたものの記録は，楽しい思い出の数々をよみがえらせてくれる．アイピース越しの印象は，それが文字で綴ったものであれ，紙に描いたスケッチであれ，あるいはテープ録音やデジタル画像であれ，その後長い年月にわたって，懐かしい喜びにあふれた時間をたっぷりもたらしてくれる．特にハーシェル天体の観測に限っていえば，憧れの「ハーシェル証明書」（Herschel Certificate，「付録1」参照）を受け取るには，ハーシェル・クラブの目標リストに載っている各天体の観測記録をつけ続けることが必須である（図4.5）．

　科学的な価値についてはどうだろう．これまでしばしば，いろいろな雑誌，紀要，電子メディアを通じて，誰か特定の日時に特定の天体や特定の空域を見ていた人はいないか尋ねる声が，天文コミュニティに向けて発せられてきた．もしあなたがその「問題の時刻，問題の場所」に偶然居合わせ，しかし観測ノートには何も特記事項がなかったとしても，研究者にとっては，そのこと自体きわめて重要な事実である（銀河系内での新星爆発や，近くの銀河での超新星爆発が最初に起こったのはいつかを確定しようとする際，こうしたことがしばしば起こる）．そしてもちろん，あなた自身が新天体を見つけて報告した最初の人になるという可能性だって常にあるのだ！

観測ノートに記載する情報としては，以下のものが必要である．日付，観測開始と終了の時刻（世界標準時／日で書くのが望ましい），使用した望遠鏡のサイズ・種類・メーカーと機種，使用倍率，空の条件（5段階ないし10段階尺度で表わしたシーイングと透明度，さらに薄雲・もや・月明かりや他の光害源に関するメモ），そして最後に各観望対象についての簡単な記述．なお，ここで観望記録の作成に関して，一つ重要なポイントを心に留めておいてほしい．すなわち，「観望記録にかける時間は最小限にすべし（そして記録の際は暗順応を維持するために赤い光を使うこと）」．観望家の中には，実際に観測するよりも，アイピース越しに見たものを書くのに忙しい人もいる！

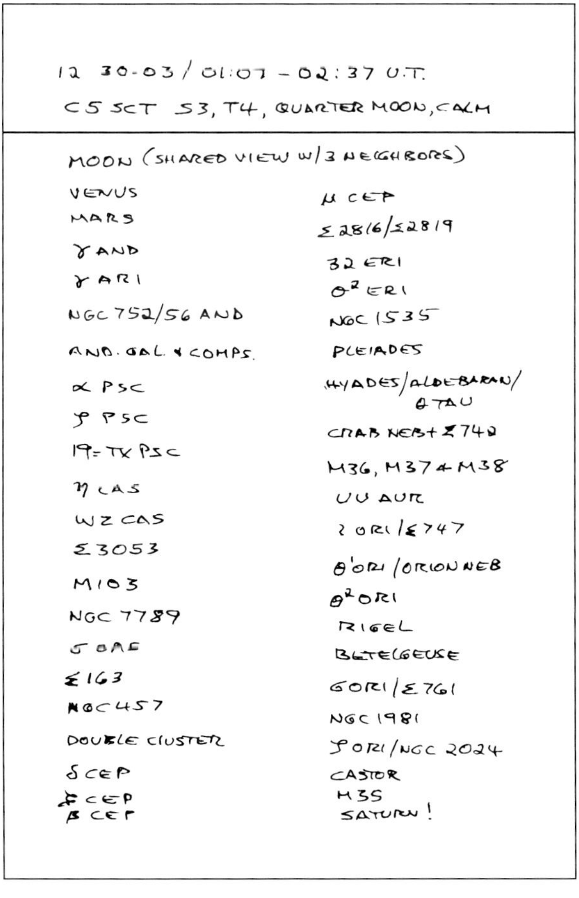
12 30-03 / 01:07 – 02:37 U.T.
C5 SCT S3, T4, QUARTER MOON, CALM

MOON (SHARED VIEW W/3 NEIGHBORS)

VENUS	μ CEP
MARS	Σ2816/Σ2819
γ AND	32 ERI
γ ARI	o^2 ERI
NGC 752/56 AND	NGC 1535
AND. GAL. & COMPS.	PLEIADES
α PSC	HYADES/ALDEBARAN/θ TAU
ψ PSC	CRAB NEB + Σ742
19=TX PSC	M36, M37 & M38
η CAS	UU AUR
WZ CAS	ι ORI/Σ747
Σ3053	θ^1 ORI/ORION NEB
M103	θ^2 ORI
NGC 7789	RIGEL
σ CAS	BETELGEUSE
Σ163	σ ORI/Σ761
NGC 457	NGC 1981
DOUBLE CLUSTER	ζ ORI/NGC 2024
δ CEP	CASTOR
ξ CEP	M35
β CEP	SATURN!

図 4.5　筆者の個人的観測帳からとった，ある慌しい晩の記載例．日付と時間は，世界標準時（U.T.）――イギリスのグリニッジを基準とした時刻――である．使用したのは，口径5インチ〔13cm〕のセレストロン製シュミット・カセグレン式カタディオプトリック望遠鏡（C5 SCT）．観測条件は，平均的なシーイング（S）で透明度（T）は良好，空は上弦の月（first-quarter Moon）に照らされて明るかった．この晩に見た天体は天界の名所ぞろいだった．宇宙のショーを十分鑑賞しようと思ったら，ここに挙げた例よりも少数の天体を，もっと時間をかけて見るのがふつうである．

第4章　観測のテクニック

◎対象の発見

　次に，ハーシェル・カタログ中の天体がどこにあるかを見つけるという，きわめて重要な問題について考えてみよう．一つのやり方は，望遠鏡の架台に付属している伝統的な目盛環（機械式あるいはデジタル式）を使って，各天体を「呼び出す」(dial up)ことだ．あるいはぐっとモダンな Go-To 機器や，GPS 技術を使う手もある．すなわち，コンピュータ制御の架台を使って，基本的に自動で対象を発見・追尾するというやり方だ．こうした技術を提供している二大望遠鏡メーカーが，セレストロン社とミード社である．両者の基本的な Go-To 機器でさえ，データベースには何千個という天体が含まれているし，上級モデルともなればその数は 14,000 個以上にのぼる．その中には，ハーシェル・クラブのゴールとして私が提案した 615 個の重要な天体をはじめ，多くのハーシェル天体が含まれている（615 個の天体は本書の「付録3」に掲げた）．そのうちのいくつかは，望遠鏡のコントローラーから（たとえば「まばたき星雲」や「木星の幽霊」〔木星に似た外見の NGC3242〕という）通称を入力することで検索できるが，多くの場合は対象の NGC 番号を知っていなければならない．またどんな場合でも，ハーシェル本来の名称では対象にアクセスできない．これらのシステムを開発したプログラマーたちは，それが時代遅れで旧式だと考えているのだ．ウィリアム卿がこうした評価を知ったらどう思うか，まったく戸惑いを禁じえない．

　こうした新型の装置を使って望遠鏡を目的の天体に向けるにしても，そもそも最初にコンピュータに方位を教えてやるのに，最低限明るい恒星がどこにあるかは知っていなければならない．それに，趣味のスターウォッチングの醍醐味は——少なくともわれわれの多くはそれが目的のはずだ——対象を見つけるのに，良質のファインダーと付近の星々のパターンを使って，目標まで「スターホッピング」するという伝統的なやり方にこそあると，筆者は声を大にしていいたい〔スターホッピングとは，比較的目立つ星を手がかりに，星の並びを順々にたどりながら目標天体を視野に導入する方法〕（そして，その途中で出会う光景が目標天体と同じぐらい魅力的なことも多い．だから，すでにお持ちの望遠鏡や，これから買おうと思っている望遠鏡が自動導入機能付きだとしても，少なくともしばらくの間は，夜空を走る立派な高速道路や脇道をご自分であちこちたどりながら，スターホッピングするのに時間を費やしていただきたい．そうして良かったと，そのうちきっと思うだろう）（図 4.6）．

　そのためには当然星図が必要だ．『ノートン星図』(*Norton's Star Atlas*)〔日本では伝統的に『ノルトン星図』と呼ばれてきた〕や『ケンブリッジ星図』(*Cambridge Star Atlas*)，あるいは『ブライト・スターアトラス 2000 年分点版』(*Bright Star Atlas*

2000.0)のように,広く使われている星図は,一般的な空の案内には申し分ないが,もっとかすかな住人たちの元へ上手にスターホッピングするには,より詳しい天空の道路地図——最低でも8等星,すなわち多くのファインダーや双眼鏡で見える限界付近の星まで載っている星図——が必要になる.今日では,非常に詳しい何巻本というような星図帳が何種類も出ており,簡単に手に入るが(たとえば『ウラノメトリア 2000 年分点版』(*Uranometria 2000.0*)には,9.75 等星まで 28 万個以上の恒星と,3 万個以上の非恒星天体がプロットされており,そこにはウィリアムとジョンのハーシェル父子が発見したすべてのものが含まれている!),深宇宙ファンにとってさらに実用的なのは,『スカイアトラス 2000 年分点版』(*Sky Atlas 2000.0*, Sky Publishing and Cambridge University Press, 1998)だろう.ここには 8.5 等級より明るい星 81,000 個以上(および約 27,000 個の非恒星天体)が載っている.これは,普通のファインダーを使って目標まで効果的なスターホッピングをするには,多からず少なからず,理想的な「道標」の数である.本書「付録 3」に収めた 615 個のハーシェル天体は,すべてこの星図上にプロットされているし,クラスⅡとⅢに属する天体もたくさん載っている.ただ残念なことに,いずれもハーシェルのクラス記号と番号の表示はなく,NGC 番号で表示されている.同じことは,『ウラノメトリア 2000 年分点版』をはじめ,現代の星図帳すべてについていえる.

図 4.6 ハーシェル天体を含む深宇宙の驚異を見つける際によく使われる参照文献の例.『ノートン星図』(*Norton's Star Atlas*)(左),『スカイ・アンド・テレスコープ・ポケット星図』(*Sky & Telescope's Pocket Sky Atlas*)(中央),『ケンブリッジ星図』(*Cambridge Star Atlas*)(右). Photo by Sharon Mullany.

この（少なくともハーシェル・マニアにとって）悲しむべき現実は，われわれを『ノートン星図』へと引き戻す．この古典的著作は観望家たちによって広く引用されているが，『ノートン星図』には実際には複数のものが存在する．まず，1910年に初版が出た，アーサー・ノートン本人によるオリジナルの『ノートン星図』がある．これは1980年代末まで17回版を重ね，解説部分（handbook section）はノートン（および彼の死後は他の者）によって絶えず書き換えが行なわれたが，星図自体は手付かずのまま残された．その後，1989年に『ノートン星図 2000年分点版』（*Norton's 2000.0*）と呼ばれる第18版が出た（その後19版も出た）が，これは星図を全面的に描き替え，解説部分にも大幅な修正を施したものである．そして2004年になって，まったく新しい星図を載せた全改訂新版が再度登場し，この第20版では『ノートン星図』というオリジナルのタイトルに戻っている．

オリジナルの『ノートン星図』（およびその後の第17版まで）は，星図上に深宇宙天体をプロットする際，メシエと並んでハーシェルの名称を採用している（赤緯の低い天体にはNGCのものも使っている）．しかし遺憾ながら，後に出た新しい版では，星図を描き替える際に，ハーシェルのクラス記号と番号（さらに二重星に発見者がつけたオリジナルな名称のすべて）を省略してしまっている．したがって，観望家が星図上にハーシェル天体がプロットされているのを見ようと思えば，『ノートン星図』の第17版以前のものを見るしかない（図示されているのは317個だが，そこには多くの見どころが含まれている）．

ここで大きな問題となるのは，そうした貴重な旧版をいかに見つけ出すかだ．新しい情報も挙げておくと，最近『スカイ・アンド・テレスコープ』誌のロジャー・シノットが，非常に詳しくて役に立つ『ポケット星図』（*Pocket Sky Atlas*, Sky Publishing, 2006）を出している．この螺旋綴じの本は，ハーシェル・クラブが掲げた最初の400個の目標リスト（および他のハーシェル天体）を明示している．ただ残念なことに，同書もウィリアム卿による名称ではなく，NGCによるものを採用している．

◎人的要因

ふだんあまり意識されないが，望遠鏡による観測の成否を最終的に大きく左右する要因は数多い．一つは適切な服を着ることである．このことは，夜間氷点下まで下がるような冬場の寒い時期にはとりわけ重要だ．かじかんで凍死（！）しそうなときは，アイピースを覗きながら効率的に作業することはもちろん，観望を楽しむ余裕すら持てない．そうした季節には，頭と手足を適切に保護することが肝心で，

身体を保温するには1枚の厚い服を着るよりも，何枚も重ね着する方が良いと一般にいわれている（ウィリアム・ハーシェルは寒さ除けのために，擂ったタマネギを顔に塗ったといわれる．彼は寒さのあまり壺の中のインクが凍ってしまうような晩に作業することもしばしばだった．そのインク壺は自宅の2階の室内に置かれたもので，ウィリアム卿が望遠鏡のところで叫ぶと，それを妹のカロラインが開いた窓越しに聞き取って，その場で記録したのである）．夏期ともなれば，観望家は涼しく乾燥した状態を望むので，上とは反対の問題が起きてくる．また，1年のうちで最も夜が短いこと，それに厄介な虫も飛んでくるし，湿気と夜露で光学部品が曇ってしまうという問題もある．

　もう一つの要因は，望遠鏡を覗くときに正しい姿勢をとることだ．すでに繰り返し実証済みだが，ゆったりと座った姿勢でアイピースを覗く方が，立ったり，体をよじったり，身を屈めたりしながら覗くよりも，多くのものを見ることができる．もし立って作業をしなければならないときは，アイピースと合焦部の位置に注意し，首・頭部・背中をひねって緊張させることなく覗ける位置に持ってこなければならない．これは大型の反射望遠鏡を使う場合，特に重要である（そうした望遠鏡は，アイピースの位置まで行くのに梯子が必要なこともしばしばだ！）．また決定的に重要というわけでもないが，ファインダーを無理に体をひねらず使える位置にもってくることも大切だ．

　適度な休養と食事も，快適な観測を続けるのに一役買っている．身体的，精神的に疲れ切った状態で星を見ようとしても，上手くいかないばかりか，大事な望遠鏡を売り払いたくなるのがオチだ！　慌ただしい1日を送った後は，観測に出る前にちょっとうたた寝するだけでも大いに疲労回復を助ける．夕食を食べ過ぎると，ボーっとしてしまい，望遠鏡を手際よく操作できなくなることがある．スターウォッチングの後で食事をとる方が，はるかに良い．多くの観望家は（寒い晩は特に）観測するとお腹がぺこぺこになるので，これは本当にお奨めだ．お茶，コーヒー，ホットチョコレートといった元気の出る飲み物は，足りないエネルギーを補給してくれるし，温もりが欲しいときにも役立つ．ワインのようなアルコール飲料は瞳孔の拡張作用があるので，理論的にはより多くの光が受け取れるはずだが，眼の化学変化には不利に作用する．これによって，月や惑星表面の細部を見る力や近接した二重星を分離する力，そして特に淡い星雲や銀河のような「かすかなボンヤリした対象」を眺める際の感受性は低下してしまう．

　最後に，「予習」（preparation）というきわめて重要な問題がある．ここでいう予習とは，1年のうちの特定の時期・特定の晩に見える天体は何か，あるいは自分の観測地・観測機材で見えるのはそのうちのどれかを知ったり，今度の観望計画を立てたりす

ることだけではない．予習とはそれ以上のもの，すなわち自分が見ようとしている驚異——それが星団であれ，星雲であれ，遠い銀河であれ——の物理的性質や，宇宙の全体構造（the grand cosmic scheme of things）の中でのその位置づけを理解することだ．言い換えれば，星を見る者として，われわれは視覚と同時に精神（mind）でも「見る」必要があるのだ．望遠鏡に向かう前に予習することがいかに大切か，それをより深くわかっていただくために，筆者は以下の文章を読者と分かち合いたいと思う．長いこと絶版になっているエドワード・バーンズの古典『宇宙の驚異1001個』からの引用である．

　　それについてわかっている事柄はすべて知っておきたい．
　　それをいとおしむのも愛する喜びのゆえだ．
　　ちょうど，遠い国を旅する人が，
　　自分の選び取った物だけ持ち帰るように，
　　予備知識の多寡によって，
　　それが私にとってどれだけ価値と魅力があるのか決まるのだから．

第 2 部　ハーシェル天体の見どころ探検

第 5 章　クラス I の見どころ
明るい星雲

　以下，ハーシェルのクラス I に属する天体の中で最も興味深い 57 個を，星座のアルファベット順に配列した．ハーシェル自身による名称の後に続けて，対応する NGC 番号（カッコ内），2000 年分点による赤経と赤緯，天体の実際のタイプ（ハーシェルが割り振ったクラスとは異なる場合がある），実視等級，分（′）または秒（″）で表示した視直径，さらにもしあればメシエ番号やコールドウェル（Caldwell）番号，あるいは通称を掲げた．その次の枠囲みの太字は，NGC から採ったウィリアム卿による略語を用いた記述を普通の文に書き換えたもので〔NGC ではすべて略語で表記されている．p.40 の訳注参照〕，さらにその後に筆者のコメントを添えた．その中には，ちょうどハーシェル自身が行なったように，それぞれの天体を掃査して見つける際の手引きを含めておいた．

◎おひつじ座 Aries

■ H I -112（NGC772）：01h59m，+ 19° 01′，銀河，10.3，7′ × 4′

> 明るい．かなり大型．丸い．中央部はゆるやかに増光．分離可（斑状，未分離）

　美しい二重星・おひつじ座 γ 星のわずか 1.5° 東に位置する．この渦巻銀河を見つけるのは一見容易に思える．しかし，筆者のこれまでの経験では，8 〜 15cm の望遠鏡で見つけるのはむずかしい．25cm 以上の口径があれば，その長く延びた非対称な形状と，より明るい中心部がかすかに見えてくる．ハーシェルがそれを他の銀河と同様，彼の巨大反射望遠鏡では分離可能と記述したことに注目．おそらく彼は，解像力の限界付近にある，こうした遠い天体中の個々の星を見ることはできなかったろうが，天体内部にある星の群れや明るい星雲状物質を見たのかもしれない．

◎うしかい座 Bootes

■ H I -34（NGC5248）：13h38m，+ 08° 53′，銀河，10.3，6′ × 5′，= Caldwell 45

> 明るい．大型．150 度*の方向に延伸．中央部は，分離可（斑状，未分離）の中心核にかけていくぶん急に増光

第5章 クラス I の見どころ

＊訳注：以下，角度は位置角を示す．つまり視野内で天球の北に当たる方向を0度として，以下東回りに360度表示で方位を示している．

30cm から 36cm の口径があれば，かなり大型の楕円形をした渦巻銀河が，明るい中心核とともに大きく優美な2本の腕の片鱗を見せているのがわかる．うしかい座の南西の角，おとめ座との境界付近に完全に孤立して存在するので，注意深く掃査すれば簡単に見つけることができる．

◎かに座 Cancer

■ H I -2（NGC2775）：09h10m, ＋07°02′，銀河，10.3，4′，＝ Caldwell 48

> かなり明るい．かなり大型．丸い．中央部はとてもゆるやかに，次いでとても急に大きく増光．分離可（斑状，未分離）

　この渦巻銀河は，目立って明るい中心部を持った，完璧に丸い輝きのように見える．海蛇の「頭」の北東，うみへび座の境界線からちょっとかに座側に入ったところにある．この付近には他に明るい銀河もなく孤立しているため，掃査して見つけ出すのは容易だ．

◎りょうけん座 Canes Venatici

■ H I -195（NGC4111）：12h07m, ＋43°04′，銀河，10.8，5′×1′

> とても明るい．いくぶん小型．151度の方向に大きく延伸

　りょうけん座とおおぐま座とのちょうど境界にある．この楕円銀河は，おおぐま座の項目として挙がっていることもよくある．輪郭は明瞭な楕円形をしており，何人かの観測者はここに恒星状の中心核を見たと報告している．ハーシェルがそれに言及しなかったのは興味深い．11等級の暗い楕円銀河 H IV -54（NGC4143）が1°足らず南にあり，広角アイピースならば同一視野に入る．

■ H I -213（NGC4449）：12h28m, ＋44°06′，銀河，9.4，5′×4′，＝ Caldwell 21

> とても明るい．かなり大型．大きく延伸．二重ないし二股状．はっきりと分離し，明瞭に複数の星からなる．5′東に9等級の星

明るい星雲

これはすてきな明るい不規則銀河で，大口径で見ると，奇妙な長方形ないし箱型をしている．ハーシェルはこの奇妙な形を「二股状」という語で暗示している．さらに興味深いのは，彼がこの天体を明瞭に星に分離できたと考えたことで，そうした印象はおそらくこうしたほとんど規則性のない系を巨大な口径で見たために生じたのだろう．この天体は上記の銀河（HⅠ-195）とりょうけん座 Y 星（美しい赤みを帯びたオレンジ色をしていることから「ラ・スパーバ」〔秀麗星〕の名で知られる）を結んだ線の中間に見つかる．

■ HⅠ-198（NGC4490）：12h31m，＋41°38′，銀河，9.8，6′×3′，繭銀河（**Cocoon Galaxy**）

> とても明るい．とても大型．130度の方向に大きく延伸．分離可（斑状，未分離）．二者のうちの南東側

この渦巻銀河は，15cm 鏡で見ると一様に明るい大きな宇宙の卵のように見える．しかし，どういうわけでこの天体に「繭」という名がついたのか，筆者はいささか腑に落ちない．一度その目でご覧になって，その理由がわかるかどうか確かめていただきたい．ここでハーシェルが述べているもう一つの天体は，HⅠ-197（NGC4485）のことで，こちらは11等級の楕円銀河である．ちょうど3′北に位置しているので，

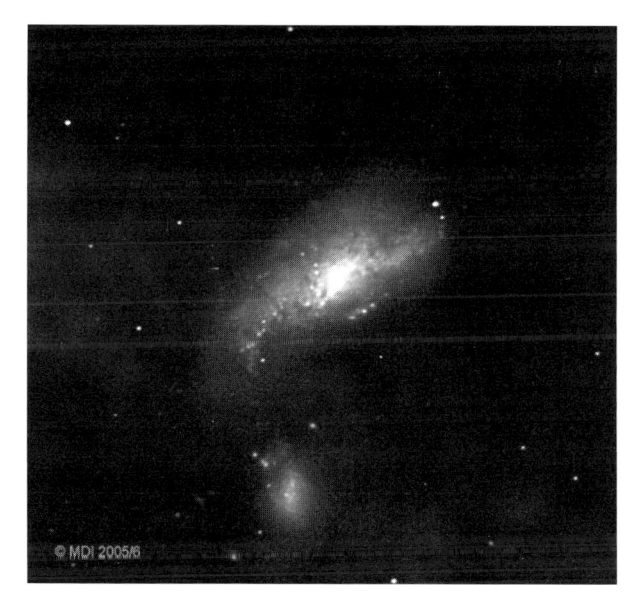

図5.1　HⅠ-198 (NGC4490)．「繭銀河」の名でよく知られ，小口径でも簡単に見られる大きく優美な渦巻銀河である．小さな楕円銀河 HⅠ-197 (NGC4485) も同一視野に入るが，11等級なので姿を捉えるのは容易ではない．Courtesy of Mike Inglis.

第5章 クラスIの見どころ

同じアイピースの視野に収まる．両者はりょうけん座β星からちょうど1°北西の位置にあり，見つけるのは簡単だ（図5.1, p.63）．

■ HⅠ-176/177（NGC4656/7）：12h44m，+ 32°10′，銀河，10.4，14′× 3′，ホッケースティック銀河（Hockey Stick Galaxy）

> 〔HⅠ-176〕注目に値する．いくぶん明るい．大型．34度の方向にとても大きく延伸．二者のうちの南西側
> 〔HⅠ-177〕注目に値する．いくぶん暗い．大型．約90度の方向に延伸．二者のうちの北東側

ここで主要な天体は，1本の非常に細長い光の帯のように見える不規則な系で，その一方の端から，よりかすかな1分角ほどの小さな伴天体がほぼ直角に突き出ている．全体の姿はホッケースティックそのもので，特に20cm以上の口径で見るとそれが

図5.2 HⅠ-176/177（NGC4656/7）．一方は大きく明瞭，他方は小さくぼやけた銀河のペアである．両者は明らかに接合しており，観望家たちは，大口径で見たその特異な形からホッケースティックを連想してきた．Courtesy of Mike Inglis.

はっきりする．この天体は二つのハーシェル番号（およびNGC番号）を持っているが，両者があまりに近接しているため，『スカイカタログ2000年分点版』（*Sky Catalogue 2000.0*）をはじめ，多くの参考書ではこの両者を併せて一つの天体としている．位置は，かみのけ座との境界線のわずかに北，印象的な鯨銀河（ハーシェルのクラスVに掲げた．第7章参照）の約30′南東にある．この不ぞろいなペアは，低倍率ならば同じ視野に入る．ホッケースティック銀河までの距離は2500万光年である（図5.2）．

■ HⅠ-96（NGC5005）：13h11m, +37°03′, 銀河, 9.8, 5′×3′, = Caldwell 29

とても明るい．とても大型．66度の方向にとても大きく延伸．中央部は中心核にかけてとても急に増光

この明るい渦巻銀河は，美しい二重星コル・カロリ（りょうけん座α星）の南東に位置し，りょうけん座14番星と15/17番星のちょうど真ん中にある．その楕円の形と明るい中心部は小口径でもはっきり見えるし，大口径の望遠鏡ならば固く巻いた渦状腕の片鱗も見えてくる．

■ HⅠ-186（NGC5195）：13h30m, +47°16′, 銀河, 9.6, 5′×4′, M51の伴銀河

明るい．いくぶん小型．少々延伸．中央部はとてもゆるやかに増光．M51に包含

ちょっと見には，有名な子持ち銀河（Whirlpool Galaxy）〔直訳すると「渦巻き銀河」だが，銀河の1タイプである渦巻銀河（spiral galaxy）と紛らわしい．日本では「子持ち銀河」の愛称がふつう〕の渦状腕の一端にくっついているように見える（そのため二重「星雲」の様相を帯びる）．深宇宙の観望家ならほぼ全員が目にしていながら，しかもそれがハーシェル天体だと気づいていない天体というのがあるが，このきわめて特異な系もその一つだ（と同時に，これは全天で最も見つけやすいものの一つでもある）．大きな子持ち銀河と伴銀河は，おおぐま座η星（ひしゃくの柄の末端）およびりょうけん座24番星とともに正三角形を構成しており，8～10cm鏡でも簡単にその位置がわかる．HⅠ-186自体は，ほぼ円形で明るい中心核があるように見える．M51の渦状腕を発見するには，183cm金属反射鏡を備えたロス卿のマンモス望遠鏡を必要としたが，現在なら20cm鏡でも暗い晩にはかすかに見ることができる．これこそ，ハーシェルの有名な格言――「もしある対象がすぐれた力によって見つかれば，その後はより劣った力でも十分見ることができる」――の劇的な例である．この優美な「渦巻き」は，われわれから約3100万光年の距離にある（図5.3, p.66）．

第5章　クラスIの見どころ

図 5.3　H I -186（NGC5195）は子持ち銀河（M51）の伴銀河である．メシエはおそらく両方目にしたはずだが，彼の 51 番天体は大きな渦巻銀河のみを指す．そのため，ウィリアム・ハーシェルは小さい方を自分のカタログにつけ加えることができた．Courtesy of Mike Inglis.

◎かみのけ座 Coma Berenices

■ H I -19（NGC4147）：12h10m, ＋ 18°33′，球状星団，10.3，4′

> 球状の星団．とても明るい．いくぶん大型．丸い．中央部はゆるやかに増光．はっきりと分離し，明瞭に複数の星からなる

　この小さく密集した星の球は，かみのけ座の 3 番星と 5 番星のちょうど中間，銀河が散在したこの星座の西の端に見つかる．小型望遠鏡では，明るい中心部のある小さな丸い星雲のように見える．この天体を球状星団として見るためには，30 〜 36cm 級の良質の機材と大気の安定した晩が必要である．ここで疑問に思うのは，ハーシェルは自らこの天体を「はっきりと分離し，明瞭に複数の星からなる」と述べているにもかかわらず，なぜこれをクラスI（明るい星雲）に割り振ったかという点だ．本来なら，他の多くの球状星団を含むクラスIV（きわめて密集した多数の星からなる星団）に属するように思えるのだが．

■ H I -75（NGC4274）：12h20m, ＋ 29°37′，銀河，10.4，7′× 3′

> とても明るい．とても大型．90 度の方向に延伸．中央部は中心核にかけて大きく増光

この大きな楕円形をした天体は、短時間露出の画像に写ったその姿から、内部に土星のような環があることが報告されている。眼視では、明るい中心部が外側のかすかな暈（ハロー）に囲まれているのが見える。大型のアマチュア用望遠鏡なら、おそらくリング構造も見えると思うが、至極明瞭というわけにはいかない。ハーシェルその人も、それについては何も述べていない（しかし、今ではその存在が知られているので、やはりそこには自ずと違いもあるだろう）。この渦巻銀河は、肉眼でも見える大きな「かみのけ座星団」（Coma Star Cluster）〔Mel.111〕のすぐ北側、銀河の集まったエリア内にあって、かみのけ星団の北端であるかみのけ座γ星の北西に位置する。これはほぼ赤緯＋30°の線上にあるので、この線に沿って丹念に掃査すれば視野に入ってくる。

■ H I -92（NGC4559）：12h36m, ＋27°58′, 銀河, 10.0, 11′×5′, ＝ Caldwell 36

> とても明るい。とても大型。150度の方向に大きく延伸。中央部はゆるやかに増光。東方に三つの星

この複数の腕を持った大きな渦巻銀河は、かみのけ座γ星——かみのけ座星団の北端にあって最も明るい——の約2°東を掃査すれば見つけることができる。渦状腕そのものは、大口径でも直接見て取ることはむずかしいだろうが、一種の「凹凸感」（lumpiness）は明瞭で、未分離の腕とその間にあるダストレーン〔塵の帯〕の存在がわかる。口径15cm以下の望遠鏡でも、この天体はちゃんと細長く見えるが、その明るさは全体に均一で、中心核の存在はまったくわからない。

■ H I -84（NGC4725）：12h50m, ＋25°30′, 銀河, 9.2, 11′×8′

> とても明るい。とても大型。延伸。中央部は、極端に明るい中心核にかけて、とてもゆるやかに、［次いで］とても急に、著しく増光

この渦巻銀河の腕はとても長く、中央にある軸部を完全に包み囲んでいるので、写真では環状に見える。眼視では（明らかに楕円形をしている点を除き）明るい恒星のような姿をした中心核が見える。位置は、（ちょうど銀河の北極にある）かみのけ座31番星の2°南、わずかに西寄りのところである。

◎からす座 Corvus

■ H I -65（NGC4361）：12h24m, －18°48′, 惑星状星雲, 10.3, 80″, ＝ Caldwell 32

第 5 章　クラス I の見どころ

> とても明るい．大型．丸い．中央部は中心核にかけて，とても急に大きく増光．
> 分離可（斑状．未分離）

　からす座の「帆」〔四つの明るい星が作る台形〕の内部，ちょうど台形の対角線が交わる点付近に位置する．この大型の丸い惑星状星雲は，一見簡単に見つかりそうに思うかもしれない．しかし筆者の経験では，空が真に暗くないかぎり，小口径でこれを捉えるのはむずかしい．その理由の一つは，見かけの大きさが大きいために，表面輝度が低いせいだ（その明るさは，こと座の有名なリング星雲 M57 の約 4 分の 1 しかない）．条件さえ良ければ 10cm 望遠鏡でも見えるし，大型の双眼鏡で位置が確認できたという報告もある．13 等級の非常に暗い中心星が，20cm の小ぶりな望遠鏡でかすかに見えたこともあるし，観測者の中にはその円板像が斑状の光で満ちていたと報告する者もいる．いずれもウィリアム卿がその記載の中で触れていた特徴である．この変わった惑星状星雲は，ハーシェル天体のうちで，誤ったクラス記号を割り振られた例として有名なものの一つだ．ただ，ウィリアム卿に対する公平さを欠かないようにいっておくと，これは小さな銀河（星雲）といっても，確かに十分それでとおりそうだ．このぼんやりした球体は，われわれから 2600 光年の距離にある（図 5.4）．

図 5.4　アイピース越しに見ると，典型的な惑星状星雲というよりも，むしろ正面から見た暗い銀河のように見える H I -65（NGC4361）．ウィリアム卿がこれをもっと後のクラスに含めなかったのは，おそらくそのためだろう．Courtesy of Mike Inglis.

◎いるか座 Delphinus

■ H Ⅰ -103（NGC6934）：20h34m,＋07°24′，球状星団，8.8，7′，＝ Caldwell 47

> 球状の星団．明るい．大型．丸い．はっきりと分離し，明瞭に複数の星からなる．
> 星は 16 等級以下．西方に 9 等級の星

　この小さくまとまった星の球は，いるか座にある 2 個の小型球状星団のうち明るい方にあたる．いるか座 ε 星の真南 4°の位置を掃査するとよい．ハーシェルはこれを，明るく，大型で，はっきり分離すると述べているが，そう見えるためには最低 30cm の望遠鏡が必要だろう．小型の機材では，明るい中心部を持った輪郭のぼやけた球のように見える．付近には非常に目立つフィールドスター〔視野内恒星〕もあり，これは星団を分離しようとする際に，シャープな焦点合わせのためにとても役立つだろう．ハーシェルはこれを星の集団として明瞭に分離したのだから，本当ならクラスⅣに分類すべきだったのにと思える．同様の例は他にもあるが，これもその一つである．

■ H Ⅰ -52（NGC7006）：21h02m,＋16°11′，球状星団，10.6，4′，＝ Caldwell 42

> 明るい．丸い．中央部はゆるやかに増光

　この星座の二つめの球状星団は，いるか座 γ 星の真東約 4°にある（γ 星はイルカの鼻先にあたり，黄色と緑の星からなる本当にすばらしい二重星で，それ自体見逃せない）．この天体は H Ⅰ -103 よりも暗い，その小型版のように見える．同時に，明らかに「遠い」(remote) 印象を受けるのだが，実際このタイプの天体としては最も遠いものの一つであり，その点でも興味深い．見るだけなら 15cm でも可能だが，ハーシェルが述べているように見ようと思ったら，その隣人と同じく 2 倍の口径が必要となる．実際には星団の仲間とはいえ，ハーシェルはこれを分離できなかったらしいので，この場合，なぜ彼がこの天体を「明るい星雲」としてクラスⅠに分類したかは了解できる．それよりも，ここで唯一疑問に思うのは（少なくとも筆者の頭の中では），この天体は果たしてコールドウェル・カタログに挙げる意味があったのかどうかということだ．

◎りゅう座 Draco

■ H Ⅰ -215（NGC5866）：15h07m,＋55°46′，銀河，10.0，5′× 2′，以前は M102

第5章 クラスIの見どころ

と同じものと考えられた

> とても明るい．かなり大型．146度の方向にいくぶん大きく延伸．中央部はゆるやかに増光

　これは惜しくも名声を失ったハーシェル天体として有名である．この天体は長いこと有名なメシエ・カタログの102番と信じられてきたが，最近の歴史研究によって，M102は隣のおおぐま座にあるM101をダブって数えていたことが判明し，メシエのリストから外されることになった．この大きな楕円形の系は，りゅう座ι星から約4°南西の位置にあり，りゅう座とうしかい座の境界にあるハーシェル銀河トリオの一角を占める（トリオの二つめは「木っ端銀河」HⅡ-759/NGC5907で，これについては第11章で述べる．そして三つめは，11.5等級の渦巻銀河HⅡ-757/NGC5879である）．この宇宙に浮かぶ卵は，10cm鏡でも簡単に見つかるが，それが目指す銀河か

図5.5　伝統的にHⅠ-215（NGC5866）は，M102としてメシエのリストに含まれてきた．しかし，その後M102は単にM101をダブって数えていただけとわかった．この天体が，もしあの有名なリストに入っていれば，きわめて価値ある存在になっていたはずだと思うと，何とも残念である．Courtesy of Mike Inglis.

どうかを確かめるには，少々用心が必要だ．暗く，透明度の良い晩なら，15cm の広視野望遠鏡（RFT）を低倍率のアイピースで覗けば，これら三つの天体を同一視野で眺めることができる（図 5.5, p.70）．

◎エリダヌス座 Eridanus

■ H Ⅰ -64（NGC1084）：02h46m, － 07°35′，銀河，10.6，3′× 2′

> とても明るい．いくぶん大型．延伸．中央部はゆるやかに，いくぶん大きく増光

この小さな渦巻銀河は，エリダヌス座とくじら座の境界に位置し，エリダヌス座 η 星の約 4°北西にある．外観は中心部の明るい細長い楕円形をしており，隣り合ったこの二つの星座一面に散在する多くのクラスⅠ天体の典型的な姿をしている．実際，この銀河は，くじら座にある NGC1042 と NGC1052 の銀河ペアから，わずか 1.5°北東のところにある．（後者は H Ⅰ -63 のことだが，前者はハーシェルが見落としたらしい．両者はアイピースの同一視野に入るぐらい近接しているのだが）．

■ H Ⅰ -107（NGC1407）：03h40m, － 18°35′，銀河，9.8，2′

> とても明るい．大型．丸い．中央部は中心核にかけてゆるやかに，著しく増光

この明るい，しかし小さな楕円銀河は，エリダヌス座 20 番星の約 1.5°南東を掃査すると見つかる．10 〜 15cm の望遠鏡だと，低倍率では恒星がわずかに広がったような姿に見え，倍率を上げると毛羽立ったような縁が見えてくる．そのわずか 12′南西の位置には，暗い渦巻銀河 NGC1400（H Ⅱ -593）がある．この銀河は，11 等級とするものから 12 等級より暗いとするものまで，明るさの表記が一定しないが，かすかにでも見ようと思えば 20 〜 25cm の口径で，暗い晩にそらし目を使う必要がある．

◎しし座 Leo

■ H Ⅰ -56/57（NGC2903/5）：09h32m, ＋ 21°30′，銀河，8.9，13′× 7′

> 〔H Ⅰ -56〕かなり明るい．とても大型．延伸．中央部は大きく増光．分離可（斑状，未分離）．二者のうち南西側
> 〔H Ⅰ -57〕とても暗い．かなり大型．丸い．中央部はいくぶん急に増光．分離可（斑状，未分離）．二者のうち北東側

第5章 クラスⅠの見どころ

魅力的な渦巻銀河である．ウィリアム卿は，これを別個の天体としてカタログに記載したが，実際には単一の天体である．これはメシエが見落とした中で最も明るく，同時にNGC天体の中で最もすばらしいものの一つでもある．明るく大きいばかりでなく，しし座ι星の1.5°真南にぽつんと浮かんでいるので，簡単に見つけることができる（しし座ι星は，ライオンの頭部を構成している「大鎌」の星々のてっぺんから，わずかに東寄りのところにある）．この天体の魅力の一つは，それがしし座の銀河群からも，その東に広がるかみのけ座-おとめ座銀河団からも孤立している点で，そのため見分けるのは簡単だ．HⅠ-56は確かに銀河そのものだが，HⅠ-57の方は，前者の中心核の12′北に位置する，ぼんやりした恒星雲で，そのため大口径で見ると，この天体は一見二重「星雲」のように（あるいは二つの中心核を持っているように）見える．しかし，HⅠ-57は親銀河の輝きに隠れてしまって，アマチュア用の機材で捉えるのはむずかしい．この霧に包まれた宝石は，約3,000万光年のかなたにあるが，暗い晩には8cm鏡でも見えるほどの明るさがある（図5.6）．

図5.6 この明るい渦巻銀河は，HⅠ-56, 57という二つのハーシェル名を持つが，実際には単独の天体で，大型望遠鏡では中心核の近くに星雲状の小片が見える．なぜかメシエはこの銀河を見落としてしまい，この見どころの発見はウィリアム卿の手に委ねられた．Courtesy of Mike Inglis.

明るい星雲

■ H Ⅰ-17（NGC3379）：10h48m, ＋12°35′, 銀河, 9.3, 4′, ＝ M 105

> とても明るい．かなり大型．丸い．中央部はいくぶん急に増光．分離可（斑状，未分離）

　この明るい渦巻銀河は，低倍率を使えば，M95, M96 と同じ視野に入る．しかも，H Ⅰ-17 の先端付近には，10 等級で 6′×3′ の楕円銀河 H Ⅰ-18（NGC3384）もあって，この一団は銀河好きにとって魅力に富んだ光景を見せてくれる（その上，視野のうちには 12 等級の暗い楕円銀河 H Ⅱ-41/NGC3389 が潜んでおり，H Ⅰ-17 や H Ⅰ-18 とともに三角形を構成している）．この魅力的な一族を見つけるには，レグルス（しし座 α 星）の東にある，しし座 52 番星と 53 番星の中間を掃査すれば簡単だ．広角アイピースを備えた 20cm 望遠鏡なら，この一団が小さな銀河団のように，銀河間に横たわる約 3,000 万光年という空間を隔てて輝いているのが見える．円形をした H Ⅰ-17 の姿から，明るい中心部を持った未分離の球状星団を連想する観望家もいる．念のため記しておくと，ウィリアム卿による H Ⅰ-18 の記述は以下のとおりである．「とても明るい．大型．丸い．中央部はいくぶん急に大きく増光．三者のうちの 2 番め」（図 5.7）．

図 5.7　ここに見える三つの銀河のうち，右側が H Ⅰ-17（M105）である．H Ⅰ-17 の左上には，よりかすかな楕円銀河 H Ⅰ-18（NGC3384）がある．左下は H Ⅱ-41（NGC3389）である．Courtesy of Mike Inglis.

第5章　クラスIの見どころ

■ H I -13（NGC3521）：11h06m, − 00° 02′, 銀河, 8.9, 10′ × 5′

> かなり明るい．かなり大型．約 140 度の方向に大きく延伸．中央部は，中心核にかけてとても急に大きく増光

　この大きく明るい，複数の腕を持った渦巻銀河は，しし座 62 番星のわずか 30′ 東に，孤高の輝きを放ちながら浮かんでいる．その細長い形と光り輝く中心部は，10cm の小口径でも明瞭だ．しかし，この無視されがちな天体は，しし座のメシエ銀河たちの影に隠れて，深宇宙ファンにもあまり知られていないようだ．

◎やまねこ座 Lynx

■ H I -218（NGC2419）：07h38m, + 38° 53′, 球状星団, 10.4, 4′ × 3′, = Caldwell 25/ 銀河間の放浪者（Intergalactic Wanderer）

> いくぶん明るい．いくぶん大型．90 度の方向に少々延伸．中央部はとてもゆるやかに増光．267 度の方向，4′ のところに 7.8 等級の星

図 5.8　H I -218（NGC2419）は，ハーシェルがカタログに記載したような星雲ではなく，実際には非常に遠方にある球状星団である．この天体は（球状星団としては）途方もない距離にあり，実際われわれの銀河系の境界を越えて，銀河間空間に存在するため，「銀河間の放浪者」（Intergalactic Wanderer）の名で呼ばれている．Courtesy of Mike Inglis.

この驚くべき天体は、これまで知られている中で（他の銀河に属するものを除けば）最も遠い球状星団として有名で、われわれの銀河系の縁から30万光年という遠方にある。しかも推測によれば、この小さな星の球は銀河間天体として、われわれが属する局所銀河団の間をさまよっているらしい。この天体は、隣接するふたご座の明るい二重星カストル（ふたご座α星）の7°北に見つかる。アイピースの同じ視野に、二つのかなり目立つ星（ハーシェルが言及したのはその一つ）が入り、ちょうどHⅠ-218を指し示す格好になる。二つの星同士、それに星と球状星団との間隔はほぼ等しい。13cm望遠鏡では、明るい中心を持った毛羽立ったボールのように見える。その倍の口径があれば、シーイングの良い晩（像の安定した晩）には、分離の兆し（「粒状感」（graininess））が見え始め、36cmならば実際にきらめく！　もっとも、ハーシェルは、その大型「20ft」（口径47cm）反射望遠鏡によってもこれが分離可能だとは一言も述べておらず、この天体を星雲だと考えていた。これは、シーイングの悪さや（それに加えて）金属鏡の温度変化による変形が原因だったかもしれない（図5.8, p.74）。

■HⅠ-200（NGC2683）：08h53m，+33°25′，銀河，9.7，9′×2′

> とても明るい。とても大型。39度の方向にとても大きく延伸。中央部はゆるやかに大きく増光

この美しいエッジオン〔＝側面向きの〕渦巻銀河は、隣接するかに座σ²星（同じσ星の名を負う4個の肉眼星からなる小グループの一員）の約1°北西の位置にある。これは明るい春の銀河の一つだが、多くの深宇宙ファンもほとんど知らない。何とも残念なことだ！　10cm鏡でもよく見えるが、十分味わうためには20cm鏡がほしい。20cmあれば、明瞭な紡錘ないし葉巻のような形と明るい中心部が見事に浮かび上がる。ウィリアム卿はその大空探査の過程で、もっとかすかな大勢の深宇宙の住人たちに出会い、その後このような天体に出くわしたわけだが、そのとき彼がどんな反応を示したのか、ぜひとも知りたいところだ。次回の掃査では、いったいどんな思いも寄らぬ驚異が待ち受けているかに思いを馳せ、彼はいっそう拍車をかけられたに違いない。

◎へびつかい座 Ophiuchus

■HⅠ-48（NGC6356）：17h24m，-17°49′，球状星団，8.4，7′

> 球状の星団。とても明るい。かなり大型。中央部はとてもゆるやかに著しく増光。はっきりと分離し、明瞭に複数の星からなる。20等級の星々

この小さな星の球は，この広い面積を占める星座中でハーシェルが発見した，多くの非メシエ球状星団の典型例として選んだ（実際，彼が発見した中では最も明るいものの一つでもある）．位置はへびつかい座η星の4°南東，そして有名な球状星団M9から1°ちょっと北東にある（M9はこの星座中のメシエ球状星団の中で最も小さく，視直径は9′しかない）．この固く締まった恒星の巣（stellar beehive）を分離するには，大気の安定した晩に，良質の20〜25cm望遠鏡とかなりの高倍率を使う必要がある．前にも似た問いを発したが，ハーシェルはこれを明瞭に星団として分離できたのに，なぜクラスⅠに分類したのだろうか？（しかし，他の箇所でもそうだが，ここでも第3章の終わりに掲げた注（p.40）を見てほしい）．

◎ペガスス座 Pegasus

■ H Ⅰ-53（NGC7331）：22h37m，+ 34° 25′，銀河，9.5，11′ × 4′，= Caldwell 30

明るい．いくぶん大型．163度の方向に大きく延伸．中央部は急に大きく増光

これもメシエが見逃した最高の銀河の一つである．ほぼエッジオンの大きな渦巻銀河で，アンドロメダ銀河（M31）の小型版を連想する観望家もいる．口径8〜15cmでは細長いしみのように見えるが，25〜30cmになると核のバルジ〔銀河中央の膨らんだ部分〕と渦状腕の様子が垣間見えてくる（ただし，後者は実際には渦状腕の間にあるダストレーン〔塵の帯〕である）．見つけるには，ペガスス座η星の約4°北からわずかに西寄りの場所を掃査すること．われわれはこの優美な回転花火を約5,000万光年隔てて見ている．アイピースの同じ視野（ちょうど30′南南西の位置）には，「ステファンの五つ子」（Stephan's Quintet）として有名な，よく被写体となる銀河群がある．各々の明るさ——というより「暗さ」！——は，13〜14等級の範囲で（さらに1等級暗いとする資料もある），眼視で捉えるのはむずかしい．興味深いことに，ハーシェルはそのいずれも見なかったらしく，眼視でこの銀河群を観測することのむずかしさがよくわかる．しかし，その存在を知っていることがここでも違いを生むかもしれない．大型望遠鏡をお持ちでチャレンジ精神のある読者は，ぜひ挑戦してほしい（図5.9, p.77）．

■ H Ⅰ-55（NGC7479）：23h05m，+ 12° 19′，銀河，11.0，4′ × 3′，= Caldwell 44

いくぶん明るい．かなり大型．12度の方向に大きく延伸．2個の恒星間にある

このいくぶんぼんやりしたS字形の棒渦巻銀河は，ペガスス座α星の約3°南に位

明るい星雲

図5.9 HⅠ-53（NGC7331）は，メシエが見落としたもう一つのすてきな銀河である．この渦巻銀河は南北の方向を指し，視線方向に約15°傾いている．近くには他にもかすかな銀河が複数あるが，小口径で見る限り，この天体が突出している．Courtesy of Mike Inglis.

置する．中心核と，そのかすかな外部領域をはっきり見るためには，最低でも20cmが必要だ．30～36cmクラスの望遠鏡を持つ恵まれた人なら，中心の棒状部から2本の大きな腕が突き出ているのを見分けられるだろう．1対のかすかな星がこの天体を囲んでおり，ハーシェルもそれについて記載文の中で触れている．この繊細な回転花火は，クラスⅠよりもクラスⅡに属する方がはるかにふさわしいように筆者には思える．皆さんの印象はどうだろうか？

◎ペルセウス座 Perseus

■ HⅠ-193（NGC650/1）：**01h42m，＋51°34′，惑星状星雲，11.5，140″×70″，＝M76**/ 小亜鈴星雲 / バーベル星雲 / コルク星雲 / バタフライ星雲（**Dumbbell/Barbell/Cork/Butterfly Nebula**）

第5章　クラスIの見どころ

とても明るい．二重星雲の東側

　このいくつもの名を持つ驚きの天体は，メシエ天体の中で最も暗く，最も見るのがむずかしいものの一つと広く考えられている．けれども，暗い晩なら8cm鏡でも見えるし，15cm以上の口径があれば，魅力的な眺めを楽しめる．見つけるには，隣のアンドロメダ座との境界線上にあるペルセウス座φ星のちょうど1°北西を掃査すること．観望家はこの奇妙な天体をさまざまに形容してきた．曰く，長方形をしている，いやコルクの形だ，ピーナッツの形だ．あるいは，二重の突出部を持った星雲だ，こぎつね座の有名な亜鈴星雲（M27）のミニチュアのように見える……等々．現実には，それらすべてが正しく，またそれ以上のものである．それは使う口径によって変わってくるのだ．ハーシェルの「二重星雲」というコメントに特に注意してほしい．NGC650 は M76 そのものであり，ハーシェルも明瞭にそのようなものとして認識していたために，ハーシェル名がついていないのである．H I -193（NCG651）は，この星雲の淡い方の半分を指しており，ウィリアム卿がこれを第2の独立した天体と考えたのは明らかで，だからこそ自分のカタログに載せたのである．この特殊な惑星状星雲は，天の川の星の豊かな領域にあり，星々をバックに「浮かんでいる」（float）ように見える．また，この星雲が青みを帯びた緑色（明るい惑星状星雲には

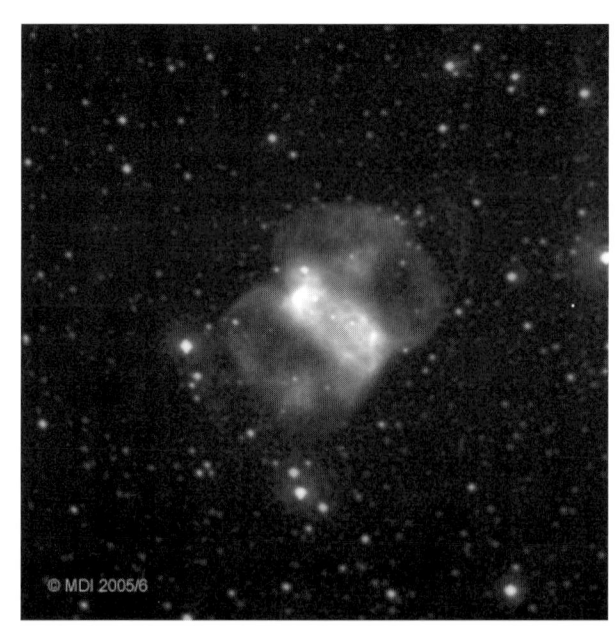

図 5.10　H I -193（M76）は有名な小亜鈴星雲である（これは他にもいろいろある呼び名のうちの一つ）．この天体は，双極性の外観から，二つの NGC 番号（NGC650/651）を持っている．ハーシェルはこれを二重星雲と見なしたが，一つの番号しか与えなかった．それはこの天体の暗い方の部位を指しており，明るい方はメシエがすでにカタログに記載していたからである．
Courtesy of Mike Inglis.

ごく一般的な色）をしていると報告する観測家もいるが，筆者自身は明瞭に色らしい色を見た経験がない．このクラスに属する天体の多くと同様，その正確な距離は不明だが，各種資料によればおよそ 2,000 ～ 3,000 光年と見積もられている（図 5.10, p.78）．

■ H I -156（NGC1023）：02h40m, ＋ 39°04′, 銀河, 9.5, 9′× 3′

| とても明るい．とても大型．著しく延伸．中央部はとても著しく増光 |

この特異な楕円形の系は，ペルセウス座 12 番星——有名な食連星アルゴル（ペルセウス座 β 星）の西にある——から南へ 1°ちょっと寄ったところにある．そこを探せば，明るい中心核を持った，明瞭な楕円形の輝きが見つかる．天の川の内部やその近くで見つかる明るい銀河は少ないが，この銀河はたまたま天の川の外縁部に位置するため，非常に濃密な恒星の層を前景として，その真っ只中に浮かんでいるのが見える．

◎いて座 Sagittarius

■ H I -150（NGC6440）：17h49m, － 20°22′, 球状星団, 9.7, 5′

| いくぶん明るい．いくぶん大型．丸い．中央部で増光 |

星団で満ちたこの星座の住人には，多くの非メシエ球状星団が含まれるが，これはその典型ともいえる小さな球状星団である．見つけるには，大型の美しい散開星団 M23 の 2°南西を掃査すること．この輝く宝石箱とへびつかい座 58 番星を結んだ線のほぼ中間で見つかる．15cm 鏡でも，中心が明るい毛羽立った小球状にはっきり見えるが，個々の星はかなり暗く密集しているので，多少とも分離するには，その倍の口径が必要である．ハーシェル自身，分離できたとも，斑状に見えたともいっていないことに注目．ちょうど 30′北に，視直径 35″× 30″で 12 等級の惑星状星雲 H II -586（NGC6445）がある．15cm 望遠鏡で広角アイピースを使えば，球状星団と同一視野で眺めることができる．この惑星状星雲は，報告によれば青みがかった緑色をしているとされ，また上で引用した等級よりも，若干明るく感じられる．

◎たて座 Scutum

■ H I -47（NGC6712）：18h53m, － 08°42′, 球状星団, 8.2, 7′

第5章　クラスIの見どころ

> 球状の星団．いくぶん明るい．とても大型．不整形．中央部はとてもゆるやかに，
> わずかに増光．はっきりと分離し，明瞭に複数の星からなる

　このおぼろな外観を持つ星の球は，たて座の有名な「野鴨星団」（Wild Duck Cluster, M11）のほぼ真南約 2.5°にある．そのため，この天体は見事な隣人の影にすっかり隠れて，めったに観測対象とならない．10cm 鏡でもはっきり見えるが，外縁の星を分離するには，最低でも高倍率の 20cm 望遠鏡と大気の安定した晩が必要だ．たて座の恒星雲として知られる，天の川の中でもきわめて星の豊富な場所に位置しているため，お手元の望遠鏡では個々の星まで見えないかもしれないが，その眺めは実にすばらしい．ハーシェルは明瞭に分離できたといっているが，それでもこれをクラス I に分類したことに注意．いくつかの資料では，視直径をわずか 3′ としているが，アイピース越しに見ると，明らかにそれより大きく見える．われわれが目にするこの星の巣は，2 万 5,000 光年というはるかな距離を隔てた姿である．ここで（少なくとも一部の観望家の）興味を一段とそそるのは，14 等級の暗い惑星状星雲 IC1295 だ．HⅠ-47 からわずかに 20′ 東南東にあって，80″×60″ という偏球状のこの天体は，小型機材ではかすかに見るだけでも非常にむずかしい．この天体がハーシェル名を持たず，NGC にも含まれていないという事実からも，そのことは頷ける．

◎ろくぶんぎ座 Sextans

■ HⅠ-163（NGC3115）：10h05m，－07°43′，銀河，9.2，8′×3′，＝ Caldwell 53／紡錘銀河（Spindle Galaxy）

> とても明るい．大型．46 度の方向に著しく延伸．中央部は，中心核方向にとてもゆるやかに，次いで急に大きく増光

　ろくぶんぎ座 17 番星と 18 番星の近接したペアから 1.5°北西の位置，あるいはろくぶんぎ座 γ 星の 3°東からわずかに北寄りの位置を掃査すると，この著名な楕円銀河が目に入る．8cm 鏡でも見るのは容易である．この天体は，紡錘形の細長い輪郭と明るい中心部を持っており，なかなか巧みなネーミングだ．大型のアマチュア用望遠鏡ならば，その尖った先端と，場合によっては中心核が星のように輝く様子も見ることができる．後者はたぶん大気の乱流が原因らしい．一般に HⅠ-163 は，ろくぶんぎ座では唯一深宇宙天体として魅力的な存在と見なされており，われわれから 2,000 万光年以上のかなたにある．ただ実際は，もっとかすかなハーシェル銀河が他にも数個，この小さな星座には存在し，次に挙げる HⅠ-3 と HⅠ-4 のペアもそ

の仲間である.

■H I -3（NGC3166）：10h14m, ＋03°26′, 銀河, 10.6, 5′×3′

> 明るい．いくぶん小型．丸い．中央部はいくぶん急に大きく増光．三者のうちの2番め

■H I -4（NGC3169）：10h14m, ＋03°28′, 銀河, 10.5, 5′×3′

> 明るい．いくぶん大型．ごくわずかに延伸．中央部はいくぶんゆるやかに大きく増光．78度の方向，80″の距離に11等級の星．三者のうちの3番め

　ハーシェルがいう三者のうちの1番めはNGC3165で，彼自身がその存在に言及しているのに，なぜかハーシェル名がない（この14等級で2′×1′の大きさを持つ銀河について，NGCは「とても暗い．0度の方向に大きく延伸．三者のうちの1番め」と述べており，天球上の位置は10h14m, ＋03°23′である）．H I -3とH I -4は，いずれもろくぶんざ座のてっぺん近くにあり，互いに9′離れている．ろくぶんぎ座19番星の1.5°南のあたりを掃査すれば見つかるだろう．いずれの天体もわずかに楕円形をしており，かなり明るい中心部を持つ．しかし，ここで興味をひくのは主に両者の近接ぶりで，20cm以上の望遠鏡で低〜中倍率で覗くと，なかなか魅力的な光景が見られる．

◎おおぐま座 Ursa Major

■H I -205（NGC2841）：09h22m, ＋50°58′, 銀河, 9.3, 8′×4′

> とても明るい．大型．151度の方向に著しく延伸．中央部はとても急に大きく増光し，10等級の星と同等

　この明るい大型の渦巻銀河も，メシエが見落としたためにハーシェルに発見の栄が与えられた天体で，その中で最もすばらしいものの一つである．見つけるには，おおぐま座θ星の2°南西を探すとよい．この銀河は，おおぐま座のθ星や15番星とともに三角形を構成している．この天体は8〜10cm鏡でも簡単に見分けられるし，その倍のサイズがあれば印象的な光景が楽しめる．後者のサイズなら，明瞭な恒星状の中心部を持った明るい楕円形として見えるだろう．写真では，美しい相称形の渦状腕が中心核を軸にして周囲を取り巻いている構造が明瞭だが，大口径ならば，条件の良い晩にはその片鱗をうかがうことができる．

■ H Ⅰ -168（NGC3184）：10h18m, + 41°25′，銀河，9.8，7′

いくぶん明るい．とても大型．丸い．中央部はとてもゆるやかに増光

　すばらしいフェイスオン〔＝正面向き〕の渦巻銀河で，おおぐま座 μ 星の 30′ 真南のところにあり，低倍率のアイピースならば μ 星と同じ視野に入る．円形で，きわめて一様な外観をしており，μ 星のおかげで見つけるのも簡単だ．しかし，光がかなり広い範囲に拡散しているため，予想以上に暗く見える（光度を 10 等級以下とする資料もある）．この印象は，望遠鏡のサイズが大きくなっても，像の明るさが全体的に明るくなることを除けば，まったく変わらないように思える．

■ H Ⅰ -201（NGC3877）：11h46m, + 47°30′，銀河，10.9，5′× 1′

明るい．大型．37 度の方向に大きく延伸

　このエッジオンの渦巻銀河は，クラスⅠの天体としては見え方が暗いものの一つだが，視野の中でおおぐま座の χ 星がすぐ近く（16′ 南）にあるため，十分眺めるだけの価値がある．χ 星と銀河が顕著なコントラストを見せているばかりでなく，χ 星のおかげで，この銀河は全ハーシェル天体の中でいちばん見つけやすいものの一つになっている．χ 星を視野の中心に入れれば，即銀河はそこにある．この天体はどの口径で見ても，葉巻形をした線状の姿に見える（ハーシェルの記載文では χ 星について言及がないが，これはおそらく彼の望遠鏡の視野が狭かったためだろう）．

■ H Ⅰ -203（NGC3938）：11h53m, + 44°07′，銀河，10.4，5′

明るい．とても大型．丸い．中央部は，いくぶん明るい中心核にかけて増光．おそらく分離可

　このフェイスオンの渦巻銀河は，おおぐま座 67 番星（ひしゃくのマスを構成するおおぐま座 γ 星から真南に 9°の星）から約 1.5°北西に位置する．ふつう 10 〜 20cm の望遠鏡では，均一に輝く青白い光の円板に見える．しかし，この天体の中心核を「おそらく分離可」としたハーシェルのコメントに注目．あるいは彼は，中心核内部にある（たぶん星以外の）構造を見ていたのかもしれない．

■ H Ⅰ -253（NGC4036）：12h01m, + 61°54′，銀河，10.6，4′× 2′

とても明るい．とても大型．延伸

明るい星雲

■HⅠ-252（NGC4041）：12h02m，+62°08′，銀河，11.1，3′

明るい．かなり大型．丸い．中央部は，分離可（斑状，未分離）の中心核にかけて，ゆるやかに，次いでいくぶん急に著しく増光

　HⅠ-253は，明るい中心核を持った楕円形の楕円銀河である．HⅠ-252の方は小さな丸い渦巻銀河で，やはり明るい中心核を持っているが，隣人のそれと比べると目立って暗い．この銀河ペアは16′しか離れておらず，アイピースの同じ視野に入る．20cm以上の望遠鏡ならば，きれいな眺めが楽しめる．見つけるには，ひしゃくのマスの口にあたる，おおぐま座α星とδ星とともに三角形を形作る頂点の位置を掃査すること．興味深いことに，ハーシェルは3′しかないHⅠ-252を「かなり大型」と述べているが，はて？

■HⅠ-206（NGC4088）：12h06m，+50°33′，銀河，10.5，6′×2′

明るい．かなり大型．55度の方向に延伸．中央部はわずかに増光

■HⅠ-224（NGC4085）：12h05m，+50°21′，銀河，12.3，2′×1′

明るい．いくぶん大型．78度の方向にいくぶん大きく延伸．中央部はとても急に増光

　これまたアイピースの同一視野に入る，不ぞろいな銀河のペアである．二つとも渦巻銀河だが，楕円形をしたHⅠ-206に対し，南に11′しか離れていないHⅠ-224の方はずっと小型でぼんやりとしている．いずれもひしゃくのマスの一部，おおぐま座γ星から3°南東の，銀河の多い領域を探すこと．たぶんHⅠ-224は，最初のうちわからないだろう．見るには注意深く目を凝らす必要がある．この対照的なペアを鑑賞するには，25cm以上の口径が不可欠である．ハーシェルは「明るい」と呼んだが，しかしHⅠ-224は，クラスⅠよりもクラスⅡに属するのがふさわしいと思える天体の一つだ．

■HⅠ-231（NGC5473）：14h05m，+54°54′，銀河，11.4，3′×2′

いくぶん明るい．小型．丸い．中央部はゆるやかに増光

　さて，「好対照の銀河」と呼ぶにふさわしいものを一つだけ挙げろといわれたら，これぞまさしくそうだ．大きな渦巻銀河M101（回転花火銀河）から30′北に寄ったその外縁部，アイピースの視野が広ければ同じ視野内に，このかすかな極小の楕円

銀河がある（M101自体は，ひしゃくの柄の折れ曲がった位置にある，肉眼的多重星ミザール・アルコルのペアと，柄の末端にあるおおぐま座η星とともに正三角形を構成する頂点の位置にある）．HⅠ-231は暗いばかりでなく，サイズも小さい．上に挙げた数字より，さらに暗く小さいように見える（実際，資料によっては，上の光度より1等級暗く，全体の大きさも1′に満たないとするものもある）．いずれにしても，20cm以下の望遠鏡で捉えるのはむずかしい対象であることは確かだ．それはM101の周囲を取り巻くかすかな銀河の一つに過ぎない．ここで述べた光景は，暗く透明度の高い晩に，超広角アイピースをつけた短焦点の大型ドブソニアン式望遠鏡を通して見た場合のものだが，これは絶対に見逃せない光景の一つだ．

◎おとめ座 Virgo

■ HⅠ-9（NGC4179）：12h13m，+ 01°18′，銀河，10.9，4′×1′

> いくぶん明るい．いくぶん小型．約135度の方向にいくぶん大きく延伸．中央部は中心核にかけて増光

おとめ座10番星の約1°南東に，楕円銀河とも，エッジオンの渦巻銀河とも，さまざまに分類可能な天体が見つかる．いずれにしても，楕円形ないし紡錘形をしており，中型機材で見ると中心核の存在がわかる．この広大な星座には多くの銀河が散在しているが，この天体はその中でもごく典型的な存在である．

■ HⅠ-35（NGC4216）：12h16m，+ 13°09′，銀河，10.0，8′×2′

> とても明るい．とても大型．17度の方向に著しく延伸．中央部は中心核にかけて急に増光

このエッジオンの美しい渦巻銀河は，おとめ座とかみのけ座の境界線上，かみのけ座6番星の真南2°のところにある．この銀河でいっぱいの領域において対象を同定するのは非常に困難な場合があるが，この天体については，明瞭な針状ないし葉巻状の形をしていることが発見の手がかりとなるだろう．15cmでもすてきな眺めだし，30cm以上の口径ならば，これぞまさに見どころである．後者の場合は，極端に暗い銀河が他にも二つ同一視野内にあるのがわかるかもしれない．

■ HⅠ-139（NGC4303）：12h22m，+ 04°28′，銀河，9.7，6′，= M61

> とても明るい．とても大型．中央部は星［のように？］とても急に増光．中心核が2個

　これは，自分が最初に発見したわけではないのに，ハーシェルが自らのカタログに入れた，きわめて少数のメシエ天体の一つである．おとめ座16番星と17番星の真ん中を掃査すれば簡単に見つかる（17番星は不ぞろいな二重星）．この丸い大型の渦巻銀河は，中口径の望遠鏡で見てもすてきな眺めだが，もっと大型の機材なら明るい恒星状の中心核と3本の突出した渦状腕の片鱗が見えてくる．

■ HⅠ-28.1（NGC4435）：12h28m, +13°05′, 銀河, 10.9, 3′×2′

> とても明るい．かなり大型．丸い．二者のうち北西側

■ HⅠ-28.2（NGC4438）：12h28m, +13°01′, 銀河, 10.1, 9′×4′, 〔HⅠ-28.1とともに〕両目銀河（The "Eyes"）

> 明るい．かなり大型．ほんの少しだけ延伸．分離可（斑状，未分離）．二者のうち南東側

　おとめ座銀河団の中心にある2個の大きく明るい銀河，M84とM85に望遠鏡を向け，そこからさらに真東30′足らずの位置を掃査すると，1対の渦巻銀河に出くわすだろう．両者は非常に近接しているので（4′しか離れていない），多くの観望家はそれを見て，はるかかなたから自分を見つめる二つの目を連想する．
　異例のハーシェル名も，両者が同じ天体の二つの部分のように見えることを示唆している．それぞれについて見ると，HⅠ-28.1は丸く，均一に明るいように見えるが，他方HⅠ-28.2はもっと大型で明らかに細長く，中心核らしきものがある．見かけの大きさを，ここで挙げた数字の半分とする資料もある．その方がアイピースで見たときの感じに近い．両目銀河は，たぶん15～20cmの望遠鏡で見たときの姿が最高だ．それより口径が大きくなると，両者が離れ過ぎてしまうことが多く〔p.136の訳注参照〕，幻想的な効果が失われる（図5.11, p.86）．

■ HⅠ-31 = HⅠ-38（NGC4526）：12h34m, +07°42′, 銀河, 9.6, 7′

> とても明るい．とても大型．約120度の方向に大きく延伸．中央部はいくぶん急に大きく増光．7等級の2個の星の間にある

　ハーシェルは，この楕円銀河を明らかに2回カタログに載せており，そのため二

第 5 章　クラス I の見どころ

図 5.11　H I -28.1 と H I -28.2（NGC4435/4438）は近接したペア銀河で，観望家によっては銀河間空間のはるか向こうから自分を見つめる目のように見えるという人もいる．すなわち「両目銀河」という愛称の由来である．両者は小型望遠鏡で見るとかなり暗く，また大型望遠鏡だと互いに離れ過ぎて，印象が薄れてしまう．中口径で見るのがいちばんだ．Courtesy of Mike Inglis.

つのハーシェル名がついている．この天体は，おとめ座銀河団の一員である大きくて明るい M49（場所は銀河団の中心の南側）の約 1°南東に位置する．他にも複数の銀河がこの天体を取り巻くようにしてあるので，見分けるには注意が必要だ．幸い，ハーシェルの記載にあるように，たまたま手前にある 2 個の 7 等星にはさまれているので，それが付近の銀河から区別する手がかりになる．20cm 望遠鏡で見ると，かなり明るい中心核を持った明瞭な楕円形をしている．

■ H I -24（NGC4596）：12h40m，+ 10°11′，銀河，10.5，4′× 3′

明るい．いくぶん小型．丸い．中央部はゆるやかに大きく増光．分離可（斑状，未分離）．東側に 3 個の星

　この棒渦巻銀河は，おとめ座 ρ 星の 30′ 真南にあり，小型望遠鏡で見ると，きわめて鮮明な中心核を持った丸い形をしている．30 〜 36cm 級の機材なら，写真で見るような，輪形の取っ手（ansae）が突き出た土星のような円板像がかすかに見えるかもしれない．ただし，ハーシェル自身はそうした特徴について何も語っていない．それはともかく，11 等級の暗い渦巻銀河 H II -69（NGC4608）が，ρ 星のわずか 11′南西，アイピースの視野が広ければ同一視野内に入るので，こちらも探してほしい．

■ H I -43（NGC4594）：12h40m，− 11°37′，銀河，8.3，9′×4′，= M104/ソンブレロ銀河（Sombrero Galaxy）

> 注目に値する．とても明るい．とても大型．92度の方向に極端に延伸．中央部は，中心核にかけてとても急に大きく増光

　メシエがなぜこの驚異の天体を彼オリジナルのカタログに加えなかったかは謎である．これこそエッジオンの渦巻銀河としては，空全体を通じて最も明るく，最もすばらしいものの一つなのだから！　この天体は5cm望遠鏡でも見えるし，暗い晩なら双眼鏡やファインダーでもかすかに見えることがある．実際，これは非常に明るいので，満月の晩や中程度の光害地でも，8～10cmの口径があれば見ることができる．2,800万光年も離れているのに，これほど明るいとは！　見つけるには，スピカ（おとめ座α星）とおとめ座γ星（固有名ポリマ，すばらしい二重星だが，現在その正体を隠していることで有名〔公転周期169年で，21世紀初頭はいちばん離角が小さい時期にあたる〕）を斜辺とする直角三角形の底辺部，直角にあたる位置を掃査すること．場所はおとめ座とからす座のちょうど境界線上にあたる．この天体を見つける際は，観測者を正しく導いてくれる，二つの見事な星群が手がかりになる．ソンブレロから20′西北西の位置，アイピースの同じ視野内に矢印の形をした星列（多重星ストルーベ1664番星）があり，当の銀河を正しく指し示している．この星列は「矢印」（Arrow）という愛称以外に，姿の類似から「小さなや〔矢〕座」（Little Sagitta）の愛称でも呼ばれてきた．この矢印を見つける目印が，その南西側，からす座との境界をちょっと越えたところにある印象的で目を引く星の三角形だ．この三角形は「星の門」（Stargate）とか「くさび」（Wedge）の愛称で知られ，さらに別の三角形の内部にある．これら二つの星のグループは，最悪の条件の夜を除けば，ファインダーではっきり見ることができるので，観測初心者でもこの驚異の銀河を見つけるのは朝飯前だ．15cm望遠鏡なら，中心部の大きく膨らんだ光の輝きと，赤道面を横切る暗いダストレーン〔塵の帯〕がわかる．これがソンブレロの名の由来であり，ダストレーンは「帽子のつば」として知られる．30～36cm級へと口径が大きくなるにつれ，この天体の驚きと楽しさはさらに増す．天文台級の大型望遠鏡で見た光景ともなると，まさに写真をもしのぐほどだ．驚くべきことに，ハーシェルは確かにそれを見たはずなのに，この人目につきやすいダストレーンについて何も述べていない．ソンブレロ銀河は完全に横向きではなく，視線方向に対して約6°傾いており，ダストレーンは中心核の膨らみの南側を横切っている．そのため，われわれは片側半分をもう半分より多めに見ることになり，そこに驚くほどの奥行き感・立体感が生じるのである．この驚嘆すべき星の都は，1兆個近くの恒星を含み，2,000個以上の球状

第5章 クラスIの見どころ

図 5.12 HⅠ-43（M104）は全天で最も明るい銀河の一つで，空の明るい条件下でも，またごく小さな望遠鏡でも見ることができる．ソンブレロ銀河の名で有名だが，これはメシエ本来の 103 個からなる深宇宙天体リストに増補された数個の天体のうち第 1 番めのものだ．増補によりメシエ・カタログは現在 110 番まで項目数が増えている．Courtesy of Mike Inglis.

星団に取り囲まれていると推定されている（それに対してわが銀河系では 200 個にも満たない）！ 夜空の奇観に驚異の目を向けつつ物思いにふけるには，これこそまたとない素材だ（図 5.12）．

■ HⅠ-39（NGC4697）：12h49m，− 05° 48′，銀河，9.2，7′ × 5′，= Caldwell 52

とても明るい．約 45 度の方向に少しだけ延伸．中央部は中心核にかけて急に大きく増光

この大きな楕円形の系は，おとめ座一面に散在する多数の銀河の中でも典型的なものだ．あえてここに挙げたのは，一つにはその明るさのためであり，また一つには，これがパトリック・ムーア卿の編んだコールドウェル天体の一つだからだ．このクラスに属する仲間の多くと同様，これも中口径で見ると明るい中心核を持った楕円形の輝きに見える．見つけるには，二重星おとめ座 θ 星の 5°真西を掃査すること．視野星がまっすぐ並んでいるそばに見つかるはずだ．

■ HⅠ-25 = HⅡ-74（NGC4754）：12h52m，+ 11° 19′，銀河，10.6，5′ × 3′

明るい．いくぶん大型．丸い．中央部はいくぶん急に増光．二者のうち西側

これはクラスⅠで 1 回，次いでクラスⅡでもう 1 回カタログ入りしたハーシェル

天体だ．ビンデミアトリックス（おとめ座ε星）の2°西，わずかに北寄りを探すとよい．15cm望遠鏡だと，この楕円銀河はほぼ円形で，かなり目立つ中心核を持っているのが見える．その添景がもう一つの暗いハーシェル天体，10等級の渦巻銀河HⅡ-75（NGC4762）だ．ハーシェルはこの天体を「いくぶん明るい．31度の方向に著しく延伸．南側に3個の明るい星．二者のうち東側」と記載している．見かけの大きさは9′×2′で，目立って細長い形をしているが，小型望遠鏡だと，中心核はほんの気配程度しか感じられない．場所はHⅠ-25/HⅡ-74のわずか11′南西で，三つの視野星に囲まれている．NGC4754は隣人と比較して，はたしてどちらのクラスがふさわしいと思われるだろう？

■ HⅠ-70（NGC5634）：14h30m，－05°59′，球状星団，9.6，5′

> 球状の星団．とても明るい．かなり大型．丸い．中央部はゆるやかに増光．はっきりと分離し，明瞭に複数の星からなる．19等級の星々．南東に8等級の星

この銀河でいっぱいの星座の中では場違いかもしれないが，暗いぼんやりした天体の観測から気分転換を図るのに，この小さなやや暗い星の球はちょうど良い．場所はおとめ座μ星の3°西，おとめ座104番星からちょうど30′東で，後者はアイピースの視野が広ければ同じ視野に入る．小型望遠鏡では，光の弱々しいわずかにつぶれた円板状に見え，その東の縁にある視野星にぴたりと寄り添っている．この天体をハーシェルが見たような小さな星の巣として見るためには，30〜36cm級の機材と，大気の安定した晩が必要だ．それにしても，ハーシェルが見たとおりだとすれば，なぜこれがクラスⅠに分類されたのかという疑問をここでも感じる．

■ HⅠ-126（NGC5746）：14h45m，＋01°57′，銀河，10.6，8′×2′

> 明るい．大型．170度の方向に著しく延伸．中央部は中心核にかけて増光

この真横を向いた渦巻銀河は，おとめ座109番星のちょうど30′西の位置にあるため，見つけるのは簡単だ．20cm以上の口径で見ると，とても細い葉巻のような形が実に印象的で，また中心核もかなりはっきり見ることができる．その添景となるのが，もう一つの非常に暗いハーシェル天体，12等級の小さな渦巻銀河HⅡ-538（NGC5740）で，こちらはHⅠ-126からわずかに18′南南西にある．上記の恒星と二つの銀河は，アイピースの視野が広ければすべて同じ視野のうちに眺めることができる．

第6章　クラスⅣの見どころ
惑星状星雲

　以下，星座のアルファベット順に掲げたのは，ハーシェルのクラスⅣに属する中で最も興味をそそる29個の天体である．ハーシェル名の後に続けて，対応するNGC番号（カッコ内），2000年分点による赤経と赤緯，天体の実際のタイプ（ハーシェルが割り振ったクラスとは異なる場合がある），実視等級，分（′）または秒（″）で表示した視直径，さらにもしあればメシエ番号やコールドウェル（Caldwell）番号，あるいは通称を掲げた．その次の枠囲みの太字は，NGCから採ったウィリアム卿による略語を用いた記述を普通の文に書き換えたもので，さらにその後に筆者のコメントを添えた．その中には，ちょうどハーシェル自身が行なったように，それぞれの天体を掃査して見つける際の手引きを含めておいた．

◎アンドロメダ座 Andromeda

■ HⅣ-18（NGC7662）：23h26m，+42°33′，惑星状星雲，8.5，32″×28″，= Caldwell 22/青い雪玉（Blue Snowball）

> 注目に値する．壮麗な，あるいは興味深い天体．惑星状ないし環状星雲．とても明るい．いくぶん小型．丸い．青い

　この宝石は全天でいちばん明るい惑星状星雲の一つである．10cm鏡でも小さな青い点のように見えるが，20cmになるときわめて精彩を帯びてくる．25cm鏡ではリング状の構造と，中心の空隙にとてもかすかな13等級の星があるのがわかる．この中心星は見えたり見えなかったりするので，変光星だと主張する観測家もいるが，この現象はこれまでのところシーイングの条件変化によるものとされている．またこの星雲の色はコバルトブルーおよび青みがかった緑色をしていると記述されてきたが，多くの人は純粋に青い球と見るし，それが愛称の由来ともなっている．ペガススの四辺形の真北，アンドロメダ座ι星とο星を結んだ線に沿って掃査すれば簡単に見つかる．アイピースの視野が広ければ，この天体から30′足らず北東のアンドロメダ座13番星が同一視野内に見えるだろう．この天界の雪玉は約5,600光年の距離にあり，アンドロメダ座を横切って流れる天の川の縁に位置する（図6.1, p.92）．

第6章　クラスIVの見どころ

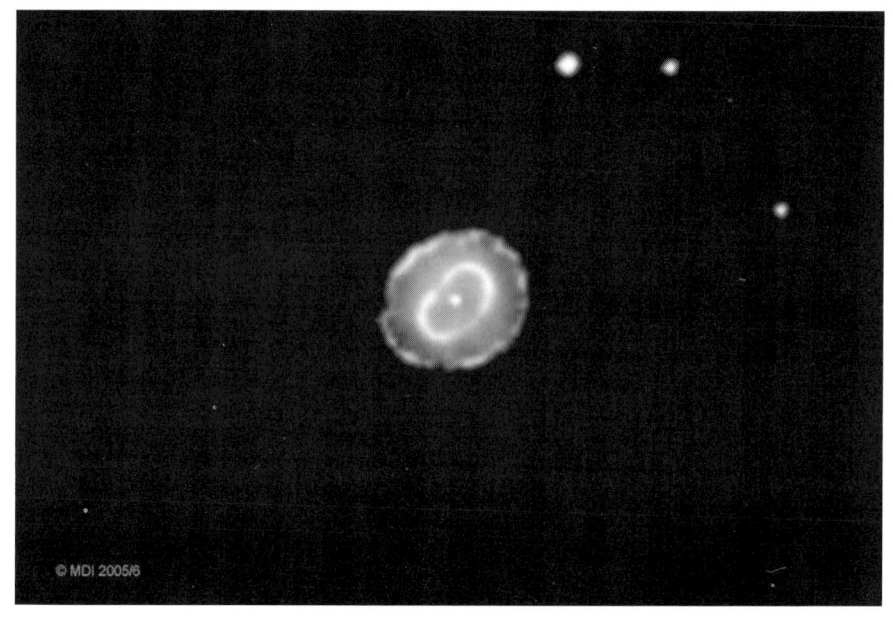

図6.1 H IV -18（NGC7662）は，多くの観望家の目にはくっきりとした氷のような青色に見えるために，「青い雪玉」の名で知られる（他にも緑がかった青色に見えるという人もいる）．全天で最も明るい惑星状星雲の一つとして，あらゆるサイズの望遠鏡で魅力的な光景が楽しめる．ハーシェルが使ったような大型機材ともなれば，本当に眩暈を覚えるような眺めだ！　　Courtesy of Mike Inglis.

◎みずがめ座 Aquarius

■ H IV -1（NGC7009）：21h04m，− 11°22′，惑星状星雲，8.3，25″× 17″，= Caldwell 55/ 土星状星雲（Saturn Nebula）

> 注目に値する．壮麗な，あるいは興味深い天体．惑星状星雲．とても明るい．小型．楕円形

　　H IV -18と比べても，さらに明るく印象的なのが，この鮮やかな緑がかった青色をした壮麗な宇宙の卵だ．この天体はみずがめ座ν星のちょうど2°真西に簡単に見つかる．8cm鏡でも明瞭で，15cm以上の望遠鏡ならば魅力的な眺めが楽しめる．輪形の取っ手（ansae），すなわち円板の横についたリング状の突起をかすかにでも見るためには，最低でも25cmと大気の安定した晩が必要だ．のっぺりした円板本体は不思議な蛍光の輝きを帯びているが，それはどの口径でも明瞭にわかる．実際には12等級の中心星があるのだが，星雲自体の明かりにすっかり掻き消されてしまってい

る．ハーシェルは輪形の取っ手にも中心星にも言及していないことに注目．土星状星雲は 30 ～ 36cm 望遠鏡で見ると本当にすばらしい眺めだし，天文台級の機材ともなれば筆舌に尽くしがたい．この天体はウィリアム卿によって発見され，一つのクラスにまで昇格した仲間のうちで最初のものだった．みずがめ座の掃査の最中，予期せぬ相手に出会って，彼は身ぶるいしたに違いない．そしてこの経験に励まされて，似たような種類の天体を探し求めることになったのだろう．この宝石はわれわれから 3,000 光年の距離にある（図 6.2）（南西に 2 ～ 3°寄ったところに，暗い球状星団 M72 と小さな星群 M73 がある）．

◎きりん座 Camelopardalis

■ H Ⅳ -53（NGC1501）：04h07m，+ 60°55′，惑星状星雲，11.9，55″× 48″，牡蠣星雲（Oyster Nebula）

> 惑星状星雲．いくぶん明るい．いくぶん小型．ほんの少しだけ延伸．直径 1′

図 6.2　天空で最も明るく，最も人目を引く惑星状星雲の一つが，土星状星雲の名で知られる H Ⅳ -1（NGC7009）だ．ウィリアム卿によって発見されたこのクラス最初の天体でもある．今日の観望家はこれを見て興奮するが，ウィリアム卿が最初にこれを発見したときもきっとそうだったに違いない．その不思議な青緑色と楕円の形はどの望遠鏡でも見間違えることはない．Courtesy of Mike Inglis.

その名は，短時間露出の大画像写真に写った姿から来ているが，その青白いかすかな円板は，小型望遠鏡では薄い灰色のしみのように見える．25cm以上の口径で見ると，暗い中心部ないし煙の輪のような構造がわずかに見えてくるし，14等級の中心星が見えたとする観測家の報告もある．だが，ハーシェルは大小いずれの20ft〔6.1m〕望遠鏡でも，この暗い中心部を見なかったらしい．この天体はかなり孤立した領域にあるので，きりん座β星から真西に赤経で1h（=15°）近くのところを注意深く掃査すれば見つけられる．北に約2°の位置には小型の散開星団 H Ⅶ -47（NGC1502, 第9章参照）がある．この星団の方が星雲自体よりはるかに目立つので，あるいは先にこちらを掃査し，それから南下して星雲を探す方が簡単かもしれない（図6.3）．

◎カシオペヤ座 Cassiopeia

■ H Ⅳ -52（NGC7635）：23h21m, +61°12′, 散光星雲, 7.0, 15′×8′, = Caldwell 11/ バブル星雲（Bubble Nebula）

とても暗い．中心を少しはずれて8等級の星を包含

図6.3 牡蠣星雲として知られる H Ⅳ -53（NGC1501）は，大型の淡い惑星状星雲で，十分味わうためには大口径が必要である．位置を探るのは少々むずかしく，見分けるには注意深い掃査が必要だ．Courtesy of Mike Inglis.

この天体は，写真で見るとかすかな不完全な泡のような姿をしているが，眼視では，最も明るい部分が差し渡しわずか 3′ ほどの弧状をなし，その内側に 8 等級の星が埋め込まれているのが見える．幸い，この天体は美しい散開星団 M52 のわずか 36′ 南西の位置にあり，視野の広いアイピースなら同一視野に入る．そのため位置を探るのは比較的やさしい．しかし，それが実際目に見えるかどうかは，また別の問題だ！

典型的なアマチュア用望遠鏡（backyard telescopes）を使って，眼視でこの天体を見るのはむずかしく，月のない非常に暗い晩と十分暗順応した眼が必要だ．ハーシェル自身も「とても暗い」と呼んでいることに注意してほしい．最もいいのは，まず最初に 8 等級の星を見つけ出し，その後極端なそらし目を使って，そのかすかな星雲状物質を探してみることだ．カシオペヤ座 α 星と β 星は正しく M52 を指しており，両者を結ぶ線分を〔β 星側に〕同じ長さだけ延長すれば，ちょうど M52 の位置に来る．この星雲・星団のペアの位置は，同時にカシオペヤ座 4 番星のすぐ南にあたる．最後に問題となるのは——筆者はこの点がさっぱりわからないと告白せざるを得ないが——このぼんやりした天体が，いったいどんなわけでコールドウェルの見どころリスト入りを果たしたかだ！

◎ケフェウス座 Cepheus

■ H Ⅳ -76（NGC6946）：20h35m, + 60°09′, 銀河, 8.9, 11′ × 10′, = Caldwell 12

> とても暗い．とても大型．中央部はとてもゆるやかに，次いでとても急に増光．部分的に分離し，いくつかの星が見分けられる

ケフェウス座 η 星の約 2°南西，はくちょう座との境界に位置するのが，「M33（さんかく座にある巨大渦巻銀河）の小型版」と評されてきた天体である．たぶん写真で見ればそのとおりなのだろうが，眼視では，その（銀河にしては明るい）等級表示にもかかわらず，かなり暗い．光が広い範囲に拡散して，表面輝度が低いためである．この丸い光のしみは，15cm ではいささか手強く，もし味わおうと思ったら，暗い晩であることが絶対条件である．この天体はハーシェルによって惑星状星雲と間違って同定されたが，多くの丸い銀河は，アイピース越しに見ると確かにそう見誤りやすい．しかしこの天体の場合，彼がいうように部分的に分離可能で，いくつかの星が見えたのだとすると，なぜ惑星状星雲として記録されたのか不思議に思える．ここで添景となるのが，散開星団 H Ⅵ -42（NGC6939，第 8 章参照）で，北西わずか 38′ のところにあって，アイピースの視野が広ければ同一視野に入る．この二つの天界の驚異は，空では互いに接近して見えるが，現実の宇宙空間では途方もな

く離れている．銀河の方は星団に比べて約5,000倍も遠いのだ！（すなわち2,000光年対1,000万光年）．

■ H Ⅳ -74（NGC7023）：21h02m，+ 68°12′，散光星雲，6.8，18′，= Caldwell 4/アイリス星雲（Iris Nebula）

極端に暗く極端に大型の星雲状物質の中に7等級の星がある

この天体は，北天で最も明るい反射星雲の一つで，13〜15cm鏡でも，さらに中程度の光害地でもはっきりと見える．実際，6.8等級もあるので（これは内部の星の明るさも含んでいる），大型の双眼鏡でも見ることができる．ここで不思議に思うのは，ハーシェルがこの星雲を「極端に暗い」と述べたことだ．名前は写真に写った姿に由来し，写真では確かに青紫をした繊細な宇宙のアイリスそのものに見える．これはハーシェル・クラブのオリジナル観測リストから漏れた重要な天体の一つだ．美しい二重星ケフェウス座β星の3°南西を掃査すれば見つかるだろう．β星はこの星座に特徴的な家の形〔=五角形〕の右上の角の星である（図6.4）．

図6.4 H Ⅳ -74（NGC7023），通称アイリス星雲は，実際には惑星状星雲ではなくて，散光星雲である．星雲は7等級の星を取り囲んでいるため，どんな小型の望遠鏡でも見つけるのは容易である．Courtesy of Mike Inglis.

惑星状星雲

■ H Ⅳ -58（NGC40）：00h13m，＋72°32′，惑星状星雲，10.2，60″×40″，＝ Caldwell 2

> 暗い．とても小型．丸い．中央部はとても急に大きく増光．南西に 12 等級の星

赤緯の高いところには，見るだけの価値がある惑星状星雲はほんの少ししかないが，これはそのうちの一つである．しかしはっきりした星のランドマークのない，孤立した空域にあるので，実際に見つけるためには，いくぶん用心してスターホッピングと掃査を行なう必要がある．筆者が目標地点まで到達するのに用いている方法は，ケフェウス座 δ 星から ι 星に引いた線を，同じ長さだけ延長するというものだ．その付近をゆっくりと掃査すれば，2 個の暗い視野星にはさまれた姿で視野に入ってくるだろう．この天体は 10cm 鏡でも見えるものの，はっきり見ようと思ったら最低でもその倍の口径が要る．これまで観測家たちはその円板像の色について，赤みがかっているとか，灰色っぽいとか，緑がかっているとか，さまざまに報告しているが，全員に共通しているのは，20cm 以上の望遠鏡で見ると 11.6 等級の中心星がはっきり見えるということだ．ハーシェル自身はこの天体を「暗い」と述べ，また実際には中心星として存在している恒星を，そのように述べていないことに注意．H Ⅳ -58 はわれわれから 3,000 光年の距離にある．

◎からす座 Corvus

■ H Ⅳ -28.1（NGC4038）：12h02m，－18°52′，銀河，10.7，3′×2′，＝ Caldwell 60/ 触角銀河（Antennae Galaxy）/ リングテール銀河（Ring-Tail Galaxy）

> いくぶん明るい．かなり大型．丸い．中央部はとても急に増光

■ H Ⅳ -28.2（NGC4039）：12h02m，－18°52′，銀河，12.0，3′×2′，＝ Caldwell 61/ 触角銀河（Antennae Galaxy）/ リングテール銀河（Ring-Tail Galaxy）

> いくぶん暗い．いくぶん大型

相互作用を及ぼしあっている，ないし衝突しつつある銀河のうち，アマチュア用望遠鏡でも見えるものとしては，この特異な渦巻銀河のペアが，全天で最も見やすいものの一つである．15cm 以下の望遠鏡では星雲状の単一の弧に見えるが，20cm になると〔体を曲げた〕エビのような形に見える．口径 30～36cm ともなると，かすかに延びたフィラメントが見えてくるが，ハーシェル自身はそれを見なかったらし

い．この特異なペアは，からす座γ星の3.5°南西，コップ座31番星の1°北で見つかる．コールドウェルのリストでは両者をともに認め，それぞれ別個の番号を与えているが，ハーシェル・クラブのオリジナル一覧表では，これを一つの天体と見なして単一の名称しか与えていないし，その愛称も書かれていない．われわれはこのペアを約9,000万光年という銀河間空間を隔てて眺めている．なお，からす座では，NGC4361は唯一本当の惑星状星雲なのだが，HⅠ-65としてクラスⅠに分類されてしまった（第5章参照）のは何とも皮肉だ（図6.5）．

◎はくちょう座 Cygnus

■ HⅣ-73（NGC6826）：19h45m，+50°31′，惑星状星雲，8.9，27″，= Caldwell 15/ まばたき星雲（Blinking Planetary）

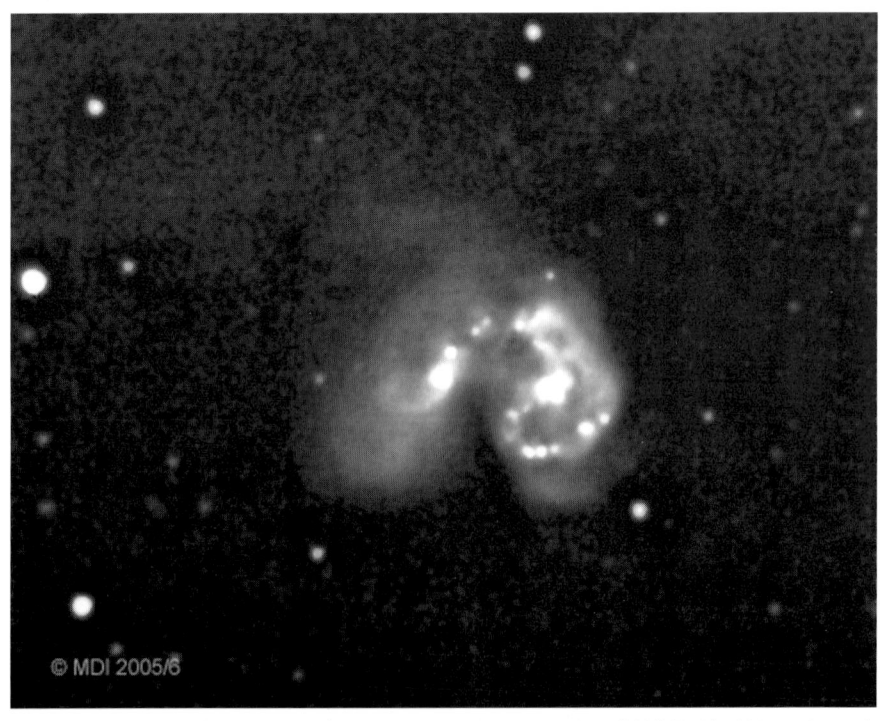

図6.5 HⅣ-28.1/28.2（NGC4038/4039）は，ハーシェルによって2個の惑星状星雲と分類されたが，実際には衝突しつつある，あるいは相互作用を及ぼしあっている1対の銀河であり，触角銀河やリングテール銀河の名で知られる．この種のものとしては，アマチュア用望遠鏡で最も簡単に見られる天体の一つに属する．そのエビのような特異な形状は，中～大型機材で見ると魅力的な眺めだ．Courtesy of Mike Inglis.

惑星状星雲．明るい．いくぶん大型．丸い．中央部に 11 等級の星

　筆者は『スカイ・アンド・テレスコープ』誌の 1963 年 8 月号で，この天体の驚くべき振る舞いについて注意を喚起し，そこから「まばたき星雲」の名が生まれた．そこで目にするのは，10 等級の明瞭な中心星を伴った，明るく青白い円板である．中心星を直接見つめると星雲自体は目に見えない．そらし目に切り替えると，星雲がパッと目に飛び込んできて中心星を掻き消してしまう．視点を切り替えるたびに，点いたり消えたりの驚くようなまばたき効果がはっきりと見られる．この天体は観望の最中に何かをする（do something）ように見えるという，深宇宙天体としては非常にまれなものの一つである．このまばたきは，8～10cm の小口径でも見ることができるが，口径が大きくなるにつれて，さらに興味深い眺めとなる．15～20cm 望遠鏡で見ると実に印象的だ．この効果は，口径 33cm の優秀なフィッツ-クラーク製屈折望遠鏡を使っていたときに最初に気づいたのだが，当時私は「最もすばらしい深宇宙天体」という記事を『スカイ・アンド・テレスコープ』誌に書くため（1965 年から 66 年にかけて掲載），眼視で空を探索していた．この歴史的な機材ならばもちろんだが，他のどの口径の機材で見ても，H Ⅳ -73 は間違いなく全天で最も驚異的な光景の一つだ！　この天体は，離角の大きな美しい黄金の二重星はくちょう座 16

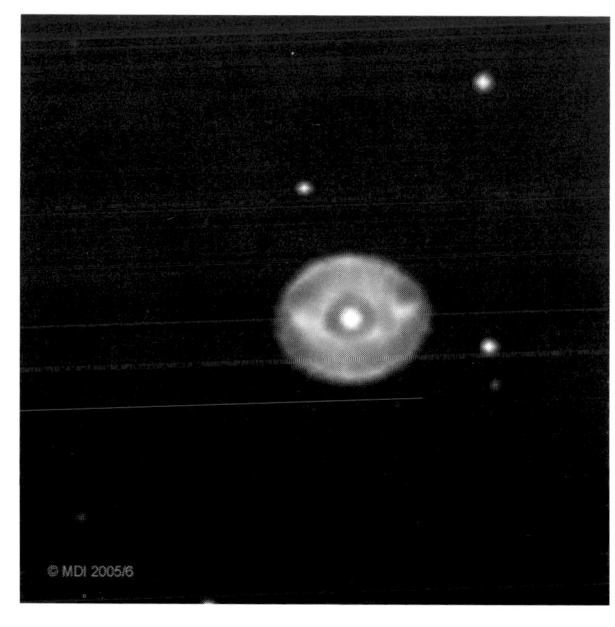

図 6.6　H Ⅳ -73（NGC6826）は驚異のまばたき星雲である．その消えたり現われたりの仮現効果は，それぞれ直視とそらし目とを交互に繰り返すことによって生じる．この効果はごく小さな望遠鏡でも見ることができるが，口径が大きくなるにつれ，いっそう目を引く光景となる．
Courtesy of Mike Inglis.

番星からわずか45′東，視野の広いアイピースならそれと同一視野に入るため，簡単に見つけることができる．似たような振る舞いを示す惑星状星雲は他にも多いが，この天体ほどそれがはっきりしているものはない．ハーシェル（および他の歴史的観測家たち）は，まったくこの効果に気づかなかったようだが，その顕著さを考えると，これはどうにも説明しがたい事実だ．あるいは，星雲そのものが過去150～200年の間に物理的進化を遂げ，主要な輝線がスペクトル中でも特に網膜の鋭敏な帯域にシフトした結果，今日見られるようなまばたき効果が生まれたのだろうか？

また，これもちょっと不思議に思うのだが，ハーシェル・クラブの観測リストには確かにこの天体が載っているが，（今では観測者に広く知られているはずの）その愛称や印象的な振る舞いについては言及がなく，さらにその明瞭な中心星や，近くで目につく二重星についても触れていない．われわれはこの天体のひょうきんな動作を約3,300光年の距離から見物している（図6.6, p.99）．

■ H Ⅳ-72（NGC6888）：20h12m，+ 38°21′，散光星雲，8.8，18′× 13′，= Caldwell 27/ 三日月星雲（Crescent Nebula）

暗い．とても大型．著しく延伸．二重星が寄り添っている

写真に写った姿から「はくちょう座の泡」（Cygnus Bubble）とも呼ばれる，この三日月形の天体は，表示等級から期待されるよりもはるかに暗い．見かけの大きさが大きいために，表面輝度が低いせいである．ハーシェル自身も，暗く非常に大きく広がっていると述べていることに注意してほしい．彼はまた，二重星がこれに寄り添っていると述べている．しかし，この天体は天の川の非常に濃密な領域にあるため，ハーシェルのいう星のペアが本当はどれを指しているのか，確定するのは容易ではない．この天体には7等級の星が伴い，それが星雲本体に輝きをもたらしている．このかすかな星雲状物質は，暗い晩に20cm以上の口径で，低倍率を使って見たときがいちばんすばらしい．天文台級の機材で見ると，楕円形をしたリング状に見えるといわれている．見つけるには，はくちょう座γ星の約2.5°南西を掃査すること（γ星は北十字を構成する星のうち，横棒の真ん中の星である）．この位置は，有名かつ謎めいた新星類似の変光星はくちょう座Y星のちょうど1°西にあたる．

◎いるか座 Delphinus

■ H Ⅳ-16（NGC6905）：20h22m，+ 20°07′，惑星状星雲，11.9，44″× 38″，ブルーフラッシュ星雲（Blue Flash Nebula）

惑星状星雲

> きわめて注目に値する．惑星状星雲．明るい．いくぶん小型．丸い．近くに4個の小さな星

　このぼんやりした小さな惑星状星雲は，13～15cm望遠鏡でも，輪郭のはっきりしない青っぽいしみのような姿として見ることができる．しかし十分味わうためには，その倍の口径が必要だ．それだけのサイズがあれば，リング形をした鮮明な青色に見える．さらに14等級のかすかな中心星も見えるかもしれないが，ハーシェルはそれについては触れていない．ここは天の川の濃密な領域にあたるので，どんな望遠鏡で見ても，周囲を取り囲む多数の視野星が見える．実際，観測家によっては，この星雲が4,000光年余り先にある雑然とした星団の中に存在すると述べる人もいる．この天体が「ブルー」と呼ばれるわけはすぐわかるが，名前に「フラッシュ（閃光）」のつく理由が筆者にはさっぱりわからない．いるか座δ星からα星を通る線を北西に延ばすと，いるか座とや座，それにこぎつね座が境を接する付近で，目指す場所に到達する．こぎつね座29番星から1°南下し，さらに3°西に行ったところを掃査すると見つかるだろう．

◎りゅう座 Draco

■ H Ⅳ -37（NGC6543）：17h59m, ＋66°38′，惑星状星雲，8.8，22″×16″，＝ Caldwell 6/ 猫の目星雲（Cat's Eye Nebula）/ かたつむり星雲（Snail Nebula）

> 惑星状星雲．とても明るい．いくぶん小型．中央部はとても小さな中心核にかけて急に増光

　この見どころは8～10cmの望遠鏡でも，小さな，しかし明るい青緑色をした楕円体として難なく見ることができる．20～25cm級の望遠鏡ならば，内部構造の片鱗と10等級の中心星もわかるが，後者は明るい星雲物質に埋もれているため，見るのは思ったほど簡単ではない．中心星は星雲との鮮烈な対比効果によって，黄色く見える．30～36cm級の口径で高倍率をかければ，絡み合った輪の片鱗と，中心星のすぐ外側にある暗くて丸い空隙がわかる．ハーシェルは中心核については言及しているが，この孔隙については何も述べていない．このエメラルド色の宝石を見つけるには，りゅう座の頭部にあるりゅう座γ星からε星を通る線を引き，それを真北に倍の長さだけ延長すればよい．その位置まで来たら，りゅう座δ星とζ星の中間を掃査すること．この天体は3,500光年の距離にあり，二つの愛称は，天文台が撮影した写真に写ったその印象的な姿に由来する（図6.7）．

第6章 クラスIVの見どころ

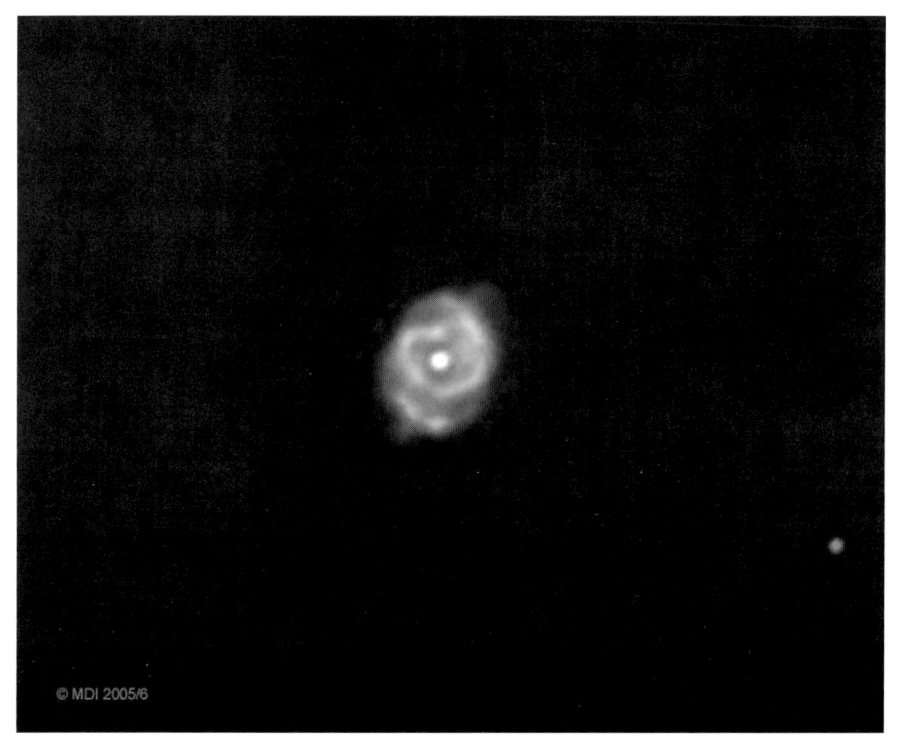

図6.7 H IV -37（NGC6543）は，有名な猫の目星雲，別名かたつむり星雲のことである．この青緑色をした宇宙の卵の特徴をうまく捉えた名前だが，写真で見るといっそうその感が深い．小型望遠鏡でも円板像と鮮やかな色あいがわかるが，大型の機材ならば中心星と魅惑的な内部構造も明らかになる．周極星なので，理論的には通年観測可能だが，深宇宙の驚異がすべてそうであるように，正中高度の高い時季に見るのがいちばんだ． Courtesy of Mike Inglis.

◎エリダヌス座 Eridanus

■ H IV -26（NGC1535）：04h14m，− 12° 44′，惑星状星雲，9.4，20″ × 17″，ラッセルの最も驚くべき天体（Lassell's Most Extraordinary Object）

> 惑星状星雲．とても明るい．小型．丸い．中央部はいくぶん急に，次いでとても急に増光．分離可（斑状，未分離）

この天体の名づけ親は筆者自身である．名前の由来はイギリスの観測家，ウィリアム・ラッセルの言葉だ．彼は自作の61 〜 122cm金属反射鏡式望遠鏡で観測を行なったが，彼がそれまで見たこの種の天体の中でも，これは最も驚くべき存在だと考え

た（宇宙の大洋に漂う「空のクラゲ」(celestial jellyfish) とか，写真に写ったその姿から「もう一つの海王星」(another Neptune) という別の呼び方もある）．エリダヌス座 γ 星の約 30′ 北，そして 4° 東を掃査すること．これは同時に，エリダヌス座 39 番星の真南 3° の位置にあたる．わずかにピントのはずれた恒星のような姿で，低倍率の 8cm 望遠鏡ではいささか手強い．15cm ならば灰色がかった青い円板がよくわかり，30cm になると 11.5 等級の中心星も見えてくる．ハーシェルはこれを分離可能と考えたことに注目．興味深いことに，本書執筆の時点では，この天体までの距離に関して公刊された報告は存在しない．ラッセルの言葉にもかかわらず，この天体は天文学者たちから完全に無視されてきたようだ．

◎ふたご座 Gemini

■ H Ⅳ -45（NGC2392）：07h29m，＋ 20° 55′，惑星状星雲，8.3，20″，＝ Caldwell 39／エスキモー星雲（Eskimo Nebula）／道化の顔星雲（Clown Face Nebula）

| 明るい．小型．丸い．中央部に 9 等級の星．北東 100″ に 8 等級の星 |

さて，もし愛想良く見える星雲というのがあるとすれば，これこそそれだ（少なくとも写真で見る分には）！ 10 等級の中心星を伴った，この鮮やかな青色の惑星状星雲は，どんなに小さい望遠鏡でも見ることができる．二重星，ふたご座 δ 星から 2° 余り南東に行ったところに位置するので，見つけるのも簡単だ．ファインダーや，ごく低倍率ないし広角のアイピースで見ると，そこには 2 個の「星」がある．一つはふたご座 63 番星（離角の大きい二重星）で，もう一つがそのすぐ南側にあるぼうっと霞んだ天体だが，これこそ当の星雲である（ついでながら，本物の星の方は星雲を見る前にピントを合わせるのにとても役立つ）．この天体は大気に包まれた恒星であると考える観測家もいるが，小口径で見るとうなずける記述だ．30 〜 36cm 級の望遠鏡で高倍率をかけると，重なりあった明るい環と暗い斑紋を含むこの惑星状星雲の魅力的な細部が明らかになる．この見どころはわれわれから約 3,000 光年離れている．ここで一つ疑問に思うのだが，ハーシェルがこの天体に出会ったとき，彼はなぜ自分の見たものにもっと興奮しなかったのだろう．H Ⅳ -45 は明らかに「注目に値する」(remarkable) という彼流の評語にふさわしいのだが．

◎ヘルクレス座 Hercules

■ H Ⅳ -50（NGC6229）：16h47m，＋ 47° 32′，球状星団，9.4，4′

第6章　クラスIVの見どころ

> 球状の星団．とても明るい．大型．丸い．円板状でぼんやりした輪郭．分離可（斑状，未分離）

　これは，ある天体がその発見者によって間違って分類され（下で見るように，それにはもっともらしい理由もあるのだが），後の研究によって最終的にその正体が判明するまで，その誤分類が大勢の観測家に受け入れられて存続したという，非常に興味深い例の一つである．位置はヘルクレス座42番星と52番星のほぼ中間，この星座のかなめ石〔ヘルクレスの腰を形作る四辺形〕の真北に見つかるだろう．小型の機材を使って低倍率で覗くと，この小さなボールはまさに惑星状星雲のように見え，2個の6等級の視野星とともにかわいい三角形を構成している．昔の記述には，この天体が美しい三角形の仲間入りをしていると述べたものや，星の三角の中で青緑色（sea-green）——惑星状星雲に典型的な色——をしていると述べたものがある．8cm鏡では，歩哨役の2個の星とともにきちんと並んでいるのが見えるし，15〜20cm級ならば粒状感（実際に分離できる前兆）がわかる．しかし，この天体をはじける星の球に変えるには，25〜30cm望遠鏡と大気の安定した晩が必要だ．ここで謎となるのは，ハーシェルがこれを分離可と述べたことではなく（彼は多くの星雲をそう呼んだ），記述の冒頭でこれを球状星団と述べているにもかかわらず，これを惑星状星雲としてカタログに記載したことである．すでに見たように，こうした類の言葉は息子のジョン卿やNGCの編纂者であるドレイヤーによって，より詳しい観測結果に基づいて後から書き加えられた可能性がある．もしそうだとすれば，ハーシェルのさまざまなクラス（特にクラスI）に散見される，一見矛盾する記述はうまく説明がつく．この天体が小さいのは，球状星団としてはきわめて遠方——約9万光年離れた銀河系の外部ハロー中——に存在するためである．

◎うみへび座 Hydra

■ H IV -27（NGC3242）：10h25m, − 18° 38′, 惑星状星雲, 8.6, 40″ × 35″, = Caldwell 59/ 木星の幽霊（Jupiter's Ghost）〔日本では一般に「木星状星雲」の名で知られる〕

> 注目に値する．惑星状星雲．とても明るい．147度の方向に少しだけ延伸．差し渡し45″

　写真に写った（あるいは天文台の大型望遠鏡で見た）姿から「目玉星雲」（Eye Nebula）とか「CBS星雲」（CBS Nebula）〔アメリカCBSテレビの目玉形のロゴから〕という名前でも知られる．眼視観測では，この大きな明るい惑星状星雲は，ほぼ木星

と同じ大きさの薄青い円板像に見える．このクラスの天体としては最も見やすいものの一つで，6cm望遠鏡でもはっきり見えるほどだ．25cm以上の口径になると，11等級の中心星と（きらめく火花と報じる観測者もいる二重リングを含む）多くの内部構造が見えてくる．驚くべきことに，これらの特徴は何一つハーシェルの記述では触れられていない．彼の望遠鏡は十分それを明らかにできるだけの力があったはずなのだが．中心星については，有名な観測家，W. H. ピカリングが1892年に「この星雲は中心に明るい恒星がある」旨を報告しているが，彼はそれが1917年までに消滅してしまったとも報じている！　実際には中心星は今でもそこにあるのだが，多くの惑星状星雲の中心星がそうであるように，この場合も光度の変動が推測されており，報告されているその等級も10.3から11.4まで幅がある．ひょっとしたら，ウィリアム卿がこの天体を発見したときは，中心星がすでに減光しており，ちょうどピカリングの場合と同じく視界から消えていたのかもしれない．ただし，惑星状星雲の中心星の観測に際しては，周囲の明るい星雲状物質がじゃまになって，困難かつ不確かな場合が多いことを指摘しておかねばならない．この天体はメシエが見落としたこのクラスの天体としては最高のもので，有名なこと座のリング星雲（M57）と比べても目立って明るい．この天体はうみへび座μ星から2°足らず南，「獅子の大鎌」からは約40°真南の位置で簡単に見つかり，距離は3,300光年である．

◎いっかくじゅう座 Monoceros

■ H IV -2（NGC2261）：06h39m，+ 08°44′，散光星雲，10.0，2′× 1′，= Caldwell 46/ ハッブルの変光星雲（Hubble's Variable Nebula）

明るい．330度の方向に著しく延伸．彗星状の中心核は11等級の恒星と同等

この小さな彗星状ないし扇形の星雲は，暗い不規則変光星いっかくじゅう座R星をその南端に含み持ち，いっかくじゅう座15番星——これは明るく大きなクリスマスツリー星団（H VIII -5/NGC2264，第10章参照）に含まれる——の1°南にある．その明るさ・大きさ・形は，すべてR星の変動につれて変化するが，このことは高名な天文学者，エドウィン・ハッブルによって1916年に発見された．この星雲は20cm以上の口径で見ると魅力的な眺めだが，変光星を周囲の星雲状物質から見分けるのはむずかしいことが多い．どの大きさの望遠鏡を使うにせよ，高倍率の使用をお勧めする．大型のアマチュア用望遠鏡ならば，星雲が青みを帯びているのに気づくかもしれない．この奇妙な天体は約2,600光年の距離にあり，冬の天の川の流れに身を浸している（図6.8, p.106）．

第6章 クラスⅣの見どころ

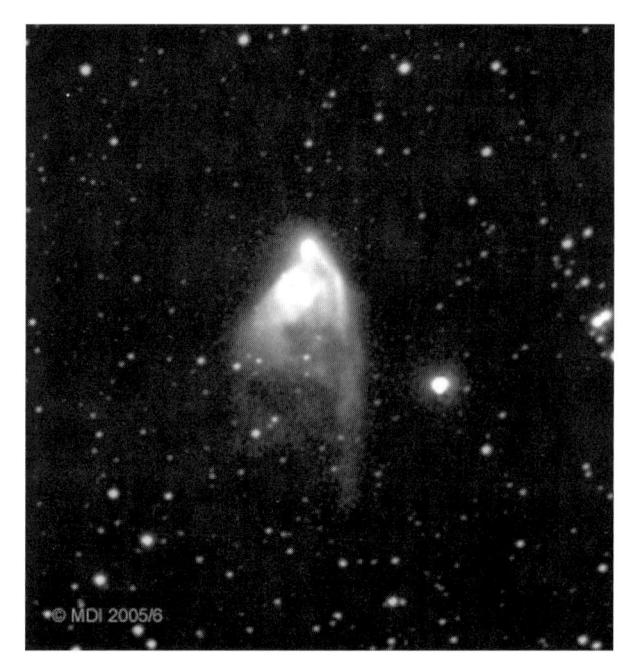

図6.8 H Ⅳ -2（NGC2261）は，ハーシェルによって惑星状星雲としてカタログに記載されたが，実際は散光星雲であり，しかもその代表格である．ハッブルの変光星雲として知られ，中口径ならその奇妙な扇のような形や，時には内部で輝く星までうかがうことができる．Courtesy of Mike Inglis.

◎へびつかい座 Ophiuchus

■ H Ⅳ -11（NGC6369）：17h29m，−23°46′，惑星状星雲，11.5，30″，小さな幽霊星雲（Little Ghost Nebula）

> きわめて注目に値する．環状の星雲．いくぶん明るい．小型．丸い

ある観測家がいみじくも言ったように，このおぼろなリング状の小星雲を「調達」（scare up）するのは簡単だ．へびつかい座51番星（これはへびつかい座θ星の2°北東にある）からちょうど30′北東を探すこと．一般に，こと座のリング星雲（M57）の薄暗い小型版と見なされているが，この有名な仲間に比べるとはるかに小さいし，明るさもずっと暗い．10cm鏡でも見ることは可能で，15〜20cm望遠鏡ならば高倍率で覗くと，小さな完璧な煙の輪のような姿が見える．また薄青（pale blue）ないし緑の色合いにも気づくのがふつうだ．15等級の極端に暗い中心星は，ハーシェルも見なかったし，最大級のものを除けばアマチュア用機材の守備範囲を超えている．この小さな幽霊は約3,800光年のかなたでゆらめいている．

◎オリオン座 Orion

■ H Ⅳ -34（NGC2022）：05h42m，+ 09° 05′，惑星状星雲，12.0，18″

> 惑星状星雲．いくぶん明るい．とても小型．ほんの少しだけ延伸

　これはかすかなリング形の惑星状星雲で，オリオンの頭近くにあって，中〜大型のアマチュア用望遠鏡に向いた観望対象である．魅力的な二重星，オリオン座入星の2°南東を探すこと．ファインダー，あるいは視野の広いアイピースなら，2個の暗い星が目に入るが，これは星雲本体から約30′北西にあって，ちょうど星雲を指しているように見える．とはいえ，星雲を見つけ出すには，暗く透明度の良い晩に注意深く掃査する必要がある．高倍率の25cm望遠鏡でそらし目を使えば，この天体のリング状の構造がわかるだろう．これはハーシェル自身も見たとは言わなかったものだ．この星雲が青っぽい色をしていると報告した観測家もいるが，筆者の目には薄白（pale white）ないし灰色に見える．捕捉しにくい中心星は14等級以下で，この天体に関する記述の中ではまったく触れられることがない（これもハーシェルは見なかった）．オリオン座の賑わいに反して，ふつうのアマチュア用機材でも見えるだけの明るさを持った惑星状星雲は，オリオン座ではこれが唯一である．この挑戦しがいのある天体までの距離は7,000光年である．

◎とも座 Puppis

■ H Ⅳ -39（NGC2438）：07h42m，− 14° 44′，惑星状星雲，11.0，66″，M46の内部にある

> 惑星状星雲．いくぶん明るい．いくぶん小型．ほんの少しだけ延伸．分離可（斑状，未分離）．差し渡し3.75′

　同一視野に2個の目標天体がぴたり収まるという驚きの深宇宙天体の一群があるが，これもそのすばらしい一例である．このぼんやりした小型の惑星状星雲は，美しい散開星団M46をバックに浮かび上がっている．両者はとも座2番星と4番星という近接した星のペアからちょうど1°西で見つかる．10〜13cm鏡ならば，星の集団の北端付近にある星雲がかろうじてわかる．20cmあれば，小さな灰色の煙のような輪と，その中央にある穴を通して，背後に暗い星が輝いているのもわかる．星雲は一見星団の内部にあるように見えるが，これは方向がたまたま一致しているからに過ぎない．後者は5,400光年の距離にあるのに対し，前者は3,000光年とはるかに近い．ハーシェルの時代には両者までの実際の距離は知られていなかったが，彼は

純粋にアイピースで見たその外見のみから，この惑星状星雲が「星団とは関連がなく，星団は星雲から自由である」ことを見事に推論した．だが驚くべきことに，彼はこの惑星状星雲のリングの形や明瞭な中心星については——質素なアマチュア用機材でも簡単に見えるにもかかわらず——何も言及していない．その一方で，この星雲が「分離可能」だと述べた彼の言葉に注目してほしい（図6.9）．

図 6.9 H Ⅳ -39（NGC2438）は，小さなぼんやりしたリング形の惑星状星雲で，にぎやかな散開星団M46の星々を背景に浮かんでいる．この宇宙の煙の輪を十分鑑賞するには，中～大型の望遠鏡が必要である．Courtesy of Mike Inglis.

■ **H Ⅳ -64（NGC2440）：07h42m，− 18°13′，惑星状星雲，10.5，50″× 20″**

惑星状星雲．かなり明るい．あまり輪郭がはっきりしない

　この天体は低倍率の8cm望遠鏡では恒星状に見えるが，15cmならば直径約20″の青っぽい，または青緑色をした丸い光のしみに見える．より大口径で高倍率を使えば14等級の暗い中心星もわかるが，これに言及する観測者はまれである．この惑星

状星雲の実視等級については値の不一致が目立ち，9.3 等級の明るさから 11.5 等級の暗さまで幅がある．距離は 3,500 光年である．

◎いて座 Sagittarius

■ H Ⅳ -41（NGC6514）：18h03m，− 23°02′，散光星雲，6.3，28′，= M20/ 三裂星雲（Trifid Nebula）

> 注目に値する．壮麗な，あるいは興味深い天体．とても明るい．とても大型．三裂．二重星を包含している

さて，ここに大きな難問が横たわっている．この天体をハーシェルは確かに M20 と認識していたはずなのに，彼は 4 個の異なる名前を独自につけた．すなわちここで述べる惑星状星雲としての名称が 1 個と，「きわめて大型の星雲」（第 7 章参照）としての名称が 3 個である．彼は実際に星雲のどの部分にそれぞれの番号を振ったのか，彼の記述には何の手がかりもなく，事実上，単に全体を「三裂星雲」と述べているに過ぎない（王立協会の『哲学紀要』（Philosophical Transactions）に載った原論文を見ても，この点は明らかだ）．したがって，われわれに残された仕事は，観望家として，このぼんやりした大きな雲をよく調べ，何か惑星状星雲らしい特徴がないかどうか見てみることだ．ハーシェルが述べた二重星は HN40 として知られる．これは実際には三重星で，わずかに 11″ ないし 5″ 離れた 7，8，10 等級の星で構成されている（ハーシェルの反射望遠鏡では，5″ 離れた暗い星を分離できなかったらしい）．三裂星雲は，それよりもずっと明るい干潟星雲（M8）の 1.5°北にある．後者は，いて座の「ティーポット」〔いて座中央にある星の配列〕の注ぎ口の北側にあり，暗い晩なら肉眼や双眼鏡でも見ることができる．われわれはこの二つの星雲を 5,500 光年の距離から眺めている．

■ H Ⅳ -51（NGC6818）：19h44m，− 14°09′，惑星状星雲，9.9，22″ × 15″，小さな宝石星雲（Little Gem Nebula）

> 惑星状星雲．明るい．とても小型．丸い

これは小さいながらも鮮やかな色合いの惑星状星雲で，いて座 54 番星と 55 番星のペアから 2°北にある．5 〜 10cm 望遠鏡では，低倍率だと恒星状に見えるが，拡大すると小さな円板がわかる．口径が大きくなるにつれ，この天体はまるで精妙な宇宙の宝石のように見えてくる．その色彩は青みがかっているとか，緑がかっている

とか，青緑だとか，さまざまに描写されてきた．たいていの望遠鏡では，濃厚な青一色の円板に見えるが，大型望遠鏡になると，内部にあるリング状構造の片鱗も見えてくる．中心星の見かけの明るさ（というより暗さ！）は非常にあやふやだ．報告されている値は，13等級から15等級まで幅がある．ここでいっそう興味をそそるのは，この「小さな宝石」の45′南南東，視野の広いアイピースなら同じ視野のうちに，非常に有名な，だが同時に手強い「バーナードの矮銀河」（Barnard's Dwarf Galaxy, NGC6822）として知られる天体があることだ．ハーシェルはこれを見逃したが（第12章参照），それももっともだ．これは生やさしい相手ではないのだから！

この天体は極端に暗い，16′ × 14′ ほどのかすかな光のしみである．鷲の鋭眼を持った（eagle-eyed）バーナードはこれを13cm鏡で発見したが，一目見ようと思ったら，多くの観望家には最低でも20cm，そして広い視野と非常に暗くて透明な晩が必要だろう．惑星状星雲の方はわれわれから5,000光年のところにある．

◎おうし座 Taurus

■ H Ⅳ -69（NGC1514）：04h09m，+ 30°47′，惑星状星雲，10.9，2′

差し渡し3′の星雲中に9等級の星

ウィリアム・ハーシェルは，H Ⅳ -39（NGC2438）とM46の星雲‐星団ペアに関して卓越した推論を下したが，ここに挙げる驚くべき天体も，それを思わせる彼のすぐれた推論を物語るもう一つの例である．まずその見つけ方を先に述べておこう．この惑星状星雲は，おうし座ψ星の2°北にある．ペルセウス座o星からζ星を通る線を延ばすと，おうし座とペルセウス座とのほぼ境界線上で，目指す天体に到達する．この場所を掃査すると，10cm鏡ならば，2個の視野星にはさまれて，かすかな，だが明瞭に星雲状をした暈（ハロー）が9等星を取り巻いているのがわかる．20cm望遠鏡ならば，ちょっと興味深い眺めだし，25cmで見る姿は水晶球にもたとえられてきた．とはいえ，それ自体特に目を引く光景ではないのだが，この天体は歴史的に見て非常に大きな意義がある．そのことを十分理解するために，NGCからとった上の略記ではなく，ウィリアム卿自身によるH Ⅳ -69のより完全な記述を正しく引用してみよう．「まことに比類なき現象だ！　かすかに発光する大気——円形で直径約3′——を伴った約8等級の恒星．全体の中心に恒星があり，大気は非常にかすかで，きめが細かく，全体に一様であることから，これが星からできているとはまったく考えられない．また大気と恒星は明らかに関連しており，そこに疑問を差しはさむ余地もない」．このように，ハーシェルは当初から（彼がいうところの）「その性質

がまったく未知の輝く流体」(a shining fluid) の存在を認識していた．この観測以前には，星雲はすべて未分離の星の集合体だと単純に考えられていた．この（純粋に望遠鏡のアイピースを通して見た姿だけに基づく）推論は，分光学が実際にそれを証明するはるか以前に，星雲がガス状であることを明らかにしたのだ！（図 6.10）

図 6.10 H Ⅳ -69（NGC1514）は，歴史的に見て重要である．この惑星状星雲を望遠鏡で見た姿からハーシェルは，その中心星を取り巻く星雲状物質が，物理的に見たまま〔ガス状〕の存在であり，単に未分離の星の集団ではないと結論を下した（当時はすべての星雲が星の集団だと考えられていた）．Courtesy of Mike Inglis.

◎おおぐま座 Ursa Major

■ H Ⅳ -79（NGC3034）：09h56m，+ 69°41′，銀河，8.4，11′× 5′，= M82

とても明るい．とても大型．著しく延伸（1 本の光条）

　三裂星雲（M20）につけられた H Ⅳ -41 という名称と同じく，この特異な葉巻形の銀河も，ハーシェルがなぜか惑星状星雲のクラス番号をつけた天体として知られる．彼の表記は明らかに銀河そのものを描写しており，だとすると彼が惑星状星雲と呼んだものはいったい何を指しているのだろうか？　M82 と相棒の渦巻銀河 M81 は，一体となって，空で最も印象的かつ観測しやすい銀河ペアを構成している（実際，暗い晩なら双眼鏡でも見えるほどだ！）．ひしゃく〔北斗七星〕のマスを形作る，おおぐま座 γ 星から α 星を通る線を引いて同じ長さだけ延ばすと，ほぼ目指す位置に来る．そのあたりをゆっくりと掃査すれば，すぐに見つかるだろう．この二つの銀河は約 1,100 万光年かなたの銀河間空間の大洋をゆったりと帆走している．

第6章　クラスIVの見どころ

■ H IV -61（NGC3992）：11h58m，+ 53°23′，銀河，9.8，8′× 5′，= M109

かなり明るい．とても大型．いくぶん大きく延伸．中央部は急に増光．明るくて分離可能（斑状，未分離）な中心核

　この整然とした渦巻銀河にメシエ番号がつけられたのは，ハーシェルがそれを観測してからずっと後のことである．したがって，彼がこれを自分独自の発見だと考えたのは，至極もっともなことだ．しかし，（少なくとも現代の知識に照らした場合）この天体は典型的な惑星状星雲よりも，はるかに銀河らしく見える．この天体は10～15cmの望遠鏡でも簡単に捉えることができ，目立って細長い形をしている．その倍の口径があれば，明るい中心部の存在がわかるし，高倍率をかければ内部構造の片鱗（写真で見るとギリシャ文字のθの形をしている）も見えてくる．この天体はおおぐま座γ星の南東40′，広角アイピースならγ星と同じ視野内で簡単に見つかる（図6.11）．

図6.11　H IV -61（M109）は，いくぶん明るい楕円形をした渦巻銀河である．ひしゃく〔北斗七星〕のマスを形作る星の一つ，おおぐま座γ星と視野の広いアイピースならば同じ視野に入るので，見つけるのはごく簡単だ．Courtesy of Mike Inglis.

◎おとめ座 Virgo

■ H Ⅳ -8（NGC4567）：12h36m，+ 11°15′，銀河，11.3，3′× 2′，（H Ⅳ -9 と併せて）シャム双生児（Siamese Twins）

> とても暗い．大型．二重星雲のうち北西側

■ H Ⅳ -9（NGC4568）：12h37m，+ 11°14′，銀河，10.8，5′× 2′，（H Ⅳ -8 と併せて）シャム双生児（Siamese Twins）

> とても暗い．大型．二重星雲のうち南東側．[両者の]位置[角]は約 160 度

　この比較的暗い渦巻銀河のペアは，実際に接触しており，写真で見るその姿は名前の正しさを証明している．眼視でも，大型のアマチュア用望遠鏡ならば，2 個の別個の銀河が互いに接触しているのがわかるが，小型の機材（20cm 以下）では両者が融合して，輪郭のはっきりしない歪んだ光のしみのように見える．この双子を見つ

図 6.12　H Ⅳ -8/9（NGC4567/4568）は，ハーシェルのクラスでは惑星状星雲に含められたが，両者は本当は近接した渦巻銀河のペアであり，シャム双生児の名で知られる．からす座の H Ⅳ -28.1/28.2 と同じく，小型望遠鏡でも観測が可能な数少ない相互作用銀河の一つである．しかし，両者をはっきり別個の天体として見るためには（といっても，その名が示すとおり，端の方ではやはりつながっているのだが），最低でも中口径の望遠鏡が必要だ．Courtesy of Mike Inglis.

けるには，おとめ座 ρ 星と同 27 番星のペアから 2°北西，M58 銀河の 1°南を探すこと．ここはおとめ座銀河団のいちばん密な場所なので，両者をそれと見分けるには，注意深いスターホッピングと掃査が要る．小型望遠鏡でも見ることのできる数少ない相互作用銀河の一つなので，見つけるだけの価値は十分ある（図 6.12, p.113）．

きわめて大型の星雲

第7章　クラスVの見どころ
きわめて大型の星雲

　以下，星座のアルファベット順に掲げたのは，ハーシェルのクラスVに属する中で最も興味をそそる26個の天体である．ハーシェル名の後に続けて，対応するNGC番号（カッコ内），2000年分点による赤経と赤緯，天体の実際のタイプ（ハーシェルが割り振ったクラスとは異なる場合がある），実視等級，分（′）または秒（″）で表示した視直径，さらにもしあればメシエ番号やコールドウェル（Caldwell）番号，あるいは通称を掲げた．その次の枠囲みの太字は，NGCから採ったウィリアム卿による略語を用いた記述を普通の文に書き換えたもので，さらにその後に筆者のコメントを添えた．その中には，ちょうどハーシェル自身が行なったように，それぞれの天体を掃査して見つける際の手引きを含めておいた．

◎アンドロメダ座 Andromeda

■ H V -18（NGC205）：00h40m，+ 41°41′，銀河，8.0，17′× 10′，= M110/M31の伴銀河（Companion to M31）

> とても明るい．とても大型．165度の方向に大きく延伸．中央部はとてもゆるやかに，著しく増光

　この楕円をした系は，ハーシェルの頃にはまだメシエの功績に帰せられていなかったので，彼は新発見としてこれを記録した（実際に発見したのは妹のカロラインである）．巨大なアンドロメダ銀河（M31）に近接した2個の伴銀河の一つとして，M31の明るい中心核のハブからは36′北西の位置，同一視野で簡単に見つけることができる．M31のもう一つの楕円伴銀河M32に比べ，こちらははるかに大きく，同時に暗いが，5～8cm鏡でもそらし目を使えば，主銀河の境界の外に淡い楕円の光があるのを見ることができるだろう．より大型の望遠鏡では真珠色に見え，大型のアマチュア用機材を通して，それがきらめくのを確かに見たという観望家の報告もある．われわれはこの見事な「島宇宙」トリオを，250万光年のかなたから眺めている．M110はメシエのオリジナルリストに後から付加されたものの中で最も新しく，1967年に加わった．そしてたぶん最後のものとなるだろう（図7.1, p.116）．

第7章　クラスⅤの見どころ

図7.1　H Ⅴ -18（M110）はアンドロメダ銀河に近接した2個の伴銀河のうち，より大きく，より暗い方の天体で，もう一つがM32である．これはカロライン・ハーシェルによって発見されたが，実はメシエもこれを目にしていながら，カタログに記載しなかったことが後に判明した．Courtesy of Mike Inglis.

■ H Ⅴ -19（NGC891）：02h23m, + 42° 42′, 銀河, 9.9, 14′ × 3′, = Caldwell 23

注目に値する．明るい．とても大型．22度の方向に著しく延伸

　前景にある多数の星が印象的な3D効果を生み，銀河がまるでその間に浮いているように見える．写真に写った姿は，全天で最も絵になるエッジオンの渦巻銀河だ．しかし，眼視となると，小型望遠鏡で見つけ出したり，目にしたりすることはなかなか容易ではない．大雑把にいうと，見事な二重星アルマク（アンドロメダ座γ星）と，隣のペルセウス座にあるかわいい散開星団M34との中間付近に位置する．γ星からスタートし，その3°真東を掃査すること．10cm，あるいはもっと小型の望遠鏡で見えたこともあるが，典型的な光害地で一目見ようと思ったら，非常に暗い晩に，最低でも15cmの望遠鏡を使う必要がある．25cm以上の口径ならば，暗い星のカーテンに囲まれた，おぼろな葉巻形の光が見えるし，写真で見ると非常に印象的な赤道の暗い帯も見分けることが可能である．銀河を真一文字に横切るこの帯を，ハーシェルは見なかったらしいことに注目．この夜空に浮かぶ亡霊の本当の実視等級はきわめてあやふやで，9等級の明るさから12等級の暗さまで評価にばらつきがある

きわめて大型の星雲

図7.2 H V -19（NGC891）は天空で最も写真うつりの良い銀河の一つだが，こと眼視となると，小型の機材には容易ならぬ相手だ．このエッジオンの渦巻銀河の赤道を横切る暗い帯と，前景にあるおびただしい星のカーテンのおかげで，その写真は非常に印象深いものとなるが，これをじかに目で見るには，きわめて大型のアマチュア用望遠鏡が必要だ．Courtesy of Mike Inglis.

（アイピース越しに見ると，上に掲げた9.9等級よりも，はるかに暗く見える）．また距離についてもはっきりしないところがあり，文献によって1,300万光年から4,300万光年まで幅がある（図7.2）．

◎ポンプ座 Antlia

■ H V -50（NGC2997）：09h45m，- 31° 11′，銀河，10.6，8′ × 6′

注目に値する．とても暗い．とても大型．中央部は4″の中心核にかけて，とてもゆるやかに，次いでとても急に増光．直径 19.5 秒

　この比較的暗い渦巻銀河は，ウィリアム・ハーシェルの発見としては，最も南寄りのものの一つだ．彼はこの大体を「とても暗い」と呼んだにもかかわらず，依然として「注目に値する」ものと考えた．この系外空間の住人をじっくり見るには，それなりの口径が絶対に必要で，それに加えて暗く透明な晩と，南側の視界を妨げるものがないことも重要だ．またすべての天体についていえることだが，この場合も南中の前後，つまり天空で最も高度の高い位置で見る必要がある．ポンプ座θ星の3°南，あるいはポンプ座$ζ^1$星と$ζ^2$星のペアから2.5°北東を掃査すれば，一人ぽっちで空に浮かんでいるのが見つかるだろう．ここで謎なのは，ハーシェルの記述にあった「直

径 19.5 秒」が何を指しているかだ．「秒（seconds）」の表記が，弧を測る秒［角度］〔″〕ではなく，赤経を測る秒［時間］〔s〕であることに注意してほしい〔赤緯−31.1 度では赤経の 19.5 秒は，角度にして 4′ 10″に相当する〕．

◎きりん座 Camelopardalis

■ H V -44（NGC2403）：07h37m, + 65° 36′, 銀河, 8.4, 18′ × 11′, = Caldwell 7

> きわめて注目に値する．かなり明るい．極端に大型．著しく延伸．中央部は中心核にかけてとてもゆるやかに増光

この印象的な渦巻銀河は，非メシエ銀河としては全天で最高のものの一つだ．しかし，天の北極付近の高い位置に一つだけポツンとあるため，観測者から見逃されてしまうことも多い．おおぐま座 26 番星とθ星のペアから，同 o 星を通る線を，もう 3 分の 2 ほど延長すると，目指す場所に来る．きりん座 51 番星から約 1°西を掃査すると目に入るだろう．実際には，双眼鏡でもぼんやりとした光の点に見えるし，8

図 7.3　H V -44（NGC2403）は大型の明るい渦巻銀河だが，メシエはこれを見逃してしまい，発見はウィリアム・ハーシェルの手にゆだねられた．北天での赤緯が高く，比較的孤立しているために，あまり知られずにいるが，このクラスの天体としては全天で最高のものの一つであることを思えば，いささか不当な扱いである．Courtesy of Mike Inglis.

きわめて大型の星雲

〜10cm鏡で見てもその楕円の輝きは美しい眺めだ．20cm以上の口径があれば，中心核の周囲にある斑状の質感（mottled texture）もわかるだろう．それについてハーシェルが何もコメントしていないのは，いささか驚くべきことだ．高倍率で見た姿は，「大しけの海」（ocean of turbulence）と呼ばれてきた．この見どころは，全体にさんかく座銀河（回転花火銀河）M33の小型版を思わせる．距離は1,200万光年である（図7.3）．

◎りょうけん座 Canes Venatici

■ H Ⅴ -41（NGC4244）：12h18m，+ 37°49′，銀河，10.2，16′× 2′， = Caldwell 26

いくぶん明るい．とても大型．43度の方向に極端に延伸．中央部はとてもゆるやかに増光

この渦巻銀河は，知られている中で最も扁平なものの一つで，15cm以上の口径で

図7.4　H Ⅴ -41（NGC4244）は既知の銀河のうちで最も扁平なものの一つで，中口径の機材では細長い光の線のように見える．この天体はH Ⅴ -19と同じく，エッジオンの渦巻銀河の一例だが，赤道を横切る顕著な暗帯はない．Courtesy of Mike Inglis.

見ると，極端に細長い筋，ないし銀貨のように見える．この細長い天の光条は，りょうけん座 6 番星の約 2°南東を掃査すれば簡単に見つかる．6 番星と銀河の両者は，コル・カロリの名でよく知られる，きわめて美しい二重星，りょうけん座 α 星の真西にある（図 7.4, p.119）．

■ H V -43（NGC4258）：12h19m, ＋47°18′，銀河，8.3，18′×8′，＝ M106

> とても明るい．とても大型．0 度の方向に著しく延伸．中央部は明るい中心核にかけて急に増光

これもハーシェルが独立して発見し，後からメシエのリストに加えられた天体の一例だ．この巻きの強い渦巻銀河は，りょうけん座 3 番星の真南 1.5°にある．隣のおおぐま座 α 星から γ 星（いずれもひしゃくのマスにある）を通る線を引き，それを延長するとぴたり目標に行きあたる．この天体は大きなサイズにもかかわらず，表面輝度が高いので，どんな小さな望遠鏡でも見つけるのは簡単だ．15cm 鏡ならば，明瞭な中心核を伴った大きな輝く楕円形，あるいは洋ナシ形の光として見分けられる．「大きくて，くっきりしている」とか，「途方もない見かけの大きさ」だとか，「じっくり見るべき大銀河」といったコメントには，この驚異に接した観望家たちの興奮がよく表われている．この天体までの距離は約 3,300 万光年である．

■ H V -42（NGC4631）：12h42m, ＋32°32′，銀河，9.3，15′×3′，＝ Caldwell 32/鯨銀河（Humpback Whale Galaxy）

> 注目に値する．とても明るい．とても大型．約 70 度の方向に著しく延伸．中央部は中心核にかけて増光．12 等級の星が北に寄り添っている

メシエはこの壮大な天体を見落としたことを，きっと残念がったことだろう．何といっても，これは全天で最高の銀河の一つだし，エッジオンの渦巻銀河としては，知られている中で最大のものの一つなのだから．実際，ハーシェル・クラブではこれを「特選ハーシェル天体（the prized Herschel objects）の一つ」と見なしている．掃査する場所は，コル・カロリ（りょうけん座 α 星）とかみのけ座 γ 星（その付近に肉眼で見える「かみのけ座星団」の中で最も明るい星）の中間である．これは同時に，ホッケースティック銀河として知られる H Ⅰ -176/177（NGC4656/4657）の約 30′北西にあたる（第 5 章参照）．視野の広いアイピースならば二つの天体は同一視野内にぴたりと収まり，それぞれが非常に長い光の線のように見える．この天体の名前は，並はずれてでこぼこした形状に由来するが〔Humpback Whale とは背中のコブ

きわめて大型の星雲

図7.5 H V -42（NGC4631）は鯨銀河の名で人々に親しまれているが，その名前は非常にでこぼこした形に由来する〔本文中の注参照〕．小型望遠鏡でも簡単に見つかり，メシエが見落とした中では最も明るく，最もすばらしい銀河の一つ．このクラスでは文句なしの絶景だ！
Courtesy of Mike Inglis.

が特徴的なザトウクジラのこと〕，それは10cm鏡でも明瞭だ．さらに大きな口径ならば，この「鯨」が明らかにまだらになっていることや，普通なら側面の長軸沿いに見られるはずのダストレーンがないこともわかる．またそうした望遠鏡ならば，中央北側に接して小さな伴銀河があるのもわかるかもしれない．すなわち12等級の楕円銀河NGC4627だが，ハーシェルはこれを見なかったらしい．もっとも，ハーシェルのいう12等級の「星」がこの銀河を指しているのでなければの話だが．しかし，それはありそうもない．なぜなら，鯨銀河と小さな楕円銀河の間に，（彼の言葉のとおり）主銀河に寄り添うように見えるそれらしき星が現にあるからだ．この天の鯨が宇宙の大洋を泳ぐ姿を，われわれは2,500万光年の距離から眺めている（図7.5）．

◎くじら座 Cetus

■ H V -25（NGC246）：00h47m，− 11°53′，惑星状星雲，8.5，4′，= Caldwell 56

とても暗い．大型．散光星雲の中に4個の星

このはかなげな姿をした特異な天体は，散光星雲といっても簡単に通ってしまいそうだが，実際には惑星状星雲であり，したがって厳密にはクラスⅣに属するものだ．4′という直径は，このクラスとしては大型で，そのぶん光が拡散して表面輝度

図7.6 H Ⅴ-25（NGC246）は大きな淡い惑星状星雲で，よく見ようと思ったら，暗い晩とかなりの口径が必要だ．8.5等級と聞くと明るいように思えるが，光が空の広い領域に拡散しているため，表示された明るさから期待されるよりもずっと暗い．Courtesy of Mike Inglis.

は極端に低い．だが，10cm鏡でも見えないわけではない．25cm以上の口径ならば，完全なリングらしきものと，その内外に数個の暗い星がちりばめられているのが見えるだろう．写真で見ると，星雲状物質の内部には円形をした暗い領域が数個あるのもわかる．この天体は，くじら座β星の6°北にあって，くじら座ϕ^1星，ϕ^2星とともに正三角形を構成しているが，星雲はその三角形の南端にあたる．北北東に15′，アイピースの視野が広ければ同じ視野に，12等級の小さくて暗い渦巻銀河 H Ⅱ-472（NGC255）がある（図7.6）．

■ H Ⅴ-20（NGC247）：00h47m，−20°46′，銀河，8.9，20′×7′， ＝ Caldwell 62

暗い．極端に大型．172度の方向に著しく延伸

この巨大な渦巻銀河は，小型望遠鏡では，南北方向に長く延びた，ごくかすかな光に見える．隣のちょうこくしつ座を中心とする小銀河団の周縁部に位置するメンバーで，この銀河団には，ちょうこくしつ座銀河として有名な H Ⅴ-1（NGC253）という目を見張る見どころも含まれている（p.133のちょうこくしつ座の項を参照）．

きわめて大型の星雲

図7.7 H V -20 (NGC247) は大きなエッジオンの渦巻銀河で，表示等級は比較的明るいものの，アイピース越しに見る姿はかなり暗い．光が広い範囲に広がって，表面輝度が低いためだ．また，すぐそばにある大きくて明るい見どころ，「ちょうこくしつ座銀河」H V -1 (NGC253) の影に隠れて目立たない．
Courtesy of Mike Inglis.

H V -20 までの距離は，この銀河団に含まれる他の銀河までの距離とほぼ同じである．くじら座 β 星から 3°南，そしてわずかに東を掃査すると，ファインダー内に星の三角形が見え，そのすぐ北側で見つかるだろう．資料によっては，この天体をほぼ11等級の暗さとするものもあるが（そんなはずはない），見かけの暗さはサイズが大きいためで，その結果表面輝度が低いのだ（図7.7）．

◎かみのけ座 Coma Berenices

■ H V -24 （NGC4565）：12h36m, + 25° 29′, 銀河, 9.6, 16′ × 3′, = Caldwell 38

明るい．極端に大型．135度の方向に極端に延伸．中央部は，10～11等級の星と等しい中心核にかけて，とても急に増光

さあ，これこそ絶対に見逃せない光景だ！ かみのけ座17番星（離角の大きな二

第7章 クラスVの見どころ

図7.8 H V -24（NGC4565）は目を見張るような大型のエッジオンの渦巻銀河で，暗いダストレーンが真一文字に赤道面を横切り，中心部のバルジが明瞭に見られる．小型望遠鏡でも感動的な眺めだが，鑑賞するなら暗く透明な晩が最高だ．Courtesy of Mike Inglis.

重星で，肉眼でも見える大きなかみのけ座星団の中にある）から，2°足らず真東を掃査すれば，簡単に見つかる．この見事な天体は，ほぼ完全なエッジオン渦巻銀河で，膨らみのある中心部と，銀河全体を真っ二つにする鮮やかなダストレーンを伴っている．10〜13cm鏡ではごくかすかな光の筋，あるいは針のように見えるが，じっくりそらし目を使えばダストレーンもわかる．口径が20〜25cmになれば，この銀河はなかなか印象的な姿を見せるし，30〜36cm望遠鏡ともなれば，写真さながらの，まさに驚異的な光景だ！　これがクラスVの中でも最高の項目であり，ウィリアム卿はこの驚きの天体を目にした瞬間，身震いするような興奮を覚えたに違いない．しかし，彼はダストレーンについて何も述べておらず，この天体を「注目に値する」とも考えなかったことに注目．このはるか銀河系外のかなたにある宝石は，約2000万光年の向こうからわれわれの驚嘆を誘っている（図7.8）．

◎はくちょう座 Cygnus

■ H V -15（NGC6960）：20h46m，+ 30°43′，超新星残骸，7.9，70′ × 6′，= Caldwell 34/ ベール星雲（Veil Nebula）/ 糸状（網状）星雲（Filamentary Nebula）

> きわめて注目に値する．いくぶん明るい．かなり大型．極端に不整形．はくちょう座κ星を包含

きわめて大型の星雲

■ H V -14(NGC6992/5):20h56m, + 31°43′, 超新星残骸, 7.5, 60′ × 8′, = Caldwell 33/ ベール星雲（Veil Nebula）/ 糸状（網状）星雲（Filamentary Nebula）

> きわめて注目に値する．極端に暗い．極端に大型．極端に延伸．極端に不整形．二股に分岐

　これら二つの項目は，星雲状物質からなる 2 個の大きな弧からなり，いずれも超新星爆発に由来するらしい巨大な泡ないし輪の一部を構成している（このことから，時に両者を指して「はくちょう座大ループ」(the Great Cygnus Loop) ともいう．なお，この超新星爆発は 5,000 年前というごく最近起こったものだという説もあるし，はるか 15 万年前という説もある！）．この天体は，はくちょう座 ζ 星や ε 星とともに丈の低い三角形を構成し，その西側の頂点の位置にある．またこれを見つけるもう一つの方法は，その南西側の半分にあたる H V -15 を先に探すことだ．というのも，この天体は，不ぞろいな二重星，はくちょう座 52 番星（ハーシェルが κ 星と呼んだもの）がちょうど中心にくる位置にあるからだ．この部位は，ちょうど 52 番星から南北に延びる星雲の流れ（ray）のように見える．残りのもう半分，H V -14 の方がいくぶん大きいものの，見つけるのはよりむずかしい．二つの弧はそれぞれ長さが 1°以上あり，互いに約 2.5°離れている．暗い晩に大型双眼鏡か広視野望遠鏡（RFT）

図 7.9　H V -14(NGC6992/5) は，ベール星雲あるいは網状星雲として知られる．超新星の巨大な泡の北東側半分にあたる．残りの半分が H V -15 (NGC6960) で，こちらは 2.5°南西寄りにある．この二つのおぼろな星雲の弧は，大型双眼鏡や視野の広い望遠鏡ならば両方一緒に見ることができる．この詳細な画像に写っているのは，H V -14 のごく一部のみである．Courtesy of Mike Inglis.

を使えば，両方とも一緒に眺めることができる．個々についていうと，このかすかな幽霊じみたフィラメントは，標準的な15cm望遠鏡ではいささか手強く，はっきりと見ることはできない．しかし星雲フィルターを使うと見え方が変わり，かなりはっきりしてくる．最大級のアマチュア用機材に星雲フィルターを使えば，まさに写真並みに細部が見えるともいわれている．もしこの驚異が確かに昔の超新星の名残だとしたら，この種の残骸としてはアマチュア用望遠鏡でも見える，全天で最も明るいものの一つということになり，おうし座のかに星雲（M1）にも匹敵する存在だといえる．それなのに，ハーシェル・クラブのオリジナル・リストにこれが載っていないのは，まったく驚きだ．レース星雲（Lacework nebula）とか絹雲星雲（Cirrus Nebula）の別名でも知られる，この宇宙のシャボン玉は1,500光年先にある（図7.9, p.125）．

■ H V -37（NGC7000）：20h59m, + 44° 20′，散光星雲，5.0，100′ × 60′，= Caldwell 20/ 北アメリカ星雲（North America Nebula）

| 暗い．極端な上にも極端に大型（extremely extremely large）．拡散した星雲状物質 |

ハーシェルの反射望遠鏡は非常に視野が狭かったにもかかわらず，いったいどうやってこの巨大な星雲を見つけ出すことに成功したのか，筆者にはその点がいささか謎である．この薄い紗のような光は，青みを帯びてきらめくデネブ（はくちょう座α星）の約3°真東にあり，最大長はほぼ2°に達する（言い換えると，これは満月の直径の4倍である！）．その存在や姿かたちは，双眼鏡や口径8～15cmクラスの広視野望遠鏡（RFT）で見るといちばんよくわかる．より大型の機材になると，たいていの場合，視野の狭さや像の強拡大によるコントラスト低下のために，北米大陸の形がはっきりしなくなってしまう．この天体のすばらしさを堪能するには，非常に暗くて透明度の高い晩が必須である．星雲までの距離は1,600光年と推定されている（図7.10, p.127）．

◎りゅう座 Draco

■ H V -51（NGC4236）：12h17m, + 69° 28′，銀河，9.6，20′ × 8′，= Caldwell 3

| とても暗い．かなり大型．約160度の方向に大きく延伸．中央部はとてもゆるやかに増光 |

きわめて大型の星雲

このエッジオンの大型渦巻銀河は，銀河の中で最大の視直径を持つものとして知られる一つである．この天体はひしゃく〔北斗七星〕のマスのちょうど北側，りゅう座のκ星，4番星，6番星が小さく集まっているところから，わずか2°足らず真西の位置にある．9.6等級と見積もられているが（まるまる1等級分暗いとする資料もある），その大きさのために表面輝度が低く，見た目はかなり暗い．15cm鏡でもかすかに見ることはできるが，この淡い光の銀貨を味わうにはそれなりの口径が要る．

図 7.10 巨大な北アメリカ星雲，H V -37（NGC7000）を見るには，暗い晩ときわめて広い視野が必要だ．ハーシェルは確かに暗い夜には恵まれていただろうが，その大型反射望遠鏡の狭い視野で，いったいどうやってこの天体を見つけられたのかは謎である．300mm, f/2.8 のカメラによる撮影．Courtesy of Steve Peters.

◎ろ座 Fornax

■ H V -48（NGC1097）：02h46m，− 30°17′，銀河，9.2，9′×7′， = Caldwell 67

とても明るい．大型．151度の方向に著しく延伸．中央部は中心核にかけてとても明るい

　明るい棒渦巻銀河で，光る棒があるために，望遠鏡で見ると上に掲げた見かけサイズから想像される以上に細長く見える．この種の天体の常として，棒の両端から淡い渦状腕が延びている．ハーシェルはそれを見たと述べていないが（この天体がかなり南に寄っていることを考えれば，それも驚くにはあたらない），大型のアマチュア用機材で見ると，暗い夜にそらし目を使えば，渦状腕の存在が感じ取れる．ろ座β星のちょうど2°北を掃査すれば，比較的孤立した場所にぽつんと浮かんでいるのが見えるだろう．

◎しし座 Leo

■ H V -8（NGC3628）：11h20m，+ 13°36′，銀河，9.5，15′×4′

いくぶん明るい．とても大型．102度の方向に著しく延伸

　この大型で美しいエッジオンの渦巻銀河は，M65，M66の銀河ペアからわずかに30′北にあって，視野の広いアイピースならば両者と同じ視野に入る．この三つの天体は，まとめて「しし座の三つ組み銀河」（Leo Triplet of spirals）として知られる．三者はすべて低倍率の8cm鏡でも見えるし，15cm以上の望遠鏡ならば印象的な光景が楽しめる．25cmになると，暗いダストレーンに二分されたH V -8の細長い光がわかる．ただしハーシェルの記載には，この暗帯や二つのメシエ銀河については何も述べられていない．メシエ銀河の方は，たぶん彼のアイピースの視野外にあったためだろう．この銀河トリオは，しし座のθ星とι星の中間にあり，われわれからは約3,000万光年離れている（図7.11, p.129）．

◎オリオン座 Orion

■ H V -32（NGC1788）：05h07m，− 03°21′，散光星雲，11?，8′×5′

明るい．かなり大型．丸い．中央部で増光し，〔そこに〕15等級の三重星．10等級の星〔が〕．318度の方向1.5′〔の距離にあって〕．星雲状物質に包含

きわめて大型の星雲

図7.11 H V -8（NGC3628）はきわめて大型の銀河で，M65，M66とは同じアイピースの視野に入る．このトリオはどんなに小型の望遠鏡で眺めてもすばらしく，まとめて「しし座の三つ組み」と呼ばれる．
Courtesy of Mike Inglis.

　この驚くべき姿をした一片の星雲は，エリダヌス座 β 星のちょうど 2°北，わずかに西寄りにある．15cm望遠鏡ならば，その南西端にある7.5等星とともに見える．『ハーシェル天体の観測』（*Observe The Herschel Objects*）という全米天文連盟が最初に出したマニュアル本には，13cm望遠鏡を使って描いたこの天体のすばらしいスケッチが載っている．スケッチはこの天体をカタツムリ形の星雲として描き，内部には二つの目玉ないし核のような，不ぞろいな2個の星が描き込まれている．中央にある明るい方の星が，ハーシェルのいう暗い三重星（スケッチでは未分離）で，暗い方の星が10等星にちがいない（その位置角と距離は，中央の三重星を基準に述べているらしい）．しかし，15等星の3個合体した像が，2番めの星より明るいことはないように思う．立派な大口径機材を使っている観望家であれば，この星雲の中心に見えるものが，本当に「星」からできているのか確かめたいと思うかもしれない．しかし，この三重星の明るさと位置に関する，上掲のNGC原本に書かれたハーシェルの言葉遣いには，いくぶん曖昧なところがある．10等星の位置がどこを指しているかについても同様だ．そのため『NGC2000年分点版』では，H V -32の記述を以下のように読みやすく書き改めている．「明るい．かなり大型．丸い．中央部の三重星のところで増光．さらに10等級の星が星雲に包含されている」．

第7章 クラスVの見どころ

■ H V -30（NGC1977）：05h36m, − 04° 52′, 散光星雲, ———, 40′ × 20′

> きわめて注目に値する．オリオン座 c-1 [= 45 番] 星，42 番星，そして星雲状物質

　このぼんやりした細長い大型の星雲状物質は，オリオン座 42 番星と 45 番星を包含し，オリオン星雲（M42/M43）の主要部から北 30′ のところにある．この位置はオ

図 7.12　H V -30(NGC1977)は，水平に延びる一片の小さな星雲で，壮麗なオリオン星雲本体のすぐ北側にあり，写真に写った姿から「ランニングマン星雲」という想像力豊かな名で呼ばれることもある．ハーシェルはこの星雲を目にしたものの，すぐ北にあるまばらな散開星団 NGC1981 は見落としたらしい．10cm アポクロマート屈折望遠鏡で撮影．Courtesy of Steve Peters.

きわめて大型の星雲

リオン星雲と，そのすぐ北側にある大型でまばらな散開星団 NGC1981 との中間にあたる（ハーシェルは後者に気づかなかったらしい．第 12 章参照）．この天体は隣接する有名な星雲の影に隠れて，広角アイピースなら同じ視野に入るにもかかわらず，観望家からもたいてい無視されている（その存在自体が気づかれないこともしばしばだ！）．だが，近年は写真に写った姿から「ランニングマン（走る男）星雲」(Running Man Nebula) の名前で知られるようになってきた．星雲内部にはオリオン座 42 番星と 45 番星以外にも，数個の暗い星が含まれている．この天体の姿を満足に見ようと思ったら，広い視野，低倍率の 10〜20cm 望遠鏡，そして暗い晩という三つの条件が欠かせない（図 7.12）．

■ H V -28（NGC2024）：05h41m, − 02°27′, 散光星雲, ——, 30′, 炎星雲 (Flame Nebula) / バーニングブッシュ（燃える木立）星雲 (Burning Bush Nebula)

注目に値する．不整形．たいへん大型．黒い隙間を包含

オリオンのベルトにある明るい星アルニタク（オリオン座ζ星）から東にほんの 15′，わずかに北寄りのところに大きな星雲状物質があるのだが，そこにそんなものがあるのに気づいたら，読者は肝を潰すだろう！　この二つの天体は低倍率のアイピースならば同じ視野に入るので，星が星雲を掻き消してしまわないよう，星の方は視野の外に出す必要があるだろう．10〜15cm 望遠鏡で中倍率を使えば，その樹木のような形がわかるし，さらに大きな口径ならば，樹木ないし潅木の幹（すなわちハーシェルのいう「黒い隙間」）や，多くの複雑な内部構造も見えてくるだろう．写真では，この天体はまさに炎や，燃え盛る木立のように見える（図 7.13）．

図 7.13　H V -28（NGC2024）は，炎星雲あるいはバーニングブッシュ星雲として知られる．この天体は，広角アイピースを使うとオリオン座ζ星と同じ視野に入るので見つけるのは簡単だが，じっくり見ようと思ったら，星の輝きが暗い星雲を掻き消してしまわないよう，星の方を視野の外に出す必要がある．10cm アポクロマート屈折望遠鏡で撮影．Courtesy of Steve Peters.

第7章　クラスVの見どころ

◎いて座 Sagittarius

■ H V -10/11/12（NGC6514）：18h02m，− 23°02′，散光星雲，6.3，28′，M20 の内部 / 三裂星雲（Trifid Nebula）

> 注目に値する．壮麗な，あるいは興味深い天体．とても明るい．とても大型．三裂．二重星を包含

　仮想的な惑星状星雲 H IV -41（第6章参照）と同じく，この有名なメシエ天体につけられた，さらに三つのハーシェル名がここには登場するが，各々のハーシェル名を星雲内部で同定する仕事は，依然観望家に残されている．上に掲げた記述は明らかに三裂星雲そのものについて述べているので，彼のいう各天体がどこのどれを指しているかを明らかにするには，王立協会の『哲学紀要』（*Philosophical Transactions*）に載ったウィリアム卿の原論文にあたる必要があるだろう．彼のいう二重星は HN 40 として知られるが，実際には三重星で，7等星・8等星・10等星からなり，互いに 11″ ないし 5″ 離れている（距離 5″ の暗い星は，彼の反射望遠鏡では分離できなかったらしい）．三裂星雲は，それよりもはるかに明るい干潟星雲（M8）の 1.5°北にある．後者は暗い晩なら，肉眼や双眼鏡でも，いて座の「ティーポット」〔いて座中央にある星の配列〕の注ぎ口の北側に見える．この二つの星雲は約 5,000 光

図 7.14 H V -10/11/12 は，ハーシェルによってカタログに記載された，三裂星雲（M20）内部にある 3 片の星雲状物質である．しかし実際に望遠鏡で見てそれらを同定するのは途方もなくむずかしい！　興味深いことに，これら三つの天体にはすべて三裂星雲そのものと同じ NGC 番号（6514）がついている．
Courtesy of Mike Inglis.

きわめて大型の星雲

年の距離にある（図 7.14）.

◎ちょうこくしつ座 Sculptor

■ H V -1（NGC253）: 00h48m, − 25° 17′, 銀河, 7.1, 25′ × 7′, = Caldwell 65/ ちょうこくしつ座銀河（Sculptor Galaxy）

> きわめて注目に値する．たいへん明るい．54 度の方向に大きく延伸．中央部はゆるやかに増光

この巨大な明るく細長いかたまりは，一般にアンドロメダ星雲（M31）に次いで簡単に観測できる渦巻銀河と考えられており，ちょうこくしつ座とくじら座の境界，くじら座 β 星の約 7.5° 南にある．ふつうそれだけ離れていると，掃査の距離が長くて不正確になりがちだが，この堂々たる銀河は非常に大型でくっきりしているため，ファインダーや双眼鏡で見ても，すぐ目につく．この天体は実際にはウィリアム卿ではなく，妹のカロラインによって発見されたものだ．それにしても何という発見だろう！ 1 章丸ごとこの天体にあてることだって簡単にできそうだし，大小を問わずどんな望遠鏡で見ても刺激的な天体だ．赤緯がかなり南寄りであるにもかかわらず，暗くて透明な晩には 5 〜 8cm 鏡でも美しく見える．15 〜 20cm 望遠鏡で見ると，楕円形の核と葉巻形の円板が明るく輝き，倍率を上げると固く巻いた渦状腕とダストレーンの部位がまだら状に見える．長さが 30′ 近くあり，完全に真横を向いているのではなく，視線方向に対して 12° 傾いているので，この星の都は「傾いたディナー皿」の姿をしていると，巧みな言い方がされてきた．この巨人までの距離は 750 万光年である．ちょうど 2° 南東には，大型の暗い球状星団 H Ⅵ-20（NGC288）がある（第 8 章参照）.

◎さんかく座 Triangulum

■ H V 17（NGC598）: 01h34m, + 30° 39′, 銀河, 5.7, 62′ × 39′, = M33/ さんかく座銀河（Triangulum Galaxy）/ 回転花火銀河（Pinwheel Galaxy）

> 注目に値する．極端に暗い．極端に大型．丸い．中央部は，中心核にかけてとてもゆるやかに増光

これまた，ハーシェルが既存のメシエ天体——しかもこの場合は全天で最も有名な銀河の一つ——に，別の名前をつけたという，理解しがたい状況の一例である．

第 7 章　クラス V の見どころ

このきわめて大きな、だがいくぶんぼんやりした渦巻銀河については、すでに多くの観測ガイドブックで十二分に解説されている。この天体は肉眼でもそれとわかるし、暗い晩なら双眼鏡でも見えるのだが、望遠鏡の場合は、あらかじめそこに何が見えるか知っていないと、掃査しても気づかぬまま簡単に素通りしてしまう。何せ相手は見かけの大きさが満月ほどもある、大きな暗い光だというのだから！　一度目にすれば、その壮麗さはたちまち明らかになる。特に視界の広い中口径の望遠鏡で見た場合はそうだ。アンドロメダ座β星の北西にアンドロメダ銀河（M31）があるが、それとほぼ同じ距離だけβ星から南東方向に行くと、この天体が見つかる。より正確に位置を定めるには、さんかく座α星の4°西、わずかに北寄りを掃査すること。ウィリアム卿の記述は M33 の内部にある、何らかの特徴を指しているというよりは（H Ⅲ -150 のように、実際そういう例もある。第 11 章参照）、M33 そのものについて述べていることは間違いない。この「星の回転花火」までの距離は 300 万

図 7.15　ハーシェルによる H V -17（NGC598）の描写は、実際には巨大なさんかく座銀河（回転花火銀河）そのものについて述べているように思えるのだが、この天体は当時すでにメシエがカタログに記載済みで、今では M33 という名がついている。ウィリアム卿がなぜこれを自分のカタログに含めたかは、いささか謎めいている。Courtesy of Mike Inglis.

きわめて大型の星雲

光年で，M31よりもわずかに遠方にある（図 7.15）．

◎おおぐま座 Ursa Major

■ H V -46（NGC3556）：11h12m，+ 55° 40′，銀河，10.1，8′ × 2′，= M108

> かなり明るい．とても大型．79度の方向に著しく延伸．いくぶん明るい中央部．分離可（斑状，未分離）

　この天体も，いったんハーシェルが独自に発見し，その後ずっと経ってからメシエの功績に帰せられたものの一つである．魅力的なエッジオン渦巻銀河で，ひしゃく〔北斗七星〕のマスにあるおおぐま座β星の1°余り南東，星の豊かな領域に位置する．有名なふくろう星雲（Owl Nebula，M97）は48′南東，視野の広いアイピースならば同じ視野に入り，全体の光景をすばらしいものにしてくれる．15cm鏡ならば両

図7.16　エッジオンの渦巻銀河 H V -46(M108)は，いったんハーシェルによって発見され，ずっと後になってからメシエの功績に帰せられた．メシエはそれを目にしたものの，何らかの理由により自分のカタログには載せなかった．この天体はアイピースの視野が広ければ，有名なふくろう星雲（M97）と同じ視野に入る．Courtesy of Mike Inglis.

方の天体が美しく見える．口径が大きくなるにつれ，両者はますます魅力的になるが，同時に望遠鏡の視界は狭くなるため，二つを同時に眺めることはできなくなる*．この宇宙の風変わりなカップルは，それぞれまったく異なる距離にある．ふくろうの方は，数千光年向こうの銀河系内部で羽を休めているのに対して，H V -46 はそのはるかかなた，何百万光年も先の銀河間空間にある（図 7.16, p.135）．

*訳注：口径と視野の関係について原著者に照会したところ，以下のような回答を得た．「通常，口径が大きくなれば焦点距離も長くなります．そのため同じアイピースを使った場合でも倍率は高くなり，結果的に実視界は狭くなります．ただし，きわめて短焦点（通例 f/4.5）のドブソニアン反射望遠鏡や，一部のアポクロマート屈折望遠鏡（通例 f/5）などは例外です」．

■ H V -45（NGC3953）：11h54m, ＋52°20′，銀河，10.0，7′ × 4′

> かなり明るい．大型．約 0 度の方向に延伸．中央部は，大型で分離可能（斑状，未分離）な中心核にかけて急に増光

この渦巻銀河の位置は非常にわかりやすく，ひしゃく〔北斗七星〕のマスの一部である．おおぐま座 γ 星からわずかに 30′ ほど南東，γ 星とは同じアイピースの視野内に収まる．この天体はかなり明るく，13～15cm 望遠鏡でも，明瞭な中心核を持った丸い姿が容易にわかる．この星座の広い範囲に散らばる，メシエとハーシェルの発見した数々の銀河を眺め，そして壮大な宇宙構造論におけるそれらの意義に思いを馳せれば，それだけで多くの満ち足りた時を過ごせるだろう．

第8章　クラスⅥの見どころ
きわめて密集した多数の星からなる星団

　以下，星座のアルファベット順に掲げたのは，ハーシェルのクラスⅥに属する中で最も興味をそそる20個の天体である．ハーシェル名の後に続けて，対応するNGC番号（カッコ内），2000年分点による赤経と赤緯，天体の実際のタイプ（ハーシェルが割り振ったクラスとは異なる場合がある），実視等級，分（′）または秒（″）で表示した視直径，さらにもしあればメシエ番号やコールドウェル（Caldwell）番号，あるいは通称を掲げた．その次の枠囲みの太字は，NGCから採ったウィリアム卿による略語を用いた記述を普通の文に書き換えたもので，さらにその後に筆者のコメントを添えた．その中には，ちょうどハーシェル自身が行なったように，それぞれの天体を掃査して見つける際の手引きを含めておいた．

◎うしかい座 Bootes

■ H Ⅵ-9（NGC5466）：14h06m, +28°32′，球状星団，9.1, 11′

> 星団．大型．とても星数多．著しく密．11等級以下の星々

　このいくぶん暗い，毛羽立ったボールは，うしかい座9番星の2°北東にある．あるいはこれよりはるかに明るい星団——有名な春の球状星団M3！——の4°真東を掃査しても見つかる．この天体は小望遠鏡では丸い星雲のように見え，有名な隣人〔M3〕が恒星状に見えるのと好対照だ．ハーシェルはこの天体の分離について実際のところ何も述べていないが，確かにその内部に星を見たはずで，だからこそかなり星数の多い星団と考えたのだろう．星の巣（stellar beehive）という，この天体本来の姿を見るには，最低でも25cm以上の口径と高い倍率，それに良好なシーイングという条件がすべてそろう必要がある（図8.1, p.138）．

◎カシオペヤ座 Cassiopeia

■ H Ⅵ-31（NGC663）：01h46m, +61°15′，散開星団，7.1, 16′, = Caldwell 10

> 星団．明るい．大型．極端に星数多．いくぶん大型の星々

第 8 章　クラス Ⅵ の見どころ

図 8.1　H Ⅵ-9（NGC5466）は比較的暗い球状星団で，観望家にはほとんど知られていない．もともと暗いことに加えて，ほんの数度しか離れていない場所に M3 という明るい名所があり，完全にその影に隠れてしまっているためだ．Courtesy of Mike Inglis.

　アイピースの視野が広ければ同一視野に収まる 3 個のハーシェル星団のうち，真ん中に位置するのが，このきらめく一団だ．残りの 2 個は H Ⅶ-46（NGC654）と H Ⅷ-65（NGC659）だが，いずれも H Ⅵ-31 よりはるかに小さくて暗い．この星団トリオは，カシオペヤ座 δ 星と ε 星とともに三角形を構成し，その東の頂点にあたる位置で見つかる（δ 星と ε 星はいずれも，この星座でおなじみの 'W' 字ないし 'M' 字形の一部である）．口径 15 〜 20cm では，この一団中の約 80 個の恒星が目に入る．小型望遠鏡では，未分離の暗い星をバックに，ほんの一握りの星だけが個別に認められるに過ぎない．星団のうちには，比較的暗い三つの二重星が含まれている．すなわちストルーベ 151 番星，152 番星，153 番星である．すべて 9 等星ないし 10 等星のペアで，離角は 7″ ないし 8″ である．

■ H Ⅵ-30（NGC7789）：23h57m, + 56° 44′, 散開星団, 6.7, 16′, カロライン星団（Caroline's Cluster）

星団．とても大型．とても星数多．著しく密．11 等級から 18 等級の星々

　この天体の名は，カロラインによって発見されたことに敬意を表して，筆者が命名した．カシオペヤ座 ρ 星と σ 星のほぼ中間にあるため，簡単に見つかる．この均一な外見をした，おびただしい数の星からなる星団には，最低でも 300 個の恒星が含まれており，総計では 900 個以上になるものと考えられている（ハーシェルがこれを「著しく密」と呼んだことに注目）．暗い晩なら 5cm 鏡でも見えるが，15 〜

きわめて密集した多数の星からなる星団

20cmになると，スターダスト（未分離の暗い星たち）をバックに浮かぶ星々が見えてすばらしい光景だ．もし十分広い視野が得られれば，30〜36cmで見た光景はまさに壮麗というほかない！（筆者を含め多くの観望家の目には，このすばらしい星の群れの見かけの大きさが，表示された値の倍近くあるように見える）．この天体はメシエも見落としたが，驚いたことにコールドウェルのリストでも無視されてしまった．この美しい恒星雲は，密な散開星団と緩い球状星団の中間的な集合度を示しているが，本当はたて座にある「スミスの野鴨星団」（Smyth's Wild Duck Cluster, M11）のような，本来「準球状星団」（semi-globular）とでもいうべき天体の仲間なのかもしれない．この優しく輝く星の群れは，われわれから6,000光年離れている（図8.2）.

図8.2 H Ⅵ -30（NGC7789）はアイピース越しに見ると，きわめて均一な外見をした300個以上の恒星からなる，美しく豊かな星の群れである．この星の宝石箱はウィリアム・ハーシェル卿ではなく，カロライン・ハーシェルが発見し，ハーシェル・カタログに記載された天体の一例である．Courtesy of Mike Inglis.

◎ケフェウス座 Cepheus

■ H Ⅵ -42（NGC6939）：20h31m，+ 60° 38′，散開星団，7.8，8′

> 星団．いくぶん大型．極端に星数多．中央部はいくぶん密．11等級から16等級の星々

第 8 章　クラス Ⅵ の見どころ

　このいくぶん暗く，密集した星団には，空のごく狭い領域に集中した 80 〜 100 個の星が含まれる．ケフェウス座 η 星の 2°南西，はくちょう座との境界にあり，10 〜 15cm 鏡では霞がかった集団に見える．これを本来の姿である豊かな星の一団に変えるには，それなりの口径が必要だ．その眺めをいっそう興味深くしているのが H Ⅳ -76/NGC6946 の銀河で（第 6 章参照），この星団からは南東 38′にあり，視野の広いアイピースならば同じ視野に見える．このユニークなペアは空の近い場所にあるように見えるが，実際には両者は宇宙空間の中で途方もなく離れている．すなわち銀河の方は星団の約 5,000 倍も遠いのだ（1,000 万光年 対 2000 光年）．さあ，アイピース越しに見える「視界の超絶的深度」について語ろう！　ただし，ウィリアム卿はこれら二つの天体が一緒に見えるとは言っていないことに注意してほしい（ここではそれが最大の魅力なのだが）．銀河の方は，彼の大望遠鏡の限られた視野からはみ出してしまったらしい（図 8.3）．

図 8.3　H Ⅵ -42（NGC6939）はかなり暗く密な星の集団で，それ自体きわめて印象的とは言いにくい．しかし，視野の広いアイピースならば，同じ視野内にフェイスオンの渦巻銀河 H Ⅳ -76（NGC6946）が入る．両者が合わさると，見た目のコントラストに加えて，距離についても魅力的なコントラストが楽しめる．銀河の方は星団よりも何千倍も遠くにある．Courtesy of Mike Inglis.

◎かみのけ座 Coma Berenices

■ H Ⅵ-7（NGC5053）：13h16m, ＋17°42′, 球状星団, 9.8, 10′

> 星団. とても暗い. いくぶん大型. いびつな丸. 中央部はとても急に増光. 15等級の星々

このぼんやりした星のボールは、派手な球状星団M53（かみのけ座α星の1.5°北東にある）からわずか1°南東のところでかしこまっている。たいていの晩は、この天体を見分けるだけでも最低20cmの望遠鏡が要るし、多少なりとも細部を見ようと思ったら、もっと大きな口径が絶対に欠かせない。30〜36cmの機材で見ると、この天体の特異な姿が明らかとなり、星の数が多い散開星団、あるいはごく緩い球状星団のように見える。この天体は非常に暗いため、かつてある観望家はアイピース越しに見たHVI-7の姿を「華やかな隣人〔M53〕からさまよい出た魂」と表現した！（図8.4）

図8.4 H Ⅵ-7（NGC5053）は暗い球状星団で、それよりはるかに明るい星の球、M53からわずかに1°南東にある。この天体を満足に見ようと思ったら、大口径と暗く透明な晩が欠かせない。視野が広ければ両方の天体が同時に見え、互いに魅力的なコントラストを見せてくれる。

◎ふたご座 Gemini

■ H Ⅵ-17（NGC2158）：06h08m, ＋24°06′, 散開星団, 8.6, 5′

> 星団. いくぶん小型. 大いに密. とても星数多. いびつな三角形. 極端に小型の星々

この小さな魅力的な星の群れは、もっと大きく光り輝く散開星団M35の南西の端にあって、同じアイピースの視野に入る。（昔のイギリスの観測家、ラッセルがM35のことを興奮した口調で語っていることから、筆者はこの天体に「ラッセルの喜び」

(Lassell's Delight) という愛称をつけた.) この二つの星の群れは,天の川でも星が濃密な領域にあるふたご座 η 星の約 2°北西で見つかるだろう. M35 の方はファインダーでも簡単に見える. 8〜10cm 鏡で覗くと,この大星団〔M35〕の外縁部の星からちょっと離れたところにある穏やかな光として見える. 13〜15cm 望遠鏡でそらし目を使えば,きらきらと光りだす. さらに大口径になると,そこに含まれる 150 個以上の星のうち,かなりの数を分離することができ,散開星団というよりも球状星団に似た姿がわかる. 実際,これを両者の中間的な移行形態である,「準球状星団」という種類に属する一例と見なす資料もある. この星団はアイピース越しに見ると,上掲の明るさから想像されるよりもずっと暗く,中には 11 等級の暗さしかないと評価する観測家もいる(さすがにそれほどでもないだろうが). これら二つの星の群れは,アイピースの中ではごく近接して見えるが,実際の宇宙空間では非常に離れており,M35 までは 2,700 光年ほどだが,H Ⅵ-17 は約 16,000 光年のかなたにある. これは散開星団としては非常に遠いが,多くの球状星団にあっては典型的な距離である(図 8.5).

図 8.5　H Ⅵ-17(NGC2158)は,大きく明るくはじけた散開星団 M35 の南西のはずれにある. 散開星団に分類されているが,眼視や写真ではむしろ球状星団のように見える. M35 よりもずっと遠方,約 5 倍の距離にあるが,この距離もまた散開星団より球状星団に典型的な値である. Courtesy of Mike Inglis.

■ H Ⅵ-21(NGC2266): 06h43m, +26°58′, 散開星団, 9.8, 7′

星団. いくぶん小型. 極端に密. 星数多. 11 等級から 15 等級の星々

この小さな暗い集団は不当にも無視されており,たいていの星図帳には載っていないのだが,10〜20cm 望遠鏡でも十分観測可能であり,そうしたハーシェル天体

の一例として，ここで採り上げてみた．H Ⅵ -21 の場合は，『ノートン星図 2000 年分点版』(Norton's 2000.0)，『ケンブリッジ星図』(Cambridge Star Atlas)，『スカイアトラス 2000 年分点版』(Sky Atlas 2000.0) という，広く使われている 3 冊の星図帳にはいずれも載っていない．ただし，スカイ・パブリッシング社が新たに出した力作，『スカイ・アンド・テレスコープ版ポケット星図』(Sky & Telescope's Pocket Sky Atlas) にはちゃんと載っている．見つけるには，ふたご座ε星（近接した不ぞろいな二重星）の約 2°真東を掃査すること．そこに数個の星がごく狭い領域にぎゅっと詰まっているのが見えるだろう．そのサイズをここに掲げた 7′ではなく，5′しかないとする資料もある．かなり明るい星が一つ，他の星から突出して目立ち，集団は全体として三角形をしている．大口径ならば，この見逃されてきた星の一団を魅力的に眺めることができる．

■ H Ⅵ -1（NGC2420）：07h39m，+ 21°34′，散開星団，8.3，10′

> 星団．かなり大型．星数多．密．11 等級から 18 等級の星々

　霞がかって見える整った星の集団で，近くにあるエスキモー星雲（別名「道化の顔星雲」，H Ⅳ -45/NGC2392，第 6 章参照）を見る際，ついでにチェックすると良い．後者は星団から 2°南西にある．見つけるには，ふたご座κ星（ポルックスのすぐ下にある）の 3°南西を掃査すること．15cm 鏡ならばこの集団を美しく眺められ，暗い星をバックに中央で光り輝く 1 ダース余りの星と，その全体を取り囲む数個の明るい視野星が見える．

◎うみへび座 Hydra

■ H Ⅵ -22（NGC2548）：08h14m，- 05°48′，散開星団，5.8，30′，= M48

> 星団．とても大型．いくぶん星数多．いくぶん目立って密．9 等級から 13 等級の星々

　この 50 個ほどの星からなる大きくて明るい斑点は，5 〜 8cm 鏡で覗いてもきれいだし，さらに口径の大きい望遠鏡ならば，その視野さえ広ければ，非常に印象的な光景を楽しめる．見かけの大きさは満月と同じだけの面積があり，個々の星はほぼ三角形に並んでいる．これは「消えた」(missing) メシエ天体として有名なものの一つで，いったん見失われ，その後にまた見つかった！〔もともとメシエが報告した位置に星団はなく，彼はこの H Ⅵ -22 の赤緯を誤って記載したのだと考えられている〕．この天

体はカロライン・ハーシェルが独立して発見した．うみへび座のC星，1番星，2番星という，肉眼でもわかる小さな星の群れから3.5°南西を掃査すると，簡単に見つけることができる．距離は1,900光年である．

◎てんびん座 Libra

■ H Ⅵ-19 = H Ⅵ-8?（NGC5897）：15h17m，− 21°01′，球状星団，8.6，13′

> 球状の星団．いくぶん暗い．大型．とてもいびつな丸．中央部はとてもゆるやかに増光．はっきりと分離し，明瞭に複数の星からなる

　その淡い見かけにもかかわらず，この星の球はてんびん座における深宇宙の見どころだと一般に考えられている（この星座には恒星以外の深宇宙の驚異が驚くほど少なく，他には一握りの暗い銀河があるだけだ！）．見つけるには，緊密で不ぞろいな連星，てんびん座ι星の約1.5°南東を掃査すること．大型だが極端に表面輝度の低い球状星団で，個々の星たちは一様に散らばっており，このクラスに属する仲間の多くに典型的な中央への集中化傾向がはっきりしない．（他所でも述べたが）ウィリアム卿は，その外見からこの天体を星団と星雲の中間的な移行形態と考えた（当時，星雲は未分離の星の集団だと単純に考えられていた）．またこれは，濃密な散開星団と希薄な球状星団の中間的な性質を持つように見える天体の一例でもある．この特異な星の一団を分離するには，最低でも20～25cmの口径と，大気の安定した暗い晩が必要である．小型望遠鏡で見ると暗い星雲状で，はるか遠くにあるように見える．この天体の明るさを10～11等級の間とする資料もあるが，確かにアイピース越しに見ると上掲の値から予想されるよりも暗く見える．これは主に見かけの大きさが大きいためである．NGCによれば，H Ⅵ-19 は H Ⅵ-8 と同じ天体を指すものと考えられ，上記のように同じNGC番号のところに"?"マーク付きで載っている．

◎いっかくじゅう座 Monoceros

■ H Ⅵ-27（NGC2301）：06h52m，+ 00°28′，散開星団，6.0，12′

> 星団．星数多．大型．不整形．大小の星

　この星の宝石箱は，いっかくじゅう座のδ星と24番星のペアから西に5°，さらに30′北に行った，天の川が非常に濃密な領域にある．見かけの大きさが満月の半分足らずのところに約60個の恒星が集まっている．ハーシェルはそのいびつな形につい

144

きわめて密集した多数の星からなる星団

て述べているが，これを空を飛ぶ鳥の形にたとえる観望家もいる．8〜10cm望遠鏡でもすてきな眺めで，口径が大きくなればさらに魅力が増す．

■ H Ⅵ-37（NGC2506）：08h00m，−10°46′，散開星団，7.6，12′，= Caldwell 54

| 星団．いくぶん大型．とても星数多．密．11等級から20等級の星々 |

　この美しい一団には，たくさんの星がぎゅっと詰まっている．15cm以下の望遠鏡では均一な外見をした星が約50個ほど含まれているのが見え，大型のアマチュア用機材ならば星の数はその倍近くになる．星数の多い散開星団の場合よくあることだが，この天体も小型望遠鏡で見ると，明るい星の散らばる背後に星雲状物質があるように見える（実際には未分離の暗い星たちである）．見つけるには，いっかくじゅう座α星の5°南東，いっかくじゅう座ととも座の境界を掃査すること．

◎へびつかい座 Ophiuchus

■ H Ⅵ-40（NGC6171）：16h32m，−13°03′，球状星団，8.1，10′，= M107

| 球状の星団．大型．とても星数多．著しく密．丸い．はっきりと分離し，明瞭に複数の星からなる |

　ハーシェルはこの豊かな星の巣を「大型」と書いているが，実際には普通のアマチュ

図8.6　H Ⅵ-40（M107）は非常に星の豊かな，だが遠方にある球状星団で，ハーシェルが発見し，後にメシエの功績に帰せられた．メシエはそれを目にしたものの，自分のカタログには当初載せるのを怠った．Courtesy of Mike Inglis.

アクラスの望遠鏡で見ると，むしろ小型に見える．カタログに記載された値は上記のとおりだが，現実に見かけの大きさを 2′ 〜 4′ とする報告もしばしばある．いずれにしても，暗い星からなる一群をはっきり分離するには，最低でも 30cm の口径が要る．高倍率の 15cm 鏡では明らかに灰色がかって見えるが（実際に分離できる前触れである），それ以下の望遠鏡では，明るい中心核を伴った丸い「星雲」のように見える．この天体はへびつかい座ζ星の 2.5°南，わずかに西寄りの場所で簡単に見つかる．H Ⅵ -40 も，ウィリアム卿が独自にそれを発見後，ずっと経ってからメシエの功績に帰せられた天体の一例である（図 8.6, p. 145）．

◎オリオン座 Orion

■ H Ⅵ -5（NGC2194）：06h14m，＋ 12°48′，散開星団，8.5，10′

星団．大型．星数多．中央部ではゆるやかに著しく密となる

美しい豊かな星の一団で，オリオン座ζ星から約 1.5°南，わずかに東寄りにあり，オリオン座 73 番星と 74 番星の右上に位置する．上でサイズ 10′ と書いたが，実際にはそれよりいくぶん狭い領域に約 100 個の星が含まれており，中倍率のアイピースではかなり凝縮して見える．この天体をきらめく星の集団として眺めるには，まず最低でも 15 〜 20cm の口径が必要だ．短時間露出の写真で見ると，この天体は"H"字形をしており，眼視でも何となくそれらしい形がわかる．いずれにしても，星でできた「横棒」が中心を貫いているのははっきり見てとれる．この固く編み込まれた一団は，この豊穣な星座——フランスの天文家，フラマリオンはいみじくもそれを「空のカリフォルニア」と呼んだ——の中で見つかるものとしては，あるいは最高の散開星団かもしれない．

◎ペルセウス座 Perseus

■ H Ⅵ -33（NGC869）：02h19m，＋ 57°09′，散開星団，3.5，30′，＝ Caldwell 14/二重星団（Double Cluster）

注目に値する．星団．たいへん大型．とても星数多．7 等級から 14 等級の星々

■ H Ⅵ -34（NGC884）：02h22m，＋ 57°07′，散開星団，3.6，30′，＝ Caldwell 14/二重星団（Double Cluster）

きわめて密集した多数の星からなる星団

> 注目に値する．星団．とても大型．とても星数多．中央に真紅の星（ruby star）

　この目もくらむような星の宝石箱のペアを，シャルル・メシエはいったいどうして見落としてしまったのか，まったくもって謎だ！　両者は明らかに彗星ではないので，メシエはそれをカタログに記載する手間を省いたのだという議論は，この謎を解くに至らない．なぜなら，肉眼的星団である蜂の巣星団（M44）やプレアデス（M45）を，彼は現に両方ともカタログに載せているのだから．「二重星団」は，1章丸ごと充てても足りないほどの天界の名所の一つだが，ここではその驚異の一端を述べることしかできない．まずはこの2個の集団を見つけることから始めてみよう．両者はカシオペヤ座のε星とδ星とともに三角形を構成し，その南東の頂点の位置で簡単に見つかる．この場所は同時に後者〔δ星〕とペルセウス座γ星との中間にあたる．そこで観測者を待ち受ける絶景は，8cm望遠鏡で見てさえ驚異的かつ圧倒的だ！　両者の中心は約30′離れており，アイピースの視野が広ければ，二つの星団はぴたりと同じ視野に収まる（そのためには最低でも1.5°，可能ならばさらに広い視野が欲しい．星団を取り巻く空が広ければ広いほど，豊かな天の川をバックに，両

図 8.7　H Ⅵ -33（NGC869）とH Ⅵ -34（NGC884）はともに壮麗な「二重星団」を構成している．肉眼でも見え，双眼鏡で見ても魅力的な眺めだ．メシエがなぜこのきらめく星の宝石箱を自分のカタログに載せなかったのかは，依然謎である．だが，幸いにもハーシェルがそれをしてくれた！　300mm, f/2.8 のカメラによる撮影．Courtesy of Steve Peters.

者はよりドラマチックに浮かび上がる).昔から有名なプレアデス星団を除けば,北半球の観望家にとっては,この両星団こそ,小望遠鏡向きの天体としてはこのクラス最高のものといえる.より大型の機材では,普通は一度に片方ずつしか見ることができないが,短焦点の広視野望遠鏡(RFT.たいていの大型ドブソニアンはこれだ)ならば話は別で,観測者の側に心の準備ができていないと,そのおそるべき光景に完全に圧倒されてしまうだろう.このことは,双眼アイピースを使った場合は特にそうで,二つの光り輝く集団が,天の川を背景にふわりと浮かんでいるように見える効果を生む.H Ⅵ-33(二重星団の一員)は,二つのうち星数が多い方で,驚異の「星のトンネル」を含んでいる.これは筆者の造語で,輝く中心部を覗き込んだとき見えたものから思いついたのだが,読者の目には見えるだろうか? 星の数は,H Ⅵ-33 の方が 200〜350,H Ⅵ-34 の方が 150〜300 と,いろいろな見方がある.多くの星は青みがかった白色をしているが,いずれの星団にも赤やオレンジの星(主に変光星)がたくさん含まれており,H Ⅵ-34 の中心にはハーシェルの言及した真紅の星もある.さらに両天体の外縁が重なる中央部にも,非常に赤みの濃い星が存在する.ところで,実際にこのペアが物理的(重力的)に関係しているのか疑問に思われるかもしれないが,答はまさにそのとおり! 両者までの距離はいずれも 7,300 光年とほぼ同一で,その不確定性は±170 光年しかない.両者はあたかも巨大な「連星」のように,共通重心のまわりを数百万年単位の周期でゆっくり回転していると考えられている.そして最後に,二重星団を双眼鏡で覗くのもお忘れなく.双眼鏡はどんなにささやかなものでも良い.実に美しい眺めが楽しめる!(図 8.7, p.147)

■ H Ⅵ-25(NGC1245):03h15m,+47°15′,散開星団,8.4,10′

星団.いくぶん大型.星数多.密.いびつな丸.12 等級から 15 等級の星々

この 100 個以上もの糠星の群れは,有名な「ペルセウス座α星アソシエーション」(Alpha Persei Association)の西の端にある.このアソシエーション〔特定の種類の星の集まり〕は,肉眼でも見えるほど大きくて明るく,ミルファク(ペルセウス座α星)を取り囲むように飛散した星の宝石たちが,そこから天空へ滝のように流れ落ちている.星団自体にはたくさんの明るい星が含まれ,それが他の暗い星の均一な光を背景に目に飛び込んでくるが,これは 5〜10cm 望遠鏡で見たときに(少なくとも一見したところ)典型的に見られる光景だ.15〜20cm 級になると暗い星も見分けられ,それが星団を美しく満たすようになる.そして全体を囲むようにして,数個の視野星がひしゃげた五角形に並んでいる.ペルセウス座α星アソシエーションの方はわれわれから 600 光年しか離れていないが,H Ⅵ-25 はそれよりもはるか遠くにあるら

しい.

◎いて座 Sagittarius

■ H Ⅵ-23（NGC6645）：18h33m，− 16° 54′，散開星団，8.5，10′

> 星団．いくぶん大型．とても星数多．いくぶん密．11 等級から 15 等級の星々

　この小さな星の集団は，たて座γ星の 2.5° 南東を掃査すれば見つけることができる（が，この信じられないほど濃密な天の川の真ん中で，それをするのは実にスリリングだ！）．使用する望遠鏡のサイズに応じて約 40 〜 60 個の暗い星が見えるが，この天体を十分味わうためには大口径が要る．短時間露出の写真で見ると，中央の空隙ないし穴を囲んで星の輪が二つあるのがはっきりわかる．眼視でも注意深く調べれば，それを見つけることが可能だ.

◎さそり座 Scorpius

■ H Ⅵ-10（NGC6144）：16h27m，− 26° 02′，球状星団，9.1，9′

> 星団．かなり大型．大いに密．中央部はゆるやかに増光．はっきりと分離し，明瞭に複数の星からなる

　この小さな暗い星の巣は，その置かれた状況がユニークなために，すべてのハーシェル星団の中で最も魅力的な観測対象の一つである．炎のアンタレス（さそり座α星）のわずか 30′ 北西に位置し，アイピースの視野が広ければ同一視野に入るので，位置を探るのはごく簡単だが，実際にそれを目にするのは，たいていの望遠鏡にとってかなり厄介だ．問題は，視野一面に光を放つこの巨大な星の輝きだ．アンタレスを視野外に置けばいくぶん状況は改善するものの，しかしその圧倒的な存在感は依然明らかだ．資料によっては，この小さなボール（ハーシェルは「かなり大型」と呼んだのだが？）の大きさは 3′ しかなく，また明るさも上掲のカタログ記載値より暗いとするものもあるが，その方が実際にアイピース越しに見えるものをよく表わしている．大気の安定した透明な晩なら，10 〜 15cm 望遠鏡でもかすかに見えるが，このぎゅっと詰まった星たちを少しでも分離しようと思ったら，最低でも 30cm は要る．またこの場所では，壮麗な球状星団 M4 を見るのもお忘れなく．こちらは H Ⅵ-10 の南西 1°，アンタレスからは西へ 1° 余り行ったところにある．隣の暗い星団に比べ，このきらめく星の群れの何と対照的なことだろう！（こちらは小望遠鏡でも

中心部まで分離できる)．もし視界が 1.5°以上あれば，アンタレスと二つの星団を望遠鏡の同一視野で眺めることができる（さらにアンタレス自身，大気の安定した晩に 13cm 以上の望遠鏡で覗くと，美しい赤みがかったオレンジとエメラルドグリーンの近接した二重星だとわかる)．

◎ちょうこくしつ座 Sculptor

■ H Ⅵ-20（NGC288)：00h53m，− 26°35′，球状星団，8.1，14′

球状の星団．明るい．大型．少しだけ延伸．12 等級から 16 等級の星々

これはすてきな大型の球状星団だが，本来的に暗く，主にその赤緯が低いために観望家も見落としてしまうことが多い．この天体は，「ちょうこくしつ座銀河」として有名な，大きくて明るい渦巻銀河 H Ⅴ-1/NGC253（第 7 章参照）のわずか 1.5°南東にあって，こちらの方は現に広く観測されているのだが！ H Ⅵ-20 は，ちょうこくしつ座 α 星の 3°北，わずかに東寄りのところを掃査しても見つけることができる．双眼鏡でも見えるし，8〜10cm 鏡では未分離の丸いもやのように見える．比較的暗いにもかかわらず，星たちの集まり具合がゆるいので，20cm 以上の望遠鏡で中倍率を使えば簡単に分離できる．口径 30〜36cm ともなると，暗く安定した晩には中心部まできらきらと光り輝く．この天体の明るさを 7 等級と見なす資料もあるが，光がかなり広い面積に拡散しており，淡い外見はそれで説明がつく（天空での位置が低いことも関係している)．ハーシェルは星団内部の星に言及しており，それを見たことは間違いないが，何らかの理由により星団の分離云々については明言していないことに注目．

第9章　クラスⅦの見どころ
大小の星からなる密集した星団

　以下，星座のアルファベット順に掲げたのは，ハーシェルのクラスⅦに属する中で最も興味をそそる18個の天体である．ハーシェル名の後に続けて，対応するNGC番号（カッコ内），2000年分点による赤経と赤緯，天体の実際のタイプ（ハーシェルが割り振ったクラスとは異なる場合がある），実視等級，分（′）または秒（″）で表示した視直径，さらにもしあればメシエ番号やコールドウェル（Caldwell）番号，あるいは通称を掲げた．その次の枠囲みの太字は，NGCから採ったウィリアム卿による略語を用いた記述を普通の文に書き換えたもので，さらにその後に筆者のコメントを添えた．その中には，ちょうどハーシェル自身が行なったように，それぞれの天体を掃査して見つける際の手引きを含めておいた．

◎アンドロメダ座 Andromeda

■ H Ⅶ -32（NGC752）：01h58m, + 37° 50′，散開星団，5.7，50′，= Caldwell 28

> 星団．たいへん大型．星数多．散在した大きな星々

　この広大な星の宝石箱には60個以上の星が含まれ，満月よりも広い範囲に散らばっている．この天体は双眼鏡でも見えるし，8～15cmの望遠鏡を使ってごく低倍率で眺めると美しい光景だ．それより大型の機材になると，ふつうは星団全体を視野に収めることができなくなる．もっとも，視野の広い広視野望遠鏡（RFT）なら話は別である．ハーシェルの大望遠鏡の視野は比較的狭かったことを考えると，彼がこの美しい集団の魅力を存分に見たといえるかどうかは疑わしい．「大きく，まばらで，一面に散らばり，そして明るい」という表現が，H Ⅶ -32 を最もよく表わしている．この天体は，美しい色合いの二重星，アルマク（アンドロメダ座γ星）の4°南，わずかに西寄りのところを掃査すれば簡単に見つけられる．この光景をさらに見ごたえのあるものにしているのが，ともにオレンジ色をした離角の大きな二重星，アンドロメダ座56番星で，この星団の南西の端に鎮座している（明るさは5.7等級と5.9等級，離角は190″）．両天体は見事なペアを組んでいるが，物理的には無関係で，〔二重星と星団までの〕それぞれの距離は360光年と1,200光年である（図9.1, p.152）．

第 9 章　クラスⅦの見どころ

図 9.1　H Ⅶ -32（NGC752）は，広範に散在した大型の散開星団で，広視野望遠鏡（RFT）で見るのがいちばんだ．サイズからいうと，この広大な星の一団は，ハーシェルのクラスⅦよりもクラスⅧに属する方がふさわしいように思う．そもそもこの天体はまったく「密」ではない！　本文中で触れた離角の大きな二重星は，この写真では画面の外にある．Courtesy of Mike Inglis.

◎わし座 Aquila

■ H Ⅶ -19（NGC6755）：19h08m, + 04° 14′, 散開星団, 7.5, 15′

星団．とても大型．とても星数多．いくぶん密．12 等級から 14 等級の星々

　わし座は，星の濃密な天の川のど真ん中にあるので，球状にせよ散開にせよ，星団そのものが非常に少ない．後者〔散開星団〕のうち最良の一つが NGC6709 だが，ハーシェルはこれを見落とした（第 12 章参照）．しかし，もう一つは首尾よく発見しており，それがこの H Ⅶ -19 だ．位置はわし座 δ 星の約 4.5° 北西にあたる．わし座 η 星から δ 星まで線を引き，それを延ばすと，この天体をぴたりと指す．そこには数ダースの星が，満月の半分ほどの面積にゆるやかに散っている．10cm でも見えないことはないが，20cm 鏡ならはるかにすばらしい眺めで，暗い星まで目に飛び込んでくる．

◎ぎょしゃ座 Auriga

■ H Ⅶ-33（NGC1857）：05h20m，＋39°21′，散開星団，7.0，6′

> 星団．いくぶん星数多．いくぶん密．7等級以下の星々

　わし座とは対照的に（前項参照），ぎょしゃ座は散開星団でいっぱいだ．もっとも，その大半は有名なメシエ天体トリオ（M36, M37, M38）の陰に隠れて目立たないが，他の多くの天体も一見の価値がある．確かにあまり目を引く光景ではないにしろ，H Ⅶ-33 は約4ダースばかりの星を自らの縄張りに集めている．ここで魅力的なのは，その多くが7～8等級の明るさを持つ点で，これはメシエ天体以外の散開星団ではあまり例がない．この小さな星の集団を見る際は口径がものをいい，十分味わうには最低でも15cmが必要だ．

◎きりん座 Camelopardalis

■ H Ⅶ-47（NGC1502）：04h08m，＋62°20′，散開星団，5.7，8′，黄金の竪琴星団（Golden Harp Cluster）

> 星団．いくぶん星数多．かなり密．いびつな形

　この数ダースの星からなる小さな星の一団は，明らかに台形の形をしており，そこからこの風変わりな名前もついた（観望家によっては，竪琴よりも，石弓やいびつな三角形を連想する人もいる）．位置は，牡蠣星雲の名で知られる惑星状星雲（H Ⅳ-53/NGC1501，第6章参照）から真北に約2°行ったところである．この星団の一員には，暗い多重星ストルーベ484番星（すべて10等級で，角距離は5″, 23″, 49″）と，同じくストルーベ485番星（明るさは7等級，7等級，10等級，10等級で，角距離は18″, 70″, 139″）が含まれている．しかし多重星のかすかな各要素を，星団の他の星から見分けるのは，かなり面倒かもしれない．この天体を見るのは簡単だが，周囲に目印となるような明るい星がなく孤立しているため，位置を探るのはむずかしい．きりん座β星から真西にほぼ赤経1h（15°）のところを掃査すると，隣の惑星状星雲にたどり着く．そこからさらに北へ少し行くとお目当ての星団が見つかる．この天体は20cm以上の口径で中倍率を使って見るのがいちばんだ（図9.2, p.154）．

第 9 章 クラス Ⅶ の見どころ

図9.2 H Ⅶ -47（NGC1502）は，その変則的でユニークな星の配置から一般に「黄金の竪琴星団」の名で知られる．たいていの散開星団がそうであるように，そうした星の配列は写真よりも実際にアイピース越しに見た方がはっきりすることが多い．Courtesy of Mike Inglis.

◎おおいぬ座 Canis Major

■ H Ⅶ -12（NGC2360）：07h18m, − 15° 37′，散開星団，7.2, 13′, ＝ Caldwell 58

星団．とても大型．星数多．いくぶん密．9等級から12等級の星々

約50～60個の星からなる美しい星団で，おおいぬ座γ星の真東3.5°，天の川の濃密な領域に位置する．10～13cm鏡で見ると魅力的な光景だ．きらめく宝石たちはほぼ一様な外見をしており，少数の明るい星がことさら目立っている．星団の西の端には6等星もある．銀河の濃密な星々からなる背景に，この天体がまるで「溶融」（melt）しつつあるように見えると述べた観望家もいる．この天体もウィリアム・ハーシェル卿本人ではなく，カロライン・ハーシェルによる魅力的な発見の一例である．

■ H Ⅶ -17（NGC2362）：07h19m, − 24° 57′，散開星団，4.1, 8′, ＝ Caldwell 64/おおいぬ座τ星星団（Tau CMA Cluster）

星団．いくぶん大型．星数多（おおいぬ座30番星）

これは豪華な小型の星団だ．この天体に出くわしたとき，ウィリアム卿はきっと驚愕し興奮したに違いない．現代の観望家も，自分が目にしているものの正体を知ったら，同様にびっくりするはずだ！　この緊密な一団は，4等級の青色巨星おおいぬ座τ星〔=30番星〕を取り巻いているので，その位置は簡単にわかる（τ星は実際にこの星団の一員であり，単なる前景の星ではない！）．低倍率の小型望遠鏡では，中心にある星の光に掻き消されて，この集団を簡単に見落としてしまう．しかし15cm以上の機材を使って中～高倍率で覗くと，星団のメンバーが突如姿を現わし，きらめくτ星を取り囲んで，まるで（ある観望家が興奮して述べたように）「宇宙空間で凍りついた花火の炸裂」のように見える．その全体的な印象は，絶妙な宇宙の宝石さながらだ！　それなのに，この光り輝くダイヤの宝石箱は，どうもあまり知られておらず，めったに観測対象とはならないらしい．H Ⅶ -17は，ハーシェルが発見した星団の中では白眉といえるものの一つで，さらにいえば彼が発見した全天体の中で最もゾクゾクするものの一つだ．もし，それをまだ見たことがないというなら，するべきことはただ一つ．今度の晴れた晩にそれを見ることだ．たとえ，そのために夜明け前に起きて冬空を見上げることになったとしてもだ．決して失望することはないだろう！　この天体は5,400光年という恒星間空間の向こうで光を放っている．また，もし読者が二重星愛好家なら，ここから約2°北，そしてわずかに西寄りを掃査して，見事な「冬のアルビレオ」を探してほしい（これも筆者の造語で，有名なオレンジ色と青色のペアに似ていることから命名した）．この美しいペアもジョン・ハーシェル卿によって発見されたもので，h3945というハーシェル名がついている．

◎カシオペヤ座 Cassiopeia

■ H Ⅶ -42（NGC457）：01h19m，+ 58°20′，散開星団，6.4，13′，= Caldwell 13/ふくろう星団（Owl Cluster）/ET星団（ET Cluster）

> 星団．明るい．大型．いくぶん星数多．7等級，8等級，および10等級の星々

　この約80個の星からなる印象的な集団は，一羽のふくろうの形に並んでおり，金色のカシオペヤ座φ星と，その近くの7等星がちょうど明るい両目の位置に来ている．二つの「目玉」はいずれも超巨星で，星団の南東端からはみ出しているが，両者は物理的には星団の一員だと考えられている．この集団に最近つけられた別名が，ET星団とトンボ星団（Dragonfly Cluster）だ．8cm鏡でもよく見えるし，15cm以上の望遠鏡で低倍率を使って眺めると見事な光景だ．この楽しい一団は，カシオペヤ座の'W'字（または'M'字）の一部であるγ星やδ星とともに三角形を構成し，その

南側の頂点にあたるので，見つけるのは簡単だ．この天体は，メシエが見落とした中では最高の星団の一つと見なされている．φ星とお供の星たちまでの距離は，9,300光年とかなり遠い．

■ H Ⅶ-48（NGC559）：01h30m，+ 63°18′，散開星団，9.5，7′，= Caldwell 8

星団．明るい．いくぶん大型．いくぶん星数多

この小さな星団は，この特徴的な星座でおなじみの 'W' 字（または 'M' 字）の一部，カシオペヤ座δ星やε星とともに二等辺三角形を形作り，その北西側の頂点の位置にある．アマチュア用の中～大型機材を使えば50個以上の星が見えるものの，この豊かな星の集団はどちらかといえば小型で暗い部類に属する．またそのサイズからすると，あまり集中度が高いともいえない（この天体の明るさを，上掲の値より2等級明るく見積もり，また大きさは約半分しかないとする資料もあるが，アイピース越しに見える姿からは支持されない）．星団の中には1個の明るい目立つ星があり，また星の鎖のようなものがたくさんあるが，これは一般に散開星団の中ではごくふつうに見られるものだ．これは物理的実体として存在する星の連なりというよりは，偶然の配置にすぎないと信じられているが，この点についてはまだはっきりしない．それが現実のものにせよ，見かけだけにせよ，いったん目がそれを捉えると，星の鎖（star-chain）は非常に印象深く思えるときがある．

◎ケフェウス座 Cepheus

■ H Ⅶ-44（NGC7510）：23h12m，+ 60°34′，散開星団，7.9，4′

星団．いくぶん星数多．いくぶん密．扇形．いくぶん明るい星々

この特異な姿をした集団は，ケフェウス座とカシオペヤ座の境界付近にあり（正確に銀河赤道上に位置する），カシオペヤ座1番星と2番星のペアから北東に1°余り行ったところを掃査すれば見つけることができる．8～15cm鏡では，そこに三角形ないし矢じりの形に並んだ数ダースの星が見える．さらに大型の望遠鏡になると，より暗い星たちも目に入ってきて，一種の細長い平行四辺形のように見える．ハーシェルはそれを扇形と表現したことに注目．いずれにしても，散開星団は対称的で丸みを帯びているという通念を，この天体は見事に裏切ってくれる！　また，上記のH Ⅶ-48で論じた星の鎖（star-chain）の話題を続けるなら，この星団の暗い星々のうちにも，二つのドラマチックな例を目にすることができる．ただし，それを見

◎はくちょう座 Cygnus

■ H Ⅶ-59（NGC6866）：20h04m，+ 44°00′，散開星団，7.6，7′，凧星団（The Kite Cluster）

> 星団．大型．とても星数多．かなり密

　はくちょう座「北十字」の横棒にある．緊密な二重星はくちょう座δ星から南東に3°．この星座を流れる天の川を横切って掃査すると，これまた特徴的な形をした星団に出くわすだろう．その星の並びは多くの観望家に，ぴかぴか光る星をバックに舞い飛ぶ宇宙の凧を連想させる！　通常はまばらな（loose）星団に分類されているものの，15〜20cm望遠鏡では，40個以上のかなり明るい星の光点を見ることができるので，この星団は大きさのわりには星数が多く感じられる．ハーシェル自身，この一団をとても星の数が多く密だと述べていることに注意してほしい．

◎いっかくじゅう座 Monoceros

■ H Ⅶ-2（NGC2244）：06h32m，+ 04°52′，散開星団，4.8，24′，= Caldwell 50/バラ星団（Rosette Cluster）

> 星団．美しい．散在した星々（いっかくじゅう座12番星）

　巨大なバラ星雲の中心孔の内部にある．この大型で明るい星団は，1ダース余りの星がゆるく集まっており，その中心には黄色巨星，いっかくじゅう座12番星がある．二つの顔を持つ，この魅力的な天体を見つけるには，美しい二重星，いっかくじゅう座ε星（= 8番星）から2°余り東，わずかに北寄りのところを掃査すること．星雲状物質のかすかな輪の方は，見かけの大きさが満月の2倍以上もある．ハーシェルはこれを見落としたが（第12章参照），その点は他の多くの観望家も同様で，それと気づかぬまま，その中心孔を通して向こうを見ていたことになる！　大型双眼鏡や10〜15cm級の広視野望遠鏡（RFT）ならば，暗い晩には星雲と星団の両方を見ることができる．ふつうの望遠鏡では，視野が比較的限られるため，前者〔= 星雲〕を見るのはいささかむずかしいが，後者はごく小さな望遠鏡でも楽に見えるし，肉眼でもわずかに存在を感じ取ることができる．上記の明るい星たちは長方形のような形に並んでおり，その中心部と星雲の中心孔とは厳密には少しずれている．25cm

以上のアマチュア用望遠鏡ならば，90 個以上の暗い星たちが，長方形の内外に散らばっているのを見て取ることができる．星団と星雲はいずれも 2,600 光年の距離にあり，冬の天の川に沈んでいる．

◎ペルセウス座 Perseus

■ H Ⅶ -61（NGC1528）：04h15m，＋ 51°14′，散開星団，6.4，24′

星団．明るい．とても星数多．かなり密

　約 80 個の星からなるにもかかわらず，一見すると，この一団はそのサイズに比べて星がまばらに見える．そのため，大型望遠鏡で見るよりも，低倍率の小型望遠鏡で見る方が魅力的なはずだと思われるかもしれない．しかし，20cm 以上の口径でじっくり眺めると，本当は星の豊かな星団であることが明らかになる．見つけるには，ペルセウス座λ星の約 1.5°北東を掃査するとよい．近くにある別のハーシェル星団，H Ⅷ -85（NGC1545）と混同しないよう注意すること．後者はλ星の真東 2°のところにあり，H Ⅶ -61 よりも暗く，小型で，星の数も少ない（この天体〔H Ⅷ -85〕のλ星寄りの端には，標識代わりに肉眼でも見える暗い星が 2 個ある）．H Ⅵ -25（NGC1245，第 8 章参照）や，ペルセウス座にある他の星団と同じく，この天体も光り輝く「二重星団」と，美しい星の宝石箱 M34 の存在に覆い隠されて，すっかり影の薄い存在となってしまっている．

◎とも座 Puppis

■ H Ⅶ -11（NGC2539）：08h11m，− 12°50′，散開星団，6.5，22′

星団．とても大型．星数多．少しだけ密．11 等級から 13 等級の星々

　この星の集団には，均一な姿をしたかなり暗い星たちが約 100 個参加しており，それが空のかなり広い範囲に散在している．その中心付近には明るい星が 1 個あるものの，この星団における真の「王冠の宝石」は，多重星とも座 19 番星だ（明るさは 4.7 等級，8.9 等級，7.8 等級で，離角は 60″と 71″）．この多重星が星団の南東端にあるために，この集団を見つけるのは比較的やさしく，またその光景も大いに見ごたえのあるものになっている．また H Ⅶ -11 の位置は，大きくて明るい散開星団 M48（H Ⅵ -22/NGC2548，第 8 章参照）の 7°南，わずかに西寄りのところにあたる．個々の星は比較的暗いため，15cm 以上の口径で見るのがいちばんだ．

■ H Ⅶ-64（NGC2567）：08h19m，－30°38′，散開星団，7.4，10′

> 星団．いくぶん大型．いくぶん星数多．少しだけ密．いびつな丸．11等級から14等級の星々

　この星の一団は赤緯が低いため，はっきり見ようと思ったら，澄んだ地平線と透明な夜が必要だ．天界の驚異はすべてそうだが——そして高度の低いものは特に——子午線上で（すなわち空のいちばん高い位置で）観測するのが，いちばん良く見るためのコツだ．この天体の場合，15cm望遠鏡なら約2ダースの星が見える．大半は暗い星だが，そこに少数の明るい星が混じり，全体に散らばっている．そして星団全体は天の川の濃密な領域に位置する．さらに大口径になると，見える星の数はずっと増え，この天体が実はかなり豊かな星団であったことがわかる．ただし，H Ⅶ-64を見つけるのは，少しばかりむずかしいかもしれない．近くに明るい視野星がないことと，この領域には他にもいくつかのハーシェル星団があるためだ．見つけるには，とも座のβ星とρ星を結ぶ線の中間を掃査すること．そうするとたいていはH Ⅵ-39（NGC2571）が最初に見えてくるが，H Ⅶ-64はそこから1°足らず南のところにある．低倍率で視野が1.5°あれば，いずれの星団も同一視野にぴたりと収まる．

◎いて座 Sagittarius

■ H Ⅶ-7（NGC6520）：18h03m，－27°54′，散開星団，8.1，6′

> 星団．いくぶん小型．星数多．少しだけ密．9等級から13等級の星々

　この星座の一部，「ティーポット」と呼ばれる星の並びの注ぎ口にあたる，いて座γ星から北に2.5°，わずかに西寄りのところを掃査すると，とても魅力的な天体が見つかる（アイピースの視野が広ければ，γ星のすぐ北西に暗い，ごく小さな球状星団が2個，互いに3′離れて，γ星と同じ視野に存在することに注目してほしい．より目立つ方がH Ⅰ-49/NGC6522で，もう一つがH Ⅱ-200/NGC6528である）．H Ⅶ-7には約2ダースの星が含まれ，それが比較的狭い領域にぎゅっと詰め込まれているため星数が多く感じられ，15cm以上の望遠鏡だと美しい光景が楽しめる．しかし，ここで真に見ものといえるのは，すぐ西隣にある有名な暗黒星雲，バーナード86番だ．この嫌でも目につく「空の穴」（hole in the sky）は，4′×3′の広がりを持ち，反対側では星々がその脇を固めている．この天体は中倍率の10cm望遠鏡でもきわめ

て明瞭だ．この黒い塵の雲によって星が覆い隠された不毛の地は，すぐ隣にある豊かな星団と劇的な対比を見せている．このペア（両者は実際，物理的に関連があると考えられている）までの距離は 6,000 光年余りで，いて座を流れる天の川のすばらしく濃い領域にあるため，全体の印象はきわめて趣き深いものとなっている．

◎おうし座 Taurus

■ H Ⅶ-21（NGC1758）：05h04m，＋23°49′，散開星団，7.0，42′

> 星団．いくぶん密．大小の星々

　これは，おうし座に二つある「二重星団」(dual clusters) の一つだが（次項参照），いずれの場合も，ハーシェルはその片方だけをカタログに記載し，もう片方は載せなかった！ H Ⅶ-21 として採用された方は，いくぶん明るい星からなり，大型だが，星のまばらな弧のように見える．しかしこの天体は，それと隣接した，それよりもはるかに大きくて，星数も多い星団，NGC1746 の東側の一画を占めるにすぎない．ウィリアム卿は後者の天体を見たはずだが，それについては書くことも名づけることもしていない（もっとも，上に掲げた彼の記述が実際は何についていっているのか，多少疑問の余地がある．ひょっとしたら，両方併せていっているのかも？）．現代の星図帳は，事実上すべて NGC1758 を割愛し，NGC1746 のみプロットしている．例外は以前版を重ねたオリジナルの『ノートン星図』で，こちらは H Ⅶ-21 を載せている代わりに，NGC1746 が載っていない！『星雲・星団新総合目録』(NGC) 自体は，NGC1746 のことを「星団．星数少」とそっけなく書いている．本当はこの天体は 8 等級以下の星々を約 50 個含んでいるのだが．興味深いことに，『スカイアトラス 2000 年分点版』には，NGC1746 を示す星団記号の縁に明るい星が弧状に描かれており，これが H Ⅶ-21 だと推測される．この謎めいたカップルは，空の暗い条件下で中口径の望遠鏡を使って見るのが，おそらくいちばんだろう．見つけるには，天界の雄牛の角にあたる，おうし座 99 番星と 103 番星を結ぶ線の中間から，やや南寄りのところを探すとよい．ここは同時に，オレンジ色に輝くアルデバラン（おうし座 α 星）と同 β 星（この星は実際には隣のぎょしゃ座と共有されている）を結ぶ線上の，やや後者寄りの場所でもある．

■ H Ⅶ-4（NGC1817）：05h12m，＋16°42′，散開星団，7.7，16′

> 星団．大型．星数多．少しだけ密．11 等級から 14 等級の星々

これは，おうし座で見られる2個の「二重星団」のうち2番めのものである（前項参照）．中口径で見ると，H Ⅶ-4はいくぶん大型の星団で，たくさんの暗い星とともに，1ダース余りの目立つ星がゆるやかに散っている．視野の広いアイピースならこれと同じ視野に入り，しかも一部重なっているのがNGC1807で，こちらはハーシェルも気づかなかったらしい（第12章参照）．このまばらな集団は，H Ⅶ-4と大きさも明るさもほとんど瓜二つだが，ほんの少しばかり星の数が多い．このペアは15〜20cm望遠鏡だとよく見えるが，どこで片方が終わり，どこでもう片方が始まるのか，その境界を定めるのは容易ではない！　両者はおうし座とオリオン座の境界，オリオン座15番星から1°余り北東寄りのところで見つかるだろう．あるいは，低倍率アイピースでまばゆく光るアルデバランを視野に入れ，そこから8°真東を掃査しても見つけることができる．

◎こぎつね座 Vulpecula

■ H Ⅶ-8（NGC6940）：20h35m，+28°18′，散開星団，6.3，31′

星団．とても明るい．とても大型．とても星数多．かなり密．いくぶん大型の星々

　はくちょう座41番星から東南に2°余り，夏の天の川が濃密な領域に，美しい星の宝石箱がぽつんとあるが，観望家からはほとんど無視されている．ここには8等級以下のサファイヤとダイヤモンドが，1個の赤い宝石と見事なコントラストを見せながら，満月とほぼ同じ広さのところに100個以上散らばっている．ここでいう1個の星とは，変光星こぎつね座FG星で，80日余りの周期で9.0等級〜9.5等級の間をゆっくりと脈動している．この大型の集団は，5cm望遠鏡でも見えるが，口径が大きくなればさらに印象的なものとなる．低倍率の広視野アイピースを使って，20cm望遠鏡で覗いたときが，そのきらめきはおそらく最高だろう．この天体は約2,500光年の向こうからわれわれを手招きしている（図9.3, p.162）．

第 9 章　クラスⅦの見どころ

図 9.3　H Ⅶ -8（NGC6940）は愛らしい散開星団だが，ほとんど無視されている．夏の天の川の濃密な領域にあり，星の宝石が 100 個以上も含まれているので，探すだけの価値は絶対にある．Courtesy of Mike Inglis.

第10章　クラスⅧの見どころ
雑然と散在した星団

　以下，星座のアルファベット順に掲げたのは，ハーシェルのクラスⅧに属する中で最も興味をそそる14個の天体である．ハーシェル名の後に続けて，対応するNGC番号（カッコ内），2000年分点による赤経と赤緯，天体の実際のタイプ（ハーシェルが割り振ったクラスとは異なる場合がある），実視等級，分（′）または秒（″）で表示した視直径，さらにもしあればメシエ番号やコールドウェル（Caldwell）番号，あるいは通称を掲げた．その次の枠囲みの太字は，NGCから採ったウィリアム卿による略語を用いた記述を普通の文に書き換えたもので，さらにその後に筆者のコメントを添えた．その中には，ちょうどハーシェル自身が行なったように，それぞれの天体を掃査して見つける際の手引きを含めておいた．

◎ぎょしゃ座 Auriga

■ H Ⅷ -71（NGC2281）：06h49m, ＋41° 04′, 散開星団, 5.4, 15′

> 星団．いくぶん星数多．ほんの少しだけ密．いくぶん大型の星々

　この明るい星の集合体は，ぎょしゃ座ψ⁷星からわずか30′余り南にある．アイピースの視野が広ければψ⁷星は星団と同じ視野に入り，より遠くにある星団とすてきな対比を見せてくれる．この集団は満月の半分ほどのところに，数ダースの星が含まれている．8cm鏡でも簡単に見えるが，20cm望遠鏡を使って低倍率で覗くと，きらめき輝くその最高の姿を見ることができるだろう．

◎カシオペヤ座 Cassiopeia

■ H Ⅷ -78（NGC225）：00h43m, ＋61° 47′, 散開星団, 7.0, 12′

> 星団．大型．少しだけ密．9等級から10等級の星々

　ほぼ"W"字形に並んだ，美しくゆったりとした星団である．見つけるには，この星座でおなじみの"W"字（または"M"字）を構成するカシオペヤ座γ星から約2°北西を掃査すること．ハーシェルのクラスⅧに属する天体は，星がまばらな

めに，もっと星が多くて密な天体よりも，個々の星を数え上げるのがずっと容易なのが普通だ．この星団の場合，15cm 望遠鏡では約 20 個の星が見え，それがかなり濃い天の川を背景に浮かんでいる．この天体もカロライン・ハーシェルが発見したものの一つだが，彼女の発見は通常彗星を掃査している最中に行なわれた．

◎はくちょう座 Cygnus

■ H Ⅷ -56（NGC6910）：20h23m，＋40°47′，散開星団，6.7，8′

> 星団．いくぶん明るい．いくぶん小型．星数少．いくぶん密．10 等級から 12 等級の星々

　これはすべてのハーシェル天体の中で，最も見つけやすいものの一つである．「北十字」を形作る星たちの中央でひときわ目立つ，はくちょう座γ星と同じアイピースの視野に入るからだ．この星団はγ星から 30′ ばかり北東にあって，この星の輝きと小気味よい対照を見せている．しかし，使用する望遠鏡の大きさと倍率によっては，この星団を眼視で観測しても，いささかがっかりするかもしれない．15～20cm 望遠鏡で見ると，差し渡し 8′ ほどの範囲に約 40 個の星が見えるにもかかわらず，ハーシェルはこの星団を少数の星が散在しているだけだと考えた（彼はこのクラスに属する天体の多くを，そのようなものと考えた）．しかし実際には，ごく低い倍率で見ると，この天体はかなり星の数が多いように見える．8～10cm の口径で低倍率を使って覗くのも面白い．霞がかった小さな星の集団と，その脇にある明るい星が，天の川の濃密な領域に浮かんでいる．ここでちょっと一服して，全メシエ天体の中で最も無視されがちなものの一つを見てみよう．すなわち，小さな台形をした星団 M29 で，γ星から 1.5°南，わずかに東寄りのところにある．この天体はずんぐりしたひしゃく，ないしプレアデス星団の小型版に見立てられてきた．

◎とかげ座 Lacerta

■ H Ⅷ -75（NGC7243）：22h15m，＋49°53′，散開星団，6.4，21′，＝ Caldwell 16

> 星団．大型．星数少．少しだけ密．とても大型の星々

　このクラスで，コールドウェルのリストにも見どころとして挙がっているのは二つしかないが，その一つがこの愛らしい星団だ（もう一つはこぎつね座の H Ⅷ -20．次項）．見つけるには，とかげ座α星（天の川の美しい領域に孤立して存在する）か

ら約2°西，わずかに南寄りのところを掃査すること．そこには，約40個の星の宝石が集まってざらりと飛散し，それがほぼ三角の形に並んでいる．全体の光景をいっそう印象深くしているのは，この星団の中心付近にある，かなり暗いけれども魅力的な三重星だ．これはストルーベ2890番星で，それを構成する8等級，8等級，そして9等級の各要素は，それぞれ9″と73″離れている．H Ⅷ -75 はごく小さな望遠鏡でも見えるとはいえ，口径が大きくものをいう天体だ（それに加えて低倍率と広い視野も必要）．ハーシェルは，彼の大反射望遠鏡で見たにもかかわらず，この天体を星の数が少ないと見なしたが，彼の望遠鏡は視野が狭かったし，特に掃査の際には比較的高倍率を使ったために，なおさら視野が狭まったせいだろう．暗い晩に25〜30cmの短焦点ドブソニアン式反射望遠鏡で見ると，本当に心に残る光景だ．この広く散在した一団は，われわれから約2,800光年の距離にある．

◎いっかくじゅう座 Monoceros

■ H Ⅷ -25（NGC2232）：06h27m，− 04° 45′，散開星団，3.9，30′

明るい星（いっかくじゅう座10番星）に加えて星団

さて，非常に明るいために肉眼でも見えるハーシェル天体の登場だ！　といっても，それはこの星団が，いっかくじゅう座10番星という5等星を取り巻いているからに過ぎないのだが．この集団は1ダースかそこらの明るい星からできており，それらがまるで夜の街灯に集まる虫のように，中心にある青白い星の周りに群れている．個々の星は5〜8cm望遠鏡でも見えるほど明るいが，15〜20cmで見た眺めの方がずっと面白い．ただし，ウィリアム卿のそっけない記述から判断すると，彼はあまりこの天体に興味を持たなかったらしい．H Ⅷ -25 を見たら，次にそこから2°ちょっと南下して，驚くべき星，いっかくじゅう座β星を見てみよう．これもハーシェルが発見した天体——ただし，二重星・多重星の分野における——の一つだ（ハーシェルの星団・星雲を探求している途中とはいえ，彼の足跡をたどる者としては，これを無視することはできない！）．「ハーシェルの驚異星」（Hersche's Wonder Star）として有名な，この壮麗な三重星系は，使っているのが10cm鏡にせよ36cm鏡にせよ，実に忘れがたい光景だ！

■ H Ⅷ -5 = H Ⅴ -27（NGC2264）：06h41m，+ 09° 53′，散開星団，3.9，20′，クリスマスツリー星団（Christmas Tree Cluster）

第 10 章　クラス Ⅷ の見どころ

> いっかくじゅう座 15 番星．星団．二重星．不確かな（questionable）星雲状物質

　これも肉眼星を取り囲む星団のもう一つの例だが，しかし，こちらはさらに星雲状物質も伴っている．この肉眼星は，いっかくじゅう座 15 番星という 4 等星で，わずかに明るさが変化するため，いっかくじゅう座 S 星という名でも知られている．この星団は 2 ダースほどの星からなる大きく明るい集団で，それがちょうど上下逆のクリスマスツリーの形になっているのが目を引く（想像力の貧しい観望家は，ここにツリーの代わりに逆向きの矢印を見る）．ごく小さな望遠鏡でも明瞭だが，15 〜 20cm の機材で見ると，おそらくいちばんよく見える．いっかくじゅう座 15 番星はツリーの根元の位置にあって，ハーシェルが「二重星」と呼んだものだが，この天体は実際には多重星である．というのも，離角 3″ という近接した場所にある 7.4 等級の伴星以外に，156″ のところに 7.7 等星もあるからで，ふつうこの天体は三重星系と見なされている．しかし，ここにはさらに半ダースほどの，10 等級という暗さの遠い伴星があり，いずれも星団自体を構成する星と区別するのがむずかしい．ハーシェルが星雲状物質ではないかと疑ったのは（そのために上記のように二つの名称がつけられた），今日では「コーン星雲」（Cone Nebula）として知られるものだ．これは「くさび」ないし「じょうご」の形をした暗いガスと塵で，ツリーの頂点から南方に延びている．写真で見ると実に印象的な光景だが，眼視では（空の条件がきわめて良好なときに，大型のアマチュア用望遠鏡を使って見るのでない限り）ぽん

図 10.1　H Ⅷ -5 = H Ⅴ -27（NGC 2264）は，クリスマスツリー星団のことである．この大型で明るい星のダイヤモンドの飛沫は，逆向きのツリーの形をしており，比較的明るい，いっかくじゅう座の 15 番星が「幹」の根元を表わしている．この拡大写真は，ツリーの一部を示す〔15 番星はこの写真の上方にはみだしている〕．また，その下の方で暗い光を放っているのは「コーン星雲」で，これが H Ⅴ -27 である（そのため，この天体は二つの名称を持っている）．
Courtesy of Mike Inglis.

やりとして，かすかに見るのもむずかしい．驚いたことに，この美しいクリスマスツリー星団は，コールドウェルのリストに載っていない．この天体は目当てとなる明るい星を直接狙ってもいいし，もっと明るいふたご座γ星の約6.5°南，わずかに東寄りのところを掃査しても見つけることができる（図10.1）．

◎へびつかい座 Ophiuchus

■ H Ⅷ-72（NGC6633）：18h28m，+06°34′，散開星団，4.6，27′

> 星団．少しだけ密．大型の星々

この星座の広大さにもかかわらず——そして明らかに球状星団は豊富なのに——この天体はここでは唯一まともな散開星団だ！　これもまたカロライン・ハーシェルのすばらしい発見の　つである．ここにあるのは，50個以上の星からなる，大きくて明るい，散在した一団で，実際あまりにも明るいので，暗く透明な晩には肉眼でも見える．この天体の輪郭はいくぶん細長く非対称なので，昔のある観望家はこれを「愛らしい，大きな……おかしな形をした……ばらけた奴！（A lovely, great, straggling thing…… of an absurd shape!)」と書いた．ここで重要なのは，機材の大きさよりも視野の広さで，10〜20cm級の広視野望遠鏡（RFT）ならば美しい眺めを楽しめる．へびつかい座とへび座の境界線上，天の川の濃い星域に比較的孤立して存在するため，美しい二重星へびつかい座θ星の約7°北西を，注意深く掃査する必要がある．その途中で，読者はへび座にある大きくまばらな散開星団IC4756に出くわすだろう．これはハーシェル自身も含め，初期の望遠鏡観測家の多くが見落としたものだが，それは満月の2倍近くあるという，その巨大な見かけの大きさのせいだ（ちなみに，これは『索引目録』（Index Catalogue）の番号を持ちながら，肉眼でも見えるという，非常にまれな天体の一つである）．H Ⅷ-72自体は，約1,000光年の距離にある．

◎オリオン座 Orion

■ H Ⅷ-24（NGC2169）：06h08m，+13°57′，散開星団，5.9，7′，「37」星団（The "37" Cluster）

> 星団．小型．少しだけ星数多．いくぶん目立って密．二重星ストルーベ848番星

20個ほどの星からなるこの小さなグループは，オリオン座のξ星やν星とともに

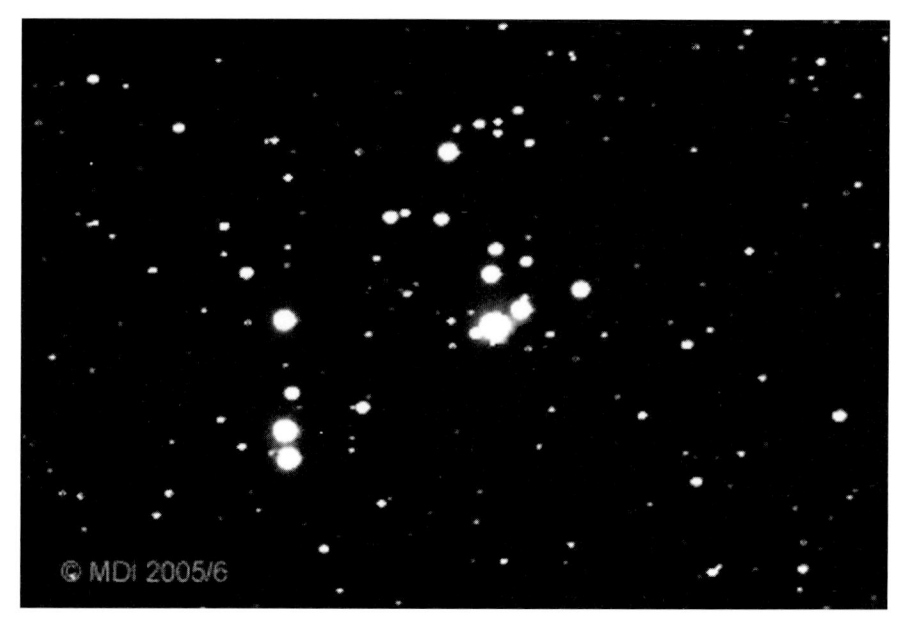

第10章　クラスⅧの見どころ

図 10.2　H Ⅷ -24（NGC2169）は，その特異な星の並びから「37」星団の名で知られる．この天体は，実際にはかなり密集した一団なので，クラスⅧよりもクラスⅦに所属する方が適当に思える．Courtesy of Mike Inglis.

直角三角形を構成し，その〔南西にあたる〕直角の位置を占めている．この二人の見張り番は，星団から 1°以内のところにあり，低倍率の広視野望遠鏡ならばすべて一緒に眺めることができる．この星団はクラスⅧの天体にしては，いくぶん密集しており，また上掲の 7′ という値よりも大きく見える．この星団の特異な名前は，その星の並び方からつけられた．そして，ちょっと想像力を働かせれば，本当に星で綴られた 37 という数字が見えてくる．この星団の内部にあるのが，暗い多重星・ストルーベ 848 番星だ．これは 8 等級の主星と 9 等級，9 等級，そして 10 等級の伴星からなり，離角はそれぞれ 3″，28″，43″である．それらをよく見ようと思ったら，最低でも 15cm は必要だ．ハーシェルはこれを単なる二重星と見ていたことに注目（図 10.2）．

◎とも座 Puppis

■ H Ⅷ -38（NGC2422）：07h37m，− 14°30′，散開星団，4.4，30′，= M47

> 星団．明るい．とても大型．いくぶん星数多．大小の星々

雑然と散在した星団

　これもまた位置の記録を間違えたために「消えた」(missing) メシエ天体として有名なものの一つだ．これはメシエによって，隣接する散開星団 M46——ここには惑星状星雲 H Ⅳ -39 (NGC2438，第 6 章参照) が含まれる——と同時に発見されたが，後に行方不明となった．そういうわけで，ハーシェルによるこの天体の発見は独立発見であり，なぜ M47 がそのカタログに載っているかも，それで説明がつく．おおいぬ座 β 星からシリウスを通る線を引き，それを延長すると M47 をぴたりと指す．この豪壮華麗な領域を通って，シリウスの約 12°東，そして 2°北へとゆっくり掃査すれば目的の天体に到達し，そのわずか 1.5°東には M46 がある．この大型で散在した集団には，少なくとも 1 ダースの明るい星と多くの暗い星が含まれ，それらが天の川の星屑を背景に浮かんでいる．10 〜 20cm 望遠鏡で見ると，星のサファイヤやダイヤモンドがきらめく真ん中に，美しい色合いの宝石がたくさん見える．またその中央付近にはすてきな二重星もある．ストルーベ 1121 番星で，ほぼ同じ外見をした 7.5 等級の青白い星 2 個からできており，両者は 7″離れている．驚くべきことに，このペアは 8cm 鏡でも明らかだというのに，ハーシェルはそれについて何も述べて

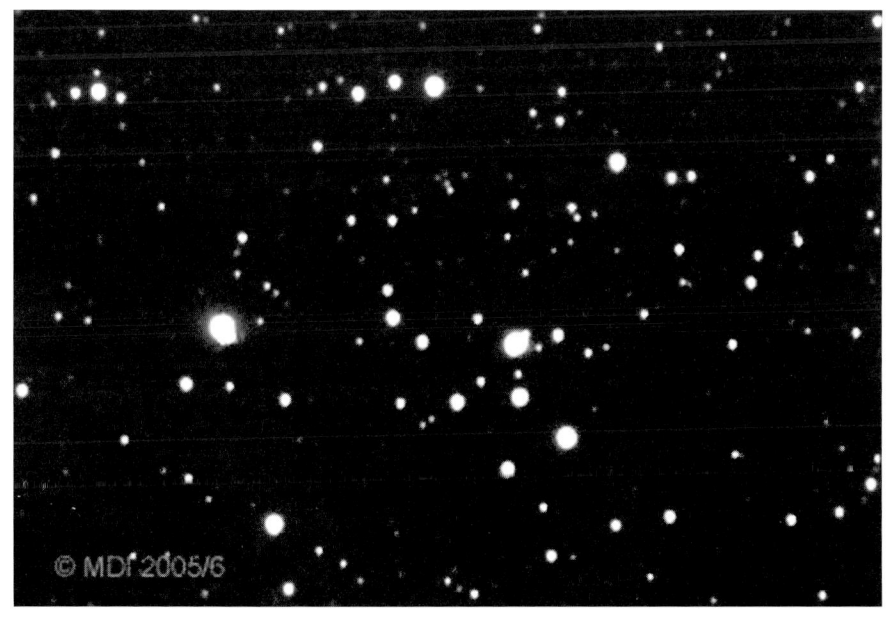

図 10.3　H Ⅷ -38 は，今日では M47 の名でよく知られている．しかし，大型で明るく，星の数も多いこの集団は，メシエによってカタログに記載されたものの，報告された位置に間違いがあったために，後の観測家はそれを見つけられなかった．この間違いが最終的に判明するはるか以前に，ハーシェルは独自にこの天体を見つけ出し，自分のカタログに載せた．Courtesy of Mike Inglis.

いない．H Ⅷ-24 までの距離は 1,500 光年で，深宇宙の宝物に満ちた冬のワンダーランドの真っ只中にある（図 10.3, p. 169）．

■ **H Ⅷ-1（NGC2509）：08h01m，− 19°04′，散開星団，9.3，4′**

| 星団．明るい．いくぶん星数多．少しだけ密．小型の星々 |

　この小さな空の宝石箱は，どうもクラスⅧの一員としてふさわしくないように思うので，あえてここに挙げておこう．約 40 個の星がわずか 4′ の空域に詰め込まれているので，この天体は星が豊富で凝縮しているように見える．決して「雑然と散在」などしていない！　通常は「とても星の数が多く密集した星団」（very rich and compact cluster）に分類されており，こちらの方がアイピース越しに見える姿にずっと近い．この星団に属する星たちはかなり暗いので，十分に見ようと思ったらかなりの口径が必要だ．最低でも 25cm 以上を推奨する．この天体を見つけるには，少し用心してスターホッピングと掃査をする必要がある．場所はとも座 ρ 星のほぼ 6°北東，あるいは，とも座 16 番星から約 2°西，そこからわずかに北寄りの，天の川の濃密な星野の中である．うまく見つかったら，読者はこの天体をどのハーシェル・クラスに入れたいと思うだろうか？

◎たて座 Scutum

■ **H Ⅷ-12（NGC6664）：18h37m，− 08°13′，散開星団，7.8，16′**

| 星団．大型．いくぶん星数多．ほんの少しだけ密 |

　この星の群れは，たて座 α 星のわずか 30′ 東にあって，アイピースの同じ視野に入る．そのため見つけるのも至極簡単で，α 星とそれよりもずっと暗い星団を構成する星たちとが，すてきな対照を見せてくれる．この天体はどうやら観望家にあまり知られていないようだが，貴重な星団，星雲，銀河が，さらに有名で見ごたえのある深宇宙の驚異の陰に隠れて目立たずにいるという例は本当に多い．H Ⅷ-12 の場合，その北東にある散開星団 M11 がそれで，「スミスの野鴨星団」（Smyth's Wild Duck Cluster）として有名だ．ここには 2 ダースほどの星が，天の川のこれまた濃密な領域に，かなり大きく散在した集合体を作っているのが見える．個々の星は暗めなので，よく見るためには，暗い晩に最低でも 15cm の望遠鏡を使う必要がある．

雑然と散在した星団

◎おうし座 Taurus

■ H Ⅷ -8（NGC1647）：04h46m, + 19°04′，散開星団，6.4，45′

| 星団．とても大型．大型の散在した星々 |

　アルデバラン（おうし座α星）の3.5°北東にあって，これも無視されている深宇宙の驚異の一例だ．この天体の場合，そのすぐ南西にある，肉眼でも輝いて見えるヒアデス星団の陰に隠れている．ハーシェルの短い記述は，この愛すべき天体の良さを十分表現しているとは言いがたい．ここには1ダース余りのかなり明るい星が，多くの暗い星とともに，満月よりも広い範囲に散らばっているのが見つかる．すぐ目につくような二重星も数多く，それらが一面に散在しているし，星団の南端には2個の目立つ星もある．公式には，この星団は8等級およびそれ以下の星を約25個含んでいると表示されている．そしてこの記述は，低倍率の8〜10cm鏡で覗いたときに見えるものを，実にうまく言い当てている．しかし，さらに大口径になると話は違ってくる．ただし，星団全体を一望できるほど十分に視野が広ければの話だが．大きな短焦点のドブソニアン式反射望遠鏡で覗くと，熟練した観測者なら，ここに200個もの星を見ることができる．その場合，この天体はいくぶん星数の多い散開星団と見なすことができるだろう．だがハーシェルは，上掲の説明文の中で，この点について何も表示していない．ここに見える暗い星のうち，少なくともいくつかのものは，背景となっている天の川の一部であり，星団そのものを構成する実際のメンバーではない可能性も大いにある．

◎こぎつね座 Vulpecula

■ H Ⅷ -20（NGC6885）：20h12m, + 26°29′，散開星団，6.7，7′，= Caldwell 37

| 星団．とても明るい．とても大型．星数多．少しだけ密．6等級から11等級の星々 |

■ H Ⅷ -22（NGC6882）：20h12m, + 26°33′，散開星団，8.1，18′

| 星団．星数少．少しだけ密 |

　これは興味深いが，事実上ほとんど知られていない二重星団である．二つのうち，H Ⅷ -20はより明瞭な方で，肉眼でも見えるこぎつね座20番星を取り巻いている．この天体は，約3ダースとかなり数は多いものの散在している星の群れだ．その伴星団がH Ⅷ -22で，一部重なっている．こぎつね座19番星が2個の暗い星とともに

第 10 章 クラス Ⅷ の見どころ

その北端にあって，北の境界を区切り，こぎつね座 18 番星がそのすぐ北西にある．この一団〔H Ⅷ-22〕は，H Ⅷ-20 の半数以下の星がその倍以上の広さのところに散らばっている．その結果，見た目は非常にまばらだ．だからこそウィリアム卿はこれを「星数少」の星団と呼んだのだ．この双子の星団をはっきりと認めるには，最低でも 15cm の望遠鏡と暗く透明度の高い晩が必要だ．その場合でも，一方の星団がどこで終わり，他方がどこから始まるのかを決定するのは，真にむずかしい作業だ（あるいは使うのが小型の機材だったら，どちらの天体にしろ，まず位置を探ること自体がむずかしい）．ところで，H Ⅷ-20 の実視等級を各種の資料は，5 等級の明るさとしたり，9 等級の暗さとしたりしている．これらの値が間違っていることはほぼ確実だ．そして最初に出たハーシェル・クラブのマニュアル本で，H Ⅷ-22 を 5.5 等級としているのも，同様に正しくないように思う．二つの星団の明るさとして上に掲げた値こそ，望遠鏡で実際目にするものと合致しているように思う．なお，コールドウェルのリストでは，二重星団のうち，より目立つ方しか認めていないらしいことにも注意．

第11章 クラスⅡとⅢの例
暗い星雲と非常に暗い星雲

　未来のハーシェル・クラブ会員にとって，より取り組みやすい目標リストとするには，ハーシェルのクラスⅡ（暗い星雲）とクラスⅢ（非常に暗い星雲）に属する天体を割愛した方がよいと，筆者はずっと主張してきた．しかし，この二つのクラスにも，いろいろな理由から——いわゆる「見どころ」にはあたらないにしろ——魅力的な観望対象となる少数の（非常に少数の！）天体が含まれることは認めよう（この天界の見どころという問題について，筆者は50年以上にわたって何百種類ものサイズ，タイプ，構造の望遠鏡を使い，貴重な空の宝を探す天界の旅を続けてきた．その成果の　つが，拙著『天界の贈り物——望遠鏡による観望・観想に適した300余の宇宙の見どころ』(*Celestial Harvest*: *300-Plus Showpieces of the Heavens for Telescope Viewing and Contemplation*)で，これは2002年にドーバー社から再刊された）．

　以下，これら二つのクラスの天体が実際どんな風に見えるのか，自ら確かめたいと思う読者のために，ハーシェルのクラスⅡとⅢに属する天体を18項目（二つの名前を持つ2項目を含む），星座のアルファベット順に掲げた．ハーシェル名の後に続けて，対応するNGC番号（カッコ内），2000年分点による赤経と赤緯，天体の実際のタイプ（ハーシェルが割り振ったクラスとは異なる場合がある），実視等級，分（′）または秒（″）で表示した視直径，さらにもしあればコールドウェル（Caldwell）番号や通称を掲げた．その次の枠囲みの太字は，NGCから採ったウィリアム卿による略語を用いた記述を普通の文に書き換えたもので，さらにその後に筆者のコメントを添えた．これらの目標大体はすべて20cm望遠鏡で見えるし，空の条件さえ良ければ，大半はその半分のサイズでも見ることができる．

◎アンドロメダ座 Andromeda

■ HⅡ-224（NGC404）：01h10m，+35° 37′，銀河，10.1，3′×3′，偽りの彗星（False Comet）

> いくぶん明るい．かなり大型．丸い．中央部でゆるやかに増光．南東にアンドロメダ座β星

　この小さなぼんやりした滲みは，アンドロメダ座β星からわずか角度6′のところ

173

第11章　クラスⅡとⅢの例

にある．実際，あまりにもβ星に近いため，わりと最近まで星図帳にはこの天体がプロットされてこなかった．その結果，これに出くわした観望家の多くが，自分は彗星を発見したのだと考えた．またそれ以外の人は，β星自体の光の反射だろうとあっさり無視した．幸い，現代のすぐれた星図帳の多くは，β星の恒星記号を一部切り取って，銀河の記号も表示できるようにしてある．このおぼろな天体は，実際には8cm鏡でもかすかに見えるが，その存在をはっきりさせるには最低15cmが必要だ．

◎わし座 Aquila

■ H Ⅲ -743（NGC6781）：19h18m，+ 06° 33′，惑星状星雲，12.5，10.5″，シャボン玉星雲（Soap Bubble Nebula）

> 惑星状星雲．暗い．大型．丸い．円板の中央部でとても急に増光．北東に小さな星

しばしば天体写真の被写体となるが——そして，熟練した観望家は，暗い空の下なら10cm鏡でも狙えると主張しているものの——このかすかな球体は，眼視だと非常に捉えにくい．資料によってはここに掲げた値より1等級明るいとするものもあるが，

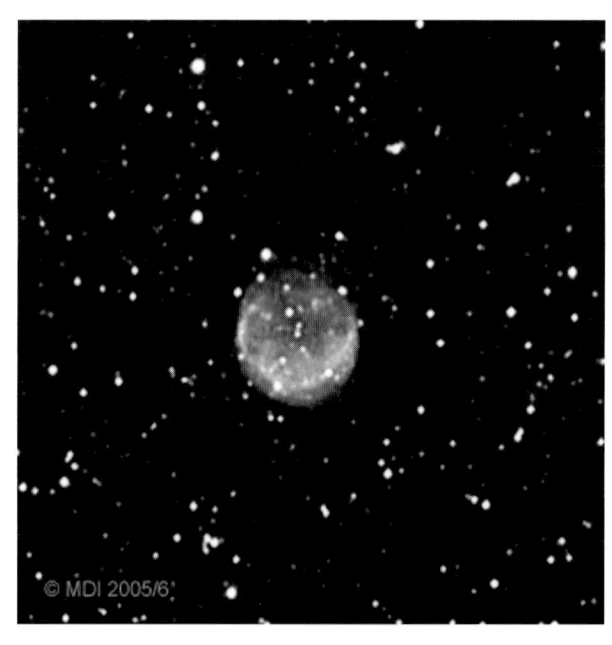

図11.1 シャボン玉星雲として知られるH Ⅲ -743（NGC6781）は，ふつうのアマチュア用望遠鏡を使う限り，眼視ではとても暗い．ウィリアム卿がこれをクラスⅢに入れたのはまったく正しい．Courtesy of Mike Inglis.

それでもアイピース越しに見た表面輝度がとても低いことに変わりはない（図 11.1）.

◎カシオペヤ座 Cassiopeia

■ H Ⅱ -707（NGC185）：00h39m, + 48°20′, 銀河, 9.2, 17′ × 14′, ＝ Caldwell 18

> いくぶん明るい．とても大型．いびつな丸．中央部でとてもゆるやかに大きく増光．分離可（斑状，未分離）

　この天体は，アンドロメダ銀河（M31）の「その他2個」の伴銀河の一つである（伴銀河としてよく知られ，位置的にも近いのは M32 と M110 だ）．この天体は，もう一つの伴銀河 NGC147 の近くにあるが，第 12 章でも述べるように，ハーシェルは後者を見ていない．二つの銀河は明るさも見かけの大きさもほぼ同じだが，大きさがかなり大きいため，表面輝度は低い．ハーシェルは H Ⅱ -707 を分離可能，ないし斑状の外観をしていると感じたことに注意してほしい．二つの銀河は M31 本体からかなり遠いので（実際，別の星座にある！），両者をアンドロメダ大銀河の「お供」（companions）と見なすことに，筆者はいつも抵抗を感じる．

◎くじら座 Cetus

■ H Ⅱ -6（NGC1055）：02h42m, + 00°26′, 銀河, 10.6, 8′ × 3′

> いくぶん暗い．かなり大型．80度の方向に不規則に延伸．中央部で増光．北 1′のところに 11 等級の星

　これはかなり暗い，エッジオンの渦巻銀河だ．よく知られた，コンパクトな銀河 M77 の 30′ 北西にあって，アイピースでは同じ視野に入る．資料によっては，このハーシェル天体を 12 等級の暗さとするものもあるが，その方が小型望遠鏡で見た姿にずっと近い．この二つの天体は，実際に小さな銀河群の一部であり，その中で最大のものが M77 だ（図 11.2, p.176）．

◎かみのけ座 Coma Berenices

■ H Ⅱ -391（NGC4889）：13h00m, + 27°58′, 銀河, 11.5, 3′ × 2′, ＝ Caldwell 35

> いくぶん明るい．いくぶん大きく延伸．中央部で増光．北に 7 等級の星

第 11 章　クラス II と III の例

図 11.2　H II -6（NGC1055）は非常に暗い渦巻銀河で，アイピースの視野が広ければ，明るい銀河 M77 と同一視野に入る．この天体は，公表されている等級よりもずっと暗く見える．そうした事実を斟酌すれば，読者にはこの天体の実在を信じてもらえるだろうが，大半の観望家は，そうした天体があろうとは思ってもみないだろう！　Courtesy of Mike Inglis.

　このちっぽけな天体は，距離の遠い「かみのけ座銀河団」のメンバーの中では，最もよく見えるものだ．資料によっては，この天体は 13 等級という暗さで，大きさもここに掲げた値の半分以下しかないとするものもある．いずれにしても，ふつうのアマチュア用望遠鏡にとって容易ならぬ相手であることは間違いない．もし筆者が，この天体のハーシェル・クラスを推測する立場に置かれたら，クラス II ではなく III にするにちがいない．これはそれほど暗く，見えにくいのだ！

◎りゅう座 Draco

■ H II -759（NGC5907）：15h16m，＋ 56° 19′，銀河，10.4，12′ × 2′，木っ端銀河（Splinter Galaxy）

> かなり明るい．とても大型．155 度の方向にとても大きく延伸．中央部は，中心核にかけてとてもゆるやかに，次いでとても急に増光

　これは既知の銀河としては最も平たいものの一つで，細長く，薄く，暗い筋のように見える．名前は，そうした様子をよく表わしている．暗い晩には口径 10 〜

暗い星雲と非常に暗い星雲

13cmでもかすかに見えるが，その見え方を味わうには，最低でも20〜25cmが必要だ．この天体は，実際ハーシェルのクラスIIで見られるものとしては魅力的なものの一つで，大口径ドブソニアンで見るならば，見どころの一つだと思える（図11.3）．

◎ふたご座 Gemini

■ H II -316/317（NGC2371/2372）：07h26m, +29° 29′, 惑星状星雲, 12.0, 55″

〔H II -316〕明るい．小型．丸い．中央部は中心核にかけて増光．二重星雲の西側
〔H II -317〕いくぶん明るい．小型．丸い．中央部は中心核にかけて増光．二重星雲の東側

この暗い，二つの裂片を持つ（double-lobed）惑星状星雲が，なぜ二つのハーシェル名を持つのか，その理由を知るには，大気の安定した晩に30cm以上の口径で高倍

図11.3 H II -759（NGC5907）は，巧みなネーミングで知られる木っ端銀河（Splinter Galaxy）のことである．このいくぶんぼんやりした渦巻銀河は，中〜大口径で眺めるのがいちばんだ．そうすると，きわめて細い光の線ないし光のかけらのように見える．その眺めを味わうためには，きわめて暗い空が必要だ．
Courtesy of Mike Inglis.

率を使う必要がある．筆者の個人的経験からもいえるが，低倍率で掃査していると，確かにこれは非常に見落としやすい対象だ（図 11.4）．

◎ヘルクレス座 Hercules

■ H Ⅱ -701（NGC6207）：16h43m，＋ 36°50′，銀河，11.6，3′ × 1′

> いくぶん明るい．いくぶん大型．約 45 度の方向に延伸．中央部でとてもゆるやかに大きく増光

　この暗い小さな渦巻銀河は，もし孤立して存在していたら，決して観望家に気づかれることはなかったろう．しかし，実際には壮麗なヘルクレス座の球状星団（M13）——全天で最も大きく，明るく，すばらしい球状星団の一つ——と同じアイピースの視野に入っている．位置は，このきらめく星の巣の外縁部から 30′ ばかり北東に行ったところで，15cm 以下の望遠鏡で見つけるには細心の注意が必要だ．深宇宙の驚異を眺める際，極端に大きな「視界の奥行き」（depth of field）の見られることがあるが，

図 11.4　H Ⅱ -316/317（NGC2371/2372）は，ハーシェルが分類したような〔散光〕星雲ではなく，双極性の暗い惑星状星雲である．だが，ハーシェルに対する公平さを欠かないようにいっておくと，この天体は確かに普通一般の惑星状星雲のようには見えない．Courtesy of Mike Inglis.

これはその最良の例の一つである．というのも，この銀河は M13 までの 24,000 光年という距離の約 2,000 倍も遠くにあるのだ（図 11.5）．

◎うみへび座 Hydra

■ H Ⅱ -196（NGC5694）：14h40m，− 26°32′，球状星団，10.2，4′，= Caldwell 66

> かなり明るい．かなり小型．丸い．中央部でいくぶん急に増光．分離可（斑状，未分離）．南西に 9.5 等級の星

この暗い星の球は，サイズが小さく，また高度がかなり低いために，いささか見つけにくい．位置は 5 等星であるうみへび座 56 番星から西へ約 2°，そこから 30′ 南へ行ったところにある．これが球状星団だとわかるためには，暗い夜と安定した空，そして最低でも 20 〜 25cm の口径が要る．

図 11.5　H Ⅱ -701（NGC6207）は暗い小さな渦巻銀河で，見事なヘルクレス座の球状星団のすぐ北東にある．星団本体との相対的な位置関係がわかっていてさえ，空の条件次第で，この天体は非常に見つけにくい場合がある．これは間違いなくクラスⅡに属する天体だ．いや，それよりもクラスⅢに含めるべきだ　この天体を探し求めた挙句，そう考える観望家もいるかもしれない．Courtesy of Mike Inglis.

第 11 章　クラス II と III の例

◎しし座 Leo

■ H II -44/45（NGC3190/3193）：10h18m，+ 21°50′，銀河，11.0/10.9，5′× 2′/3′，ヒクソン銀河群 44 番（Hickson Galaxy Group #44）

> 〔H II -44〕明るい．いくぶん小型．延伸．中央部は，中心核にかけていくぶん急に増光
> 〔H II -45〕明るい．小型．ほんの少しだけ延伸．中央部でいくぶん急に少しだけ増光．354 度の方向 80″のところに 9.5 等級の星

これら二つの暗く小さな天体は，「獅子の大鎌」を形作る美しい二重星アルギエバ（しし座γ星）としし座ζ星の中間にある小ぶりな銀河群の中で，最も明るいメンバーだ．両者は星界の明るいランドマークの中間に位置しているので，自分は今正しい場所を見ているはずだと確信するのはやさしい．しかし，小型の機材で見ている限り，両者を実際目にしていると確信できるかどうかは，また別の問題だ！　ここでは最低でも口径 15cm を推奨する．アイピースの中で，この 2 個のハーシェル天体は 2, 3 分角の距離をおいて，さらに暗い数個の銀河の間に浮かんでいる（図 11.6）．

図 11.6　H II -44/45（NGC3190/3193）は，ヒクソン銀河群 44 番（しし座の頭部，γ星とζ星の中間に存在する）という小さな銀河の群れの中では，最も明るいメンバーだ．ここで「最も明るい」という表現は誤解を招くかもしれない．これらの暗い天体は，確かにハーシェルによってクラス II に置かれただけのことはあるのだから．Courtesy of Mike Inglis.

■ HⅡ-52(NGC3626):11h20m,+18°21′,銀河,11.0,3′×2′,= Caldwell 40

明るい.小型.ほんの少しだけ延伸.中央部で急に増光

この渦巻銀河をここに挙げたのは,パトリック・ムーア卿が自分のコールドウェル・リストに含めるだけの意義をこの天体に見出しているからという,ただそれだけの理由による.しかしこの天体は,小さくて暗い,そして見栄えのしない銀河の一つにすぎず,ハーシェルのクラスⅡとⅢに含まれる多数の天体の中でもありふれた存在だ.

◎ペガスス座 Pegasus

■ HⅡ-240(NGC7814):00h03m,+16°09′,銀河,10.6,6′×2′,= Caldwell 43/電気アーク銀河(Electric Arc Galaxy)

かなり明るい.かなり大型.延伸.中央部でとてもゆるやかに増光

このエッジオンの銀河は,写真に写った印象的な姿から,その名がついた.写真では,赤道面のダストレーンと中心核のバルジによって,名前の由来そのままの姿が見られる.しかし,眼視で同様の効果を目にするには,最低でも30〜36cmの口径が必要だ.この天体は12等級の暗さしかないとする資料もあるが,その方がアイピース越しに見た姿にぴったりくる(図11.7).

図 11.7 HⅡ-240(NGC7814)は,写真に写った印象的な姿から「電気アーク銀河」の名で知られる.眼視では非常に暗い天体で,公表されている値より少なくとも1等級は暗く見える.
Courtesy of Mike Inglis.

第11章　クラスⅡとⅢの例

◎いて座 Sagittarius

■ HⅡ-586（NGC6445）：14h49m，－20°01′，惑星状星雲，12.0，38″×29″，三日月星雲（Crescent Nebula）

> いくぶん明るい．いくぶん小型．丸い．中央部でゆるやかに増光．分離可（斑状，未分離）．北西に15等級の星

　この挑戦しがいのある天体は，「三日月星雲」の名を持つ二つの星雲のうちの一つである（もう一つは，第6章で述べた，はくちょう座のHⅣ-72/NGC6888）．この天体は，実際ハーシェルのクラスⅢに入れられてもおかしくないほど，とても暗いので，

図11.8　HⅢ-150（NGC604）は，巨大な渦巻銀河M33（さんかく座銀河，あるいは回転花火銀河の名で有名）の中にいくつか埋め込まれた，明るい星雲状物質の集塊の一つだ．広大な銀河間空間を隔てた，別の銀河の内部にある天体のうち，小型望遠鏡でも実際に見えるものは非常に少ないが，これはその一つだ（写真は銀河の複雑な中心部周辺を示しており，HⅢ-150自体は画面の右下にはみだしている）．この天体に関しては，ハーシェルのクラスⅢ天体の標準からすると，さほど見るのはむずかしくないので，クラスⅡに格上げしてはどうかと感じている観望家もいる．Courtesy of Mike Inglis.

その明るさを 1 等級暗く見積もる観望家もいる．ハーシェルはこれを分離可能ないし斑状の外見をしていると考えたことに注目．ここで唯一真に興味深いのは，（第 5 章で触れたように）球状星団 H Ⅰ -150（NGC6440）がアイピースの同じ視野に入り，二つのクラス間の印象的な対比が見られることだ！

◎さんかく座 Triangulum

■ H Ⅲ -150（NGC604）：01h34m，+ 30° 39′，散光星雲，11.0，1′

明るい．とても小型．丸い．中央部でごくわずかに増光

　この小さな暗い天体が星雲として特筆される点は，これが別の銀河中に存在することだ！　この天体は，「さんかく座銀河」の優美な渦状腕の一つに埋め込まれている（この銀河は，時に「回転花火銀河」（Pinwheel Galaxy）とも呼ばれる．ただし，おおぐま座 M101 にも同じ名前がついている）．位置は，同銀河の中心核から北東に約 10′ のところだ．この小さな星雲は，H-Ⅱ領域として知られる，星を形成する小区域で（この名はハーシェルとは関係ない〔＝電離水素領域の意〕），われわれの銀河系にある有名なオリオン星雲（M42/43）の約 30 倍の大きさがある．約 300 万光年という膨大な距離を隔ててもなお目に見えるのは，その大きさが理由である．10cm 鏡でも見えるが，よく見ようと思ったら，その倍の口径が必要だ（図 11.8）．

◎おとめ座 Virgo

■ H Ⅱ -75（NGC4762）：12h53m，+ 11° 14′，銀河，10.2，9′ × 2′，凧（The Kite）

いくぶん明るい．31 度の方向に著しく延伸．南に 3 個の明るい星．2 個の［星雲の］うち東側

　このエッジオンの銀河は，一方の端が並はずれて長く延びているので，昔の観望家はそれを見て凧を連想した．また，この銀河は 3 個の恒星とともに整然としたグループを構成している．その光景をさらに見応えあるものにしているのは，10.6 等級で 5′ × 3′ の大きさを持つ棒渦巻銀河 H Ⅰ -25（NGC4754）で，この天体からはわずか 11′ 南東の位置にある．このことによって，クラスⅠとⅡの天体がアイピース中の非常に近い位置に入り，両者を実際に見比べるというすばらしい機会が得られる．ただし，そのためには最低でも 15cm 鏡で見ることをお勧めする（H Ⅱ -75 は H Ⅰ 25 よりも 0.5 等級明るいと表示されているが，前者は後者よりも暗いように見えること

に注意してほしい．サイズが大きく，表面輝度が低いためだ）．

■ H Ⅱ -297（NGC5247）：13h38m，− 17° 53′，銀河，10.5，5′

> きわめて注目に値する．かなり暗い．とても大型．中央部は，大型の中心部に
> かけてとてもゆるやかに，次いでいくぶん急に大きく増光

　この天体と，NGC に書かれたハーシェルの記述には，いくつかの謎がある．彼は明らかにそれを見て興奮し，（略語を用いた記述の中で）「2 個の花丸」（two thumbs up）をつけている．つまり，彼はこの天体を「きわめて注目に値する」（remarkable — very much so）と見なしたのだ．にもかかわらず，それに続けて「かなり暗」く「とても大型」だとも書いている．いずれのコメントも，上に掲げた現在のカタログ・データとは一致しない．ひょっとして，彼が見たのは別の天体で，それを H Ⅱ -297 と誤って記載した可能性はないだろうか？　もしそうだとしたら，それは何で，どこにあるのだろう？　いずれにしても，この銀河が上記のとおり本当に 10.5 等級だとしたら，それがクラスⅡの仲間に入らないことは確かだ．しかし，資料によっては，この天体が 12 等級の暗さしかないと見なすものもあり，その方がハーシェルの目にしたものや，彼の分類根拠にうまく合致する．

第12章　ハーシェルが見落とした見どころ

◎なぜ見落としが起こったのか？

　ウィリアム・ハーシェルは，確かに勤勉で徹底した観測家だったが，それでも現代の深宇宙ファンが，ふつうのアマチュア用望遠鏡を使って日常的に観測しているような星団，星雲，銀河をたくさん見逃している．いくつかのケースでは，これは十分納得がいく．それらの天体は，彼の使っていた望遠鏡で見るには，視直径が明らかに小さすぎたか，あるいは大きすぎた．また別のケースでは，いったいどうして彼がそんな見落としをしたのか，まったく謎の場合もある．おそらく，変化する大気の状態，金属鏡の温度順応や鏡面の曇りに伴う反射能の変化，それに観測者の疲労といった要因で，その一部は説明できるだろう．またハーシェルの望遠鏡のように，経緯台式の望遠鏡で天頂付近を掃査することに伴う問題もある．つまり経緯台式の場合，空に「死角」（dead spots）ができるのだ．しかし，もちろん彼はそれをあらかじめ考慮に入れていただろう（天頂付近の観測についてさらにいえば，ハーシェルのように「フロント・ビュー」方式を採用した場合，まっすぐ上を向いた鏡筒の筒先から中を覗き込むというのが，いったいどんな状態なのか，われわれは辛うじてそれを想像するしかない．彼の巨大「40ft」〔12.2m〕反射望遠鏡の場合，彼は地上12m以上のところに身を置くことになり，それを支える構造物は約15mの高さにそびえ立っていたのだ！）．

　最初，掃査は望遠鏡を水平方向に動かすことによって行なわれた．しかしその後，望遠鏡の高度を上下させる垂直方向の掃査に改めた．いずれの場合も，掃査を終えたアイピースの視野は，次に掃査を行なう視野と部分的に重なっていた．これは今日でも，眼視派のコメット・ハンターが掃査の際に用いるテクニックとほとんど同じだ．そうして掃査の合間に空のどこかを見落とすことがないようにしたのである．ハーシェルは，その緯度から見える限りの空すべてを入念に調べたばかりでなく（第3章で述べたように，彼が行なった最南端の発見は，赤緯約−33°という地平線すれすれのものだった），いろいろな再調査の折に，それを何回も行なったのである．

第12章　ハーシェルが見落とした見どころ

◎見逃された見どころのリスト

　以下，ウィリアム・ハーシェル卿が見落とした天体を，自分の目で直接見たい，あるいはそれらがなぜ見逃されたのか，自分なりの答えを出したいと思われる読者のために，そうした天体を22個，星座のアルファベット順に掲げた．NGCまたはIC番号の後に続けて，2000年分点による赤経と赤緯，天体のタイプ，実視等級，分(′) または秒 (″) で表示した視直径，さらにもしあればコールドウェル（Caldwell）番号や通称を掲げた．その後に，それらがなぜ見落とされたのか，短いコメントを添えた．これらの目標天体は，暗い晩ならすべて10〜20cm望遠鏡で見ることができ，少数は双眼鏡でも見える．

◎みずがめ座 Aquarius

■ NGC7293：22h30m，− 20° 48′，惑星状星雲，6.5，16′ × 12′，= Caldwell 63/ らせん星雲（Helix Nebula）

　この種の天体の中で，これは全天でいちばん明るいが，同時に見かけの大きさも巨大なために，アイピース越しに見た表面輝度は非常に低い．しかし，ハーシェルは他にもたくさん大きくて暗い星雲を見つけている．この天体を見るには，完全に月明かりのない，暗くて透明な晩が必要だ（図12.1）．

図12.1　「らせん星雲」（NGC 7293）は，全天で最も大きくて明るい惑星状星雲だが，ハーシェルはこれを見落した．しかしハーシェルに対する公平さを欠かないように言っておくと，その巨大なサイズのために，全体を視野に収めるには広い視野が必要だし（彼の望遠鏡にはそれが欠けていた），また同時に，極端な表面輝度の低下も招いている．28cmのシュミット・カセグレン式望遠鏡を使って撮影．Courtesy of Steve Peters.

◎わし座 Aquila

■ NGC6709：18h52m，+ 10° 21′，散開星団，6.7，13′

わし座では最高の星団で，約40個の星が散在したグループを構成している．どんな口径でも簡単に見つかるので，ハーシェルがこれを見つけられなかった理由はさっぱり思いつかない！

◎ぎょしゃ座 Auriga

■ IC 405：05h16m，＋ 34°16′，散光星雲，9.2，30′× 20′，＝ Caldwell 31/ フレーミングスター（燃える星）星雲（Flaming Star Nebula）

　変光星ぎょしゃ座AE星を取り巻く，薄ぼんやりとした星雲だ．この天体はハーシェルの大型望遠鏡ならば，十分その守備範囲に入っていたはずである．

◎きりん座 Camelopardalis

■ IC 342：03h47m，＋ 68°08′，銀河，9?，16′，＝ Caldwell 5

　この天体は，公表されている明るさがてんでバラバラで，8等級とするものから，12等級とするものまである．ただし，コールドウェルのリストにあるような8.4等級という明るさでないことは確かだ（仮にそうだとすると，全天で最も明るいものの一つになってしまう！）．12等級という暗さだとしたら，ハーシェルが見落としたのも至極もっともだ．しかし，繰り返しになるが，彼は他にもっと暗い天体も見つけているのだ．

◎カシオペヤ座 Cassiopeia

■ NGC147：00h32m，＋ 48°30′，銀河，9.5，18′× 11′，＝ Caldwell 17

　アンドロメダ銀河（M31）の伴銀河として有名で，位置も接近しているのはM32とM110だが，これは「その他2個」の伴銀河のうちの一つだ．この銀河とHⅡ-702（NGC185，第11章参照）は，天球上ではM31からいくぶん離れており（ただし両者は非常に近接している），これほど延伸した大型銀河のわりには，いずれもかなり明るい．ハーシェルは9.2等級のHⅡ-702は目にしたが，隣にあるNGC147の方は見逃した．

■ NGC281：00h53m，＋ 56°36′，散光星雲，7.8，35′× 30′

　このかなり目立つ，ぼうっとした斑紋は，内部に小さな星の一群を宿している．星と星雲はいずれも，口径100ミリ，25倍の双眼鏡で捉えられたことがあるので，ハー

第12章 ハーシェルが見落とした見どころ

図12.2 NGC281は,比較的明るい散光星雲で,数個の暗い星を取り囲んでいる〔写真はNGC281の一部分〕.小型望遠鏡でも見ることができるので,ハーシェルが天空の徹底掃査を行なう中でこれを見逃したのは,まさにちょっとした謎である.Courtesy of Mike Inglis.

シェルの望遠鏡なら見間違えようはなかったはずだ(図12.2).

◎ケフェウス座 Cepheus

■ **NGC188**:00h44m, +85°20′, 散開星団, 8.1, 14′, = Caldwell 1/ 古代の神(The Ancient One)

　この暗い星団は,この種の既知の天体としては最も老齢のものとして名高い(少なくとも120億歳!).アマチュア用の機材では,どう見ても見ごたえがあるとはいえないが,ハーシェルだったら,これが目につかなかったはずはない.このように赤緯の高い場所(この場合,天の北極から5°未満しかない)を掃査することは,大型の赤道儀式望遠鏡にはむずかしいかもしれないが,ウィリアム卿がもっぱら使った経緯台なら,そうしたこともないはずだ.

◎くじら座 Cetus

■ **IC 1613**：01h05m, ＋02° 07′, 銀河, 9.2, 19′× 17′, ＝ Caldwell 51

その等級にもかかわらず，この天体は見かけの大きさが大きいために，いささか暗い．しかし大型のドブソニアン式望遠鏡——性能の点では，ハーシェルの「20ft」〔6.1m〕望遠鏡に匹敵する——ならば，見るのは別にむずかしくない．

◎はくちょう座 Cygnus

■ **NGC6819**：19h41m, ＋40° 11′, 散開星団, 7.3, 5′, フォックスヘッド（狐の頭）星団（Foxhead Cluster）

この小さな V 字形をした一団には約 150 個の星が含まれ，夏の天の川に浮かんでいる．そのかわいらしいサイズと，背後の濃密な星との組み合わせが，あるいはこの天体が見逃された理由かもしれない．筆者自身，この天体を掃査していたときに似たような経験がある．実際には，カロライン・ハーシェルがこれを見ているのだが，何か未知の理由によって，ハーシェル・カタログには記載されなかった（図12.3）．

図12.3 NGC6819 は，フォックスヘッド星団の名でよく知られる．小さくまとまった，星の豊かなグループで，夏の天の川に取り囲まれている．ウィリアム卿は見逃したが，妹のカロラインはこれを目にしている．しかし，彼女の発見の多くがハーシェル・カタログに収められたにもかかわらず，この天体は載っていない．Courtesy of Mike Inglis.

■ **NGC7027：21h07m，＋ 42°14′**，惑星状星雲，9.3，18″× 11″，スティーブンの（ウェッブの）原始惑星状星雲（Stephen's/Webb's Protoplanetary）

　この不気味な姿をした，濃い青色の卵は，はくちょう座における有名な隣人，惑星状星雲 H Ⅳ -73（NGC6826）の約半分の大きさしかない．後者はハーシェルが間違いなく発見しており，おそらくその小ささのせいで，ハーシェルは前者を見落としたといえそうだ．後者は「まばたき星雲」として有名だが（第 6 章参照），同様に前者も「まばたき」をする！

■ **IC 5146：21h53m，＋ 47°16′**，散光星雲，9.3，10′，＝ Caldwell 19/ 繭星雲（Cocoon Nebula）

　この丸い斑紋は，夏の天の川にどっぷり浸かっているので見逃しやすい．この場合は，サイズは問題ではなく，その暗さが原因である．しかし，ハーシェルはこれと同じぐらい目立たない天体を多数見つけている．

◎ろ座 Fornax

■ **NGC1360：03h33m，－ 25°51′**，惑星状星雲，9.4，6′× 4′

　11 等級の中心星を伴った，大型で暗い光の円板である．5cm 望遠鏡で見えたこと

図 12.4 NGC6210/ ストルーベ 5N は，小さな惑星状星雲で，低倍率でも非恒星状に見えるが，中倍率なら青っぽい円板像がはっきりわかる．だが不思議なことに，ウィリアム・ハーシェル本人を含め，昔の観測家たちは皆この天体を見落とした．Courtesy of Mike Inglis.

もあり，15cm あれば明瞭だ．しかし，(その巨大なサイズのせいで) 表面輝度が低く，さらにイギリスからだと高度が低いこともあって，見落とされたらしい．

◎ヘルクレス座 Hercules

■ NGC6210：16h44m, + 23° 49′, 惑星状星雲, 9.3, 20″ × 16″, = Struve 5N

この小さいけれども濃い青みを帯びた円板は，8cm 望遠鏡でも細心の注意を払えば見ることができる．眼視だと，ここに表示した値よりもずっと小さく見える．だが，たとえそうだとしても，ハーシェルは見かけの大きさが 4″ しかない天王星を発見しているのだ (ただし，天王星はこの天体より数等級明るいが)．ハーシェルはまた，へびつかい座の NGC6572/ ストルーベ 6N も見逃している (後者はこの小さな空の宝石とほとんど瓜二つだ)．しかし，それについては，昔の星雲ハンターはすべて同じ轍を踏んでいる！　この二つの小さな惑星状星雲発見の栄は，偉大な二重星観測家，

図 12.5　NGC6791 は大型で，とても星の数が多い散開星団だが，その暗さのために観望家にはあまり知られていない．大型のアマチュア用機材で見ると，散開星団というよりも，むしろ非常にばらけた球状星団のように見える．Courtesy of Mike Inglis.

第12章 ハーシェルが見落とした見どころ

ヴィルヘルム・ストルーベが手にした．彼が光学的に優秀な口径24cm，長焦点（f/18）屈折望遠鏡を使って，二重星を探査していた最中のことである（図12.4, p.190）．

◎こと座 Lyra

■ NGC6791：19h21m，+ 37° 51′，散開星団，9.5，16′

　この大きくて暗い，だが極端に星の多い一群には，300個以上の星が含まれている．この天体は，掃査していても簡単に見落としてしまうが，一度目にした後なら13cm望遠鏡でも暗い晩にはかすかに見えるし，20cmならば魅力的な光景が楽しめる．この天体は，カシオペヤ座にある H Ⅵ -30（NGC7789，第8章参照）をもっと暗くしたような姿をしている．後者は，ウィリアムの妹，カロラインが発見したもので，ハーシェル・カタログ中の見ものの一つだ（図12.5, p.191）．

◎いっかくじゅう座 Monoceros

■ NGC2237：06h32m，+ 05° 03′，散光星雲，――，80′ × 60′，= Caldwell 49/バラ星雲（Rosette Nebula）

　この巨大な星雲の輪をハーシェルは見なかったらしい．彼はその内部にある星団 H Ⅶ -2（NGC2244，第9章参照）の方は，確かに発見したのだが！　当時も今も，

図12.6　ハーシェルは，この巨大なリング形のバラ星雲（NGC2237）内部にある星団（H Ⅶ -2/NGC2244）を発見したものの，星雲自体は見なかったらしい．ハーシェルは掃査の途中で，淡いリングの各部位（写真はそのごく一部）の脇を通っていたはずだが，たぶん彼の大反射望遠鏡の視野がごく限られていたためだろう．Courtesy of Mike Inglis.

多くの人がやるように，彼もそれと気づくことなく，星雲の中心孔を通して向こうを見ていたのだろう．何しろこの天体は，見かけの大きさが満月の2倍もあるのだ！

しかし，この星雲の部分部分は，彼の望遠鏡でも捉えられるほど，はっきりと明るい．付随するバラ星団は，双眼鏡や広視野望遠鏡（RFT）で見ることができる（図12.6, p.192）．

◎へびつかい座 Ophiuchus

■ IC 4665：17h46m, + 05° 43′, 散開星団, 4.2, 41′, 夏の蜂の巣 (Summer Beehive)

この30個以上の星からなる一団は，非常に明るいが，同時に非常に大きく散在している．双眼鏡や広視野望遠鏡（RFT）で見ると印象的だが，普通の望遠鏡の視野には大きすぎる．これが長いこと観測家から見落とされてきた原因であり，またNGCにも載っていない理由だろう．だが不思議なことに，カロフイン・ハーシェルは確かにこれを見ており，兄にも教えていたのだ！ しかし，何か未知の理由により，それがハーシェル・カタログに載ることは決してなかった．

■ NGC6572：18h12m, + 06° 51′, 惑星状星雲, 9.0, 15″ × 12″, = Struve 6N

この小さな濃い青みを帯びた球を，ハーシェルや他の観測家たちは見落としたが，その理由は，ヘルクレス座にあるこれと瓜二つの天体，NGC6210の場合と同じであり，そのことは上でも触れた．この天体もアイピース越しに見ると，公表されている見かけの大きさよりも小さく見えるが，それでも8〜10cm鏡なら見ることができる．

◎オリオン座 Orion

■ NGC1981：05h35m, − 04° 26′, 散開星団, 4.6, 25′

1ダースほどの星からなるこの散在した集団は，かすかな星雲複合体（nebulous complex）のすぐ北側にある．ハーシェルがこの星団を見落とすことなどありえないのに，彼がそれをカタログに記載しなかったのは，実に不思議だ．しかし，彼はその近くにある星雲は記録しており，H V -30（NGC1977, 第7章参照）という名称を与えている．余談だが，有名な観測家 W. H.ピカリングは空で最もすばらしい天体を60個リストアップし，引用されることも多いが，彼はそのリストにこのNGC1981を含めている．ただ，筆者はいつもそれを疑問に思っていた．これは決して見どころなどではないからだ！ ハーシェルも同じ意見で，そもそもそれが星団にあたるかどうか，思い悩むことすらしなかったらしい（図12.7, p.194）．

図 12.7 NGC1981 は，ばらけた一握りの星からなる大型の星団で，オリオン星雲（M42/M43）の北にある．（ハーシェル自身も含め）たいていの観測家は，この天体を単なる視野星の集まりと考えて無視した．しかし広視野望遠鏡（RFT）で見ると，まばらな散開星団というその真の姿が明らかになる．Courtesy of Mike Inglis.

◎いて座 Sagittarius

■ NGC6822：19h45m，− 14°48′，銀河，8.8，16′× 14′，= Caldwell 57/ バーナードの矮銀河（Barnard's Dwarf Galaxy）

　8.8 等級と聞くと，この天体は容易な目標だと思えるかもしれない．だが，鷲のような鋭眼を持った（eagle-eyed）バーナードは，13cm 屈折望遠鏡を使ってこれを眼視で発見したとはいえ，これは決して容易な天体などではないのだ！ 見かけの大きさが非常に大きいために，表面輝度が極端に低いこともその理由の一つだが，しかしもっと大きな理由は，複数の観測家がその実視等級を 11 等級の暗さしかないとしていることだ！ ハーシェルは，この銀河からわずか 45′ 北北東にある惑星状星雲 H Ⅳ -51（NGC6818，第 6 章参照）は発見しているのに，これに気づかなかったというのは本当に驚きだ．しかし，彼の使った各種の望遠鏡はいずれも視野が狭かったことを考えれば，結局それもさほど意外ではないのかもしれない．

■ NGC6530：18h04m，− 24° 20′，散開星団，4.6，15′

　このまばらでばらけた星団は，大型で明るい干潟星雲（M8）の東側にくっきり映し出されており，どんなに小さな望遠鏡でも見間違えようがない．ハーシェルがなぜこれをカタログに載せなかったかは，まったくの謎だ．もちろん，単にこの天体を干潟星雲の一部だと考え（いや，事実そのとおりなのだ．この星団の星々はこの星雲から生まれたのだから！），それ自体独立した天体とは見なさなかった……という可能性を除けばの話だが（図 12.8）．

◎おうし座 Taurus

■ NGC1554/5：04h22m，+ 19° 32′，散光星雲，――，30″，ハインドの変光星雲（Hind's Variable Nebula）

　この小さな星雲のかけらは，9 等級のあたりをフラフラしている不規則変光星，おうし座 T 星を取り巻いている．この星雲は，変光星本体の明るさに応じて，その見やすさが変化する．高倍率の 10cm 望遠鏡でも見ることはできるが，あらかじめその存在を知っていなければ無理だ．これほど小さくて暗いものを〔最初に〕発見するには，それよりもずっと大型の望遠鏡が要る（まさに第 4 章で論じたウィリアム卿の格言

図 12.8　NGC6530 は干潟星雲（M8）と結びついた散開星団で，写真の下に見えるのがそれだ．この天体はどんな小型の望遠鏡でも明瞭だが，ハーシェルは何か未知の理由により，それをカタログに載せなかった．写真の上に見えるのは，もっと小さくて暗い三裂星雲（M20）．口径 20cm のニュートン式反射望遠鏡で撮影．Courtesy of Steve Peters.

どおりだ).この天体がきわめて小さいこと,そしてハーシェルが掃査した時点では,その明るさが最低だったかもしれないという事実を考慮すれば,彼がこれを見落としたのも驚くにはあたらないかもしれない.

■ **NGC1807：05h11m, + 16°32′,　散開星団,　7.0,　17′**
　ハーシェルは,この約20個の星からなるまばらな星団をカタログに載せなかった.だが実際には,この天体は別の星団の天辺にほとんどくっつかんばかりのところにあり,アイピースでも同じ視野に入るし,しかもハーシェルは後者をしっかり記録しているのだ！　その天体とは,H Ⅶ-4（NGC1817, 第9章参照）で,大きさも明るさもほとんど瓜二つだが,NGC1807よりも数倍星の数が多い.この二つの星の一団は,15cm鏡でもよく見えるが,一つの星団がどこで終わり,もう一つがどこから始まるかを決めるのは,容易なことではない.

第 13 章 「消えた」ハーシェル天体

◎それらはどこにいってしまったのか？

　有名な「消えた」(missing) メシエ天体の物語（今ではすべて同定ミスか位置の誤り——あるいはその両方——だと説明がついている）と類比できる状況だが，ハーシェル天体にも，彼がいったんは発見し，カタログに記載したのに，今では空のどこを探しても見つからないという事例がある．こうした「消失」(disappearances) は，大半が彼のクラスⅧ，つまり雑然と散在した星団の項目に関係しており，その多くは彼によって「星数少」(poor) と記されている．したがって，それを星の背景から拾い出すのはむずかしいことが多い．大半の散開星団は，天の川が濃密な層をなしている面に沿って分布しているからだ．

　ハーシェル天体が空から消滅したらしいという現代のストーリーは，1973 年に『改訂版 非恒星天体新総合目録』(*The Revised New General Catalogue of Nonstellar Astronomical Objects*, RNGC) が，天文学者のジャック・サレンティックとウィリアム・ティフトによって出版されたときにさかのぼる．この包括的な著作が主として参照したのは，有名な全米地理協会・パロマー天文台掃天計画 (National Geographical Society - Palomar Observatory Sky Survey) の際に撮られた写真である．いずれも，200 インチ〔5.1m〕ヘール反射望遠鏡の観測拠点，パロマー山にある，口径122cmのシュミット・カメラを使って撮影されたものだ．RNGC では，大縮尺の乾板からのプリント上で同定できない天体には，「7」とコード化された「タイプ」が与えられた．これは「存在しない」(nonexistent) という意味だ．ハーシェルのクラスⅧだけでも，全 88 星団のうち 30 個もの天体が「存在しない」と分類された！（以下に掲げた，そうした天体のリストを参照のこと）．また，これも興味深い点だが，RNGC の編者は，ジョン・ハーシェルが発見した星団の多くも，父親のものと併せて「存在しない」と却下している．

　1975 年に二人のカナダ人アマチュア天文家，パトリック・ブレナンとデイビッド・アンブロージが，15cm の反射望遠鏡を使って，これら消えた天体を求めて空を調べ始めた．後にブレナンは書いている．「皆さんは，"存在しない"はずの RNGC 星団が，いわば達者でピンピンしているのに出会ったことがありますか？」．二人の観測

家は，却下されたハーシェル星団の多くが——パロマーの写真でも見分けられなかったのに——実際には，アイピース越しに見えること，したがって本当は消えてなどいなかったことを見出した．しかし，以下に見るように，ハーシェル天体が確かに空から消えてしまったという例が，少なくとも一つある！

◎ H Ⅷ-44 の消滅

　17回も版を重ね，広く使われた『ノートン星図』のどの版を見ても，こいぬ座の輝星プロキオンの近くに散開星団 H Ⅷ-44（NGC2394）がプロットされているのが見つかるだろう．この天体は，プロキオンとこいぬ座β星の間にある，こいぬ座η星のすぐ上にあるので，その位置を見つけるのは至極簡単だ．ウィリアム卿はこの天体を，大型で星数の少ない星団で，明るい星を含むと記述している．だが，どこにもそんなものは見つからない！　筆者はあらゆる空の条件下で，8〜76cmの望遠鏡を使って，繰り返し探してみたが，一度も成功したことがない．史上最も偉大な眼視観測家の一人で，『スカイ・アンド・テレスコープ』誌にコラム「深宇宙の驚異」（Deep-Sky Wonders）を半世紀近く連載した故ウォルター・スコット・ヒューストンも，似たような経験をしている．「唯一の問題は，この集団がそこに存在しないことだ．私はこれまで10〜41cmの望遠鏡を使って，何度もそれを探した．カタログに記載されたとおりの位置なら，低倍率ではη星と同じ視野に入るので，私が正しい位置を見ていたことは間違いない」．彼はそう報告している．この空域を自ら探索し，この消えた天体が見つかるかどうか，その目でぜひ確かめてみよう（この天体の座標と実際のハーシェルの記述は p.200 からのリストに載っている）（図 13.1）．

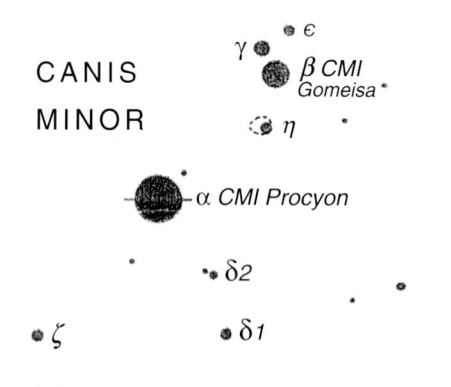

図 13.1　プロキオンとゴメイサ（こいぬ座のα星とβ星）周辺の星野．消えたハーシェル天体として最も名高いものの一つが，H Ⅷ-44（NGC2394）だ．ウィリアム卿はそれを，大型で明るいが星の数の少ない星団と描写しており，彼が示した位置によれば，η星の上端近く，アイピースの同じ視野に入るはずだ（図の破線の丸がそれ）．だが，それらしきものはどこにも見つからない．

◎いくつかの「存在しない」ハーシェル天体

　以下のリストに含まれるのは，ハーシェルのクラスⅧに属する星団のうち，RNGCでは存在しないとされた30個の天体だ．この表は，カナダの観測家たちの後に続き，これらの星団が本当に空から消えてしまったのか，自分の目で確かめたいと思う読者のために掲げた（彼の他のクラスにも，さらに多くの「存在しない」天体が見つかる．「付録3」で「タイプ」の列が「NE」（nonexistent）となっているものを見てほしい）．配列は星座のアルファベット順で，ハーシェル名，対応するNGC番号（カッコ内），そして2000年分点による赤経と赤緯を示した．表示された位置に愛機を向ければ，読者は空のその場所をハーシェル式に「掃査」（sweep）することができる．行ったり来たり（あるいは上がったり下がったり）しながら，その都度アイピースの視野を部分的に重ねてゆくのである．このテクニックを使えば，ハーシェルとまったく同じやり方で，自ら天体を「発見」するというスリルを首尾よく味わえるかもしれない！

　探し求める天体の実視等級と見かけの大きさがわかれば，それも大きな手がかりになるはずだが，それらは存在しないと考えられているため，利用可能なカタログ・データはどこにもない！　その代わり，NGCからとったウィリアム卿の略語を用いた記述（斜字体）を，目標を同定する際の手がかりとして掲げた．頻出する「星数少」（poor）とか「ほんの少しだけ密」（very little compressed）という表現は，これらの天体が，これまで観測家の目に留まることなくきた理由をうまく説明してくれる．ところで，『スカイカタログ2000年分点版』（すばらしい『スカイアトラス2000年分点版』の元になったデータベース）に載っている，2,700個余りの非恒星・深宇宙天体のうち，存在しないと表示されているハーシェル天体が，一つだけある．これはたまたまRNGCでも同様に表示されているのだが，それはいて座の散開星団 H Ⅷ-14（NGC6647）だ．散開星団として挙がっている下に，実際に書かれているのは「星団なし」（No cluster）という言葉だ．ただし，『NGC2000年分点版』では，これを実在の天体として挙げ，写真等級は8等級となっているが，視直径は載っていない．したがって，この天体は以下のリストと，「付録3」の表の両方に入れておこう．「付録3」では，タイプを「OC/NE？」（散開星団／非存在？）とし，本章を参照するよう記した．最後に，NGC番号が2678から6561に大きく飛んでいるが，それはこれらの星団が，北半球の空では主に冬と春の天の川に分布しているためだ．それでは良いハンティングを！

第 13 章　「消えた」ハーシェル天体

◎わし座 Aquila

HⅧ-13（NGC6728）：19h00m, − 08°57′
「星団. とても大型. 星数少」
HⅧ-73（NGC6828）：19h50m, ＋ 07°55′
「星団. 星数少. 少しだけ密」

◎ぎょしゃ座 Auriga

HⅧ-49（NGC2240）：06h33m, ＋ 35°12′
「星団. いくぶん大型. 星数少. ほんの少しだけ密. 7等級および10等級から15等級の星々」

◎かに座 Cancer

HⅧ-10（NGC2678）：08h50m, ＋ 11°20′
「星団. ほんの少しだけ密. 星数少」

◎おおいぬ座 Canis Major

HⅧ-45（NGC2358）：07h17m, − 17°03′
「星団. 星数少. 少しだけ密」

◎こいぬ座 Canis Minor

HⅧ-44（NGC2394）：07h29m, ＋ 07°02′
「星団. 大型. 星数少. ほんの少しだけ密. 大型の［明るい］星々」

◎ケフェウス座 Cepheus

HⅧ-63（NGC7234）：22h12m, ＋ 56°58′
「星団. 小型. 星数少. 少しだけ密」
HⅧ-62（NGC7708）：22h34m, ＋ 72°55′
「星団. 大型. 星数少. 少しだけ密. 8等級および10等級から15等級の星々」

◎くじら座 Cetus

H Ⅷ-29（NGC7826）：00h05m，－20°44′
「星団．とても星数少．ほんの少しだけ密」

◎はくちょう座 Cygnus

H Ⅷ-86（NGC6874）：20h08m，＋38°14′
「星団．星数少．少しだけ密」
H Ⅷ-83（NGC6895）：20h16m，＋50°14′
「星団．いくぶん星数多．少しだけ密」
H Ⅷ-82（NGC6989）：20h54m，＋45°17′
「星団．かなり大型．いくぶん小型の［暗い］星々」
H Ⅷ-57（NGC7024）：21h06m，＋41°30′
「星団．星数少．少しだけ密．10等級以下の星々」

◎いるか座 Delphinus

H Ⅷ-23（NGC6950）：20h41m，＋16°38′
「星団．星数少．ほんの少しだけ密」

◎ふたご座 Gemini

H Ⅷ-9（NGC2234）：06h29m，＋16°41′
「星団．極端に大型．いくぶん星数多．少しだけ密．大小［明暗］の星々」

◎いっかくじゅう座 Monoceros

H Ⅷ-48（NGC2260）：06h38m，－01°28′
「星団．とても大型．星数少．ほんの少しだけ密．大小［明暗］の星々」
H Ⅷ-51（NGC2306）：06h55m，－07°11′
「星団．星数少．ほんの少しだけ密」
H Ⅷ-1B（NGC2319）：07h01m，＋03°04′
「8等級および9等級以下の散在した星々からなる星団」

第 13 章 「消えた」ハーシェル天体

◎オリオン座 Orion

H Ⅷ -2（NGC2063）：05h47m, ＋ 08°48′
「星団．星数少．小型．散在した星々」
H Ⅷ -6（NGC2180）：06h10m, ＋ 04°43′
「星団．いくぶん星数多．少しだけ密．大小［明暗］の星々」

◎とも座 Puppis

H Ⅷ -52（NGC2413）：07h33m, － 13°06′
「星団．とても大型．星数少．ほんの少しだけ密」
H Ⅷ -47（NGC2428）：07h39m, － 16°31′
「星団．とても大型．ほんの少しだけ密」
H Ⅷ -46（NGC2430）：07h39m, － 16°21′
「星団．とても大型．ほんの少しだけ密」

◎いて座 Sagittarius

H Ⅷ -54（NGC6561）：18h10m, － 16°48′
「星団．大型．少しだけ密．かなり大型の［明るい］星々」
H Ⅷ -14（NGC6647）：18h32m, － 17°21′
「星団．大型．星数多．少しだけ密．とても小型の［暗い］星々」

◎おうし座 Taurus

H Ⅷ -41（NGC1802）：05h10m, ＋ 24°06′
「星団．かなり散在した星々」
H Ⅷ -4（NGC1896）：05h25m, ＋ 20°10′
「星団．とても大型．星数多．ほんの少しだけ密」
H Ⅷ -42（NGC1996）：05h38m, ＋ 25°49′
「星団．大型．少しだけ密．少しだけ星数多」
H Ⅷ -28（NGC2026）：05h43m, ＋ 20°07′
「星団．少しだけ星数多．少しだけ密．いくぶん大型の［明るい］星々」

◎こぎつね座 Vulpacula

H Ⅷ-17（NGC6938）：20h35m, ＋22°15′
「星団. とても大型. 星数少かつほんの少しだけ密」

第14章　むすび

◎ハーシェルの遺産

　本書の冒頭でも述べたように，ウィリアム・ハーシェル卿は，間違いなく史上最も偉大な眼視観測家であり，また当時にあっては最も偉大な望遠鏡製作者であった．彼が公式には何の教育も受けなかったのに――すべて手作りの機材を使って――天文学の分野であれほど多くの仕事を成し遂げたという事実は，われわれ星を愛する者すべてに，大きな示唆を与えてくれる．この無名の「アマチュア」が立てた誓いの言葉――「望遠鏡をその極限まで改良してみせる」そして「全天を漏れなく訪れてみせる」という言葉――は，天文学の長い歴史において前例のないものだった．まさに，宇宙をその目で見るという情熱に燃える男の姿がそこにはあった．

　ハーシェルに親しく接した者は，彼のことを「地球上にあるものは何一つ望まぬ人間」と表現し，「国王の臣下にこれ以上幸福な者はおらず」，「将来の発見にかける期待でまことに意気盛ん，その目前の生活はほぼ完璧な喜びに満ちていた」と述べている．ハーシェルにとって，こうした時の過ごし方がいかに大きな感動と陶酔を呼ぶものだったか，本書を読むだけで終わらず，実際に自分の目でハーシェルの発見の数々をご覧になった方ならば，きっとそれを感じ取っていただけるだろう．プロの（そして多くのアマチュア）天文家が高度に専門化した今の時代，夜空の観測からは喜びも情熱も消え失せてしまったという嘆きがしばしば聞かれる．多くの人にとって，天文学の持つ審美的，哲学的（さらに一部の人にはスピリチュアルな）側面こそ，その最大の価値であり魅力なのだ．今や，入門者も上級者もあらゆる天文ファンが，この真に魅力的な人物が残した二つの遺産に，これまで以上に注意を払う必要がある．二つの遺産とは，すなわち，科学的好奇心と精確さで宇宙にアプローチすること，そして同時に，驚きと畏怖の念を持って宇宙にアプローチすることだ．こうした驚異に満ちた未知の存在との出会いの予感を，おそらく最もよく表わしているのは，チャールズ・エドワード・バーンズが，長いこと絶版になっている彼の著書『宇宙の驚異1001個』の中で書いた以下の詩句だろう．

　　見よ，星のお歴々がお集まりだ．

第14章　むすび

そして宴会の席もととのった．
我らは恐る恐る身震いしながら近づくが，
しかし惜しいかな，彼らを残し立ち去るのみ．

◎「天界の構造」

　ウィリアム・ハーシェルは，「天界の構造に関する知識こそ，常にわが観測の究極の目標であった」と書いている．何と大胆で向こう見ずな考えだろう！　彼以前の天文学者たちが関心を向けたのは，太陽系と基礎的な位置天文学に限られ，恒星はもっぱら月や惑星の位置を定めたり，また時報業務や航海に際しての参照点の役割しか果たしていなかった．何かそれ以上のものがあるのか，思いをめぐらした人はいなかったし，（ごく少数の例外を除けば）その先の深宇宙に星団，星雲，銀河といった天体があることすら知らなかった．シャルル・メシエは「彗星もどき」を集めた有名な，だが短いリストによって，ある程度までこの辺境への道を切り開いた．だが，本当に「空の障壁を突き破り」（墓石にはそう記されている*），現在のような望遠鏡による宇宙探査のドアを開け放った者こそハーシェルだったのである（図14.1）．

*ハーシェルは最後の観測を1821年6月1日に行ない，1822年8月25日に84歳で没した．彼

図14.1　黄昏にたたずむ，晩年のウィリアム・ハーシェル．じっと物思いにふけり，少々幻滅を感じている様子に見える．あるいは巨大40ft望遠鏡の性能が，残念ながら，彼の大きな期待にほとんど応えられなかったせいだろうか．Courtesy of the Royal Astronomical Society/Science Photo Library, London.

はイングランドのアプトンにある小さな教会に埋葬された．ここは彼が結婚した土地であり，その近くで巨大「40ft」望遠鏡の鏡筒が作られた．墓石に刻まれた実際の語句はラテン語でこう書かれている．「Coelorum perrupit claustra」（彼は空の障壁を突き破った）．

　ハーシェルの巨大な科学的遺産の真価は，以下に例示した数々の業績からもうかがうことができる．いずれも，太陽系の内外で行なった数多くの発見に加えて成し遂げられたものだ．天界の構造を研究するという目標に向け，彼は空のさまざまな領域で統計的に星の数を数えてみた．宇宙の「計量」（gauging）と呼ばれる手法である（彼自身は"gaging"と綴った）．さらにこれと関連して，いろいろな望遠鏡が有する「宇宙を見通す力」（space penetrating power，彼の作った用語）を計算することで，望遠鏡の口径が大きくなればなるほど，遠くまで宇宙を見通せることを，彼ははっきりと理解した．こうした研究によって，われわれの住む銀河系は，無数の恒星からなる平らな円板であることが，疑問の余地なく示された．

　1783年にはわずか13個の星の固有運動から，われわれの太陽系がヘルクレス座の方角に向けて宇宙空間を移動していることも発見した．現代では隣接すること座に「太陽向点」（Apex of the Sun's Way）のあることがわかっているが，そこからわずか10°しか違わない．彼は，空のその方向にある星はわれわれの前で「散開」（opening up）している，あるいは広がっているように見え，他方それと反対方向にある星は互いに「収斂」（closing in）しているのに気づいた．これはちょうど，走っている車の，それぞれ正面と後ろの窓から見た景色と同じ動きだ．彼がこうした推論を下したのは本当に驚くべきことだ．彼が利用できた星の位置は，わりあい簡単で，しかも数が限られていたことを考えればなおさらだ．

　ハーシェルの発見の中で最も重要なものを一つ挙げるとすれば，おそらく二重星が連星系として運動していることの発見だろう．当時，そうしたペアは，異なった距離にあって互いに無関係な2個の天体が，たまたま同じ方向に見えるだけだと考えられていた（今日「光学的二重星」として知られるもの）．実は彼も当初，恒星の年周視差を測定する試みの中で，そうした見方を採用していた．つまり，地球の公転に伴い，近い方の星が遠方の星と比較して周期的に移動すれば，そこから三角法を使って距離が計算できるだろうと考えたのだ．彼は1781年に，年周視差に関する論文を王立協会に提出した．だが，この試みは失敗だった．彼の使った測定装置は，そこで問題となっている微小な角距離の変化（最も近い星でも1秒角以下）を明らかにするには，あまりにも素朴すぎたのだ．年周視差の測定に初めて成功したのは，1837年から39年にかけてのことで，ハーシェルが亡くなってから約15年後のことだった．

　ハーシェルが年周視差を測定しようと取り組んだ主な対象は，美しく輝く，青白

い二重星カストル（ふたご座α星）だった．そして，カストルや他の二重星の研究を行なってから25年後，1803年に王立協会に提出した別の論文の中で，彼は以下のことを公表した．自分は年周視差に伴い星が移動する徴候は検出できなかったが，連星が本当に存在するという確かな証拠を見つけた．カストルの場合，暗い伴星は明るい主星の周りをゆっくりと，だが確実に回っており，これら二つの星が物理的に（重力的に）結びついていることは明らかだ，と．これは，ニュートンの重力の法則が，太陽系外でも成り立つことを最初に実証したものであり，科学界全体に衝撃を与えた，きわめて重大な発見だった．

◎光子で宇宙とつながる

まとめとして，上で少し触れたハーシェルの遺産の審美的側面に話をもどそう．ウィリアム卿は，「宇宙の野外劇」を眼視で観測することに徹した人である．何せ宇宙を写真に収めるのはまだ未来の話だからだ（彼の息子，ジョン卿がそのパイオニアの一人だった）．これはすなわち，彼の驚くべき発見の数々はすべて，その目で実際に研究対象を見ることで成し遂げられたことを意味する．そして彼と同じように，われわれ現代のスターゲイザーにも，宇宙の壮大な姿を自分の目でじかに見て味わう機会が与えられている．そして，これはそれだけにとどまらず，驚くべき「光子による結びつき」(photon connection)で，宇宙と物理的に直接触れ合う機会でもあるのだ．

これは筆者の造語で，1994年6月の『スカイ・アンド・テレスコープ』誌で使ったものだ．われわれは星や星雲や銀河といった天体を光によって見るわけだが，光は光子からできており，そして光には奇妙で謎めいた二重性がある．光は粒子であり，同時に波でもあるかのように振る舞う．あるいはそういいたければ，波打って進む粒子といってもよい．かつて天体の内部にあった何かが，膨大な時と空間を越えて旅を続け，あなたの網膜に達したところでその長旅は終わる．言葉を替えると，あなたは今見ている当の相手と，直接的かつ物理的に触れ合っているのだ！　詩人のサラ・ティーズデイルは空を見上げて，「私がこれほどの荘厳さの立ち会い人だなんて，まことに光栄に存じます」といったが，それも驚くにはあたらない．

ウィリアム・ハーシェル卿が天文学の分野で成し遂げた重大な発見と深い洞察は，その類まれな天才と忍耐心，そして宇宙への永遠の愛，さらに無尽蔵の活力と情熱の組み合わせに由来することは間違いない．しかし，筆者はそこにもう一つの要因が関わっていたはずだと確信している．それこそ光子による結びつきだ．彼は徹底した眼視観測家として，長いキャリアを通じて夜毎，望遠鏡のアイピースを覗きな

がら光子による結びつきを体験していたのだ．

　さて，アマとプロの長い天文学の歴史で偉大な光輝を放つ人物に，名残惜しいが，この辺で別れを告げよう．だが同時に，夜空が晴れてさえいれば，ウィリアム・ハーシェル卿として知られる一人の人物が残した，栄光の空の小道をたどる機会がいつだってあることを忘れずにいよう．そして望遠鏡をたずさえて，彼の足跡を謙虚にたどろうではないか！

付録1　ハーシェル・クラブ

　すでに本書の「まえがき」でも述べたが，筆者は1976年4月の『スカイ・アンド・テレスコープ』誌に書いた手紙の中で，ウィリアム・ハーシェルが深宇宙の驚異をまとめたカタログを眺める際，観望者にとってそれがより魅力的なものになる方法を提案した（その後，同誌にまとまった記事を書き，さらに『アストロノミー』誌でも再度同じ提案を行なった）．彼の2,508個の発見は八つのクラスに配列され，IからVIIIという名前がついている（第3章参照）．そのうちの1,893個が，クラスIIとIII——彼がいうところの「暗い星雲」と「非常に暗い星雲」——に含まれている．その多くは見つけにくく，見栄えもしないので，これらの天体をすべて割愛すると，残り六つのクラスに属する615個が残る．そうすれば，はるかに取り組みやすく，現実的な（そして楽しい！）目標リストになるだろう．

　これらの記事がきっかけとなって，天文ファンのコミュニティで，ハーシェル天体の観測が徐々に人気を博すようになった．そして私の提案に応えて，1976年，フロリダのセントオーガスチンにある「古代都市天文クラブ」（Ancient City Astronomy Club）が実際にハーシェル・クラブをスタートさせた．その後1980年には，こうした一地方の努力が全国レベルで採り上げられることになった．その主役は，全米にある大半の天文クラブ，それに多くのアマチュアが個人で加入している連合体，「天文連盟」（Astronomical League）である（同連盟による以下のマニュアルを参照．リデル・ガズマン，ブレンダ・ガズマン，ポール・ジョーンズ編『ハーシェル天体の観測』（*Observe: The Herschel Objects*），初版1980年．以下のウェブサイトも参照のこと）．ただし残念なことに，この二つの団体が採用した目標リストには，筆者が推奨した615個すべてではなく，400項目しか含まれていない．さらに選ばれた400個の天体には，（多くの場合アイピース越しに見ても決して興味をそそらない）クラスIIやIIIのものが多数含まれているし，その一方で，多くのハーシェル天体の見どころが不幸にも無視されてしまっている．天文連盟の主催するハーシェル・クラブは，非常に入念で貴重なウェブサイトを設けている．そこには，上記の観測リストや，憧れのハーシェル・クラブ証明書を発行してもらうための要件など，多くの有益な情報が載っているばかりではなく，ウィリアム・ハーシェルに関する読み物や，その他の関連資料も見ることができる．同サイトは以下を見てほしい（http://

211

astroleague.org/al/obsclubs/herschel/hers400.html）．

　最初のクラブが作られた後，オレゴン州ポートランドにある「ローズシティ天文同好会」（Rose City Astronomers）は，新たな400個の目標を集めた，ハーシェル・クラブの第2のリスト作りに着手し，天文連盟もそれを「ハーシェルIIクラブ」として採用した（以下のマニュアルを参照．キャロル・コール，キャンデス・プラット編『ハーシェルII天体の観測』（*Observe: The Herschel II Objects*），1997年）．いずれの場合も，連盟では400個の目標をすべて観測した人に，それを賞する公式の証明書を発行している．ハーシェル天体の観測グループに参加してみたいと思う方は，ブレンダ・ブランチェット（Brenda Branchett; Ancient City Astronomy Club, 515 Glen Haven Drive, Deltona, FL 32738）とキャンデス・プラット（Candace Pratt; Rose City Astronomers, Oregon Museum of Science and Industry, 1945 SE Water Street, Portland, OR 97214）に連絡してみるとよい．そして，「ハーシェルマニア」がアマチュア天文界にどれほどたくさんいるか，それを本当に知りたければ，お手元のパソコンの検索ウィンドウに「ハーシェル・クラブ」と入力してみることだ．そうすれば，それぞれ独自のハーシェル・クラブを主宰している多くの天文同好会がアメリカ中に（あなたの住む地域にも一つはあるだろう），さらに海外にもあるのが見つかるだろう．だが，もし活動中のハーシェル・クラブが地元になければ，全国レベルの二つのクラブに参加することに加えて，あなた自身の手で（あるいは，あなたの属する同好会の手で）独自にクラブを一つ立ち上げてもよいだろう．

　上のような動きと並んで，これまた筆者にとって嬉しいことだが，1976年のハーシェル・クラブ創設の提案は，実はその最初のものではなかったらしい．『スカイ・アンド・テレスコープ』誌の1958年2月号は，王立カナダ天文学会の二人の会員，T.F. モリス博士とトム・ノーズワーシーが，ずっと以前からハーシェルの発見した天体をできるだけ多く観測する仕事に取り組んでいる，と報じている．さらにカナダのアマチュア，パトリック・ブレナンは，同誌の1976年8月号で，自分は4年間にわたって1,097個のハーシェル天体を自分の目で見たと報告している．これらの観測家は，確かにハーシェル・クラブそのものは結成しなかったが，当時のメシエ・クラブのさらに先を見ていたことは間違いない．

　ここで，ウィリアム・ハーシェル協会（本部：19 New King Street, Bath, England）についても言っておかねばならない．ここは，ウィリアム卿と妹のカロラインが住んだ家の中で唯一現存する建物で，同時に彼が天王星を発見した場所でもある．天文学，歴史，音楽に関する展示物に加え，訪問者はハーシェルがそこで観測を行なった庭を見学することもできる．長いこと個人の家だったが，1970年代末に同協会が，歴史的ランドマーク兼博物館として残すために，この家を買い取った．同協会の会

長は，イギリスの有名な観測家であり，天文学の普及啓発家でもあるパトリック・ムーア卿だ．イギリスを旅行する機会があれば，全国に散らばる多くの天文学の史跡と並んで，この聖地を訪問しても絶対に損はない．なお，そうした史跡の一つにロンドン科学博物館（Science Museum of London）があり，そこにはハーシェルの作った機材や望遠鏡（彼が最初に空を視察し，天王星発見の際にも使った，口径16cmの7ft〔2.1m〕望遠鏡を含む）がたくさんある．

ハーシェルの住んだ最後の家（"オブザヴァトリー・ハウス〔天文台の家〕"の名で知られる）は，バッキンガムシャーのスラウにあり，彼はここで有名な「40ft」望遠鏡を建造したのだが，1958年3月，この家がサザビーズのオークションで売りに出されるという発表があった．売り立て品には，「20ft」望遠鏡および「40ft」望遠鏡の主鏡，アイピース，各部品，さらにカロラインの機材類に加えて，彼の蔵書や論文，書簡，楽譜まで含まれていた（ジョン・ハーシェル卿の写真術に関する先駆的な論文も，同じくオークションにかけられることになった）．ウィリアム・ハーシェル協会では，こうした貴重な遺物をできるだけたくさんバースにあるハーシェル旧居兼博物館に取り戻そうと努力を続けている．同協会とその機関誌『スペキュラム』（*Speculum*）に関する情報は，以下を見てほしい（http://www.williamherschel.org.uk）．悲しいことに，かつてオブザヴァトリー・ハウスが建っていた神聖な土地は，現在巨大なオフィスビルによって占拠されている．

付録2　ハーシェル文献選

　1786年を皮切りに王立協会の『哲学紀要』（*Philosophical Transactions*）に載ったウィリアム卿の各論文を始め，ウィリアム卿，ジョン卿，そしてカロライン・ハーシェルの生涯と業績に関しては，過去2世紀にわたって，文字通り何百という書籍・学術論文・雑誌記事が公刊されてきた．ペンシルベニア州ピッツバーグにあるアレゲニー天文台（歴史的な口径33cmフィッツ-クラーク製屈折望遠鏡や，世界で5番目に大きい巨大な口径76cmブラッシャー製屈折望遠鏡の拠点）のスタッフとして働いていた頃，筆者はそうした原典を調べる機会があった．世界が初めてそれを知ったのとちょうど同じやり方で，彼の発見を読み解くとは，何と名誉で胸の躍る体験だろう！　書籍の多くはすでに長いこと絶版になっており，天文学の調査研究用図書館（あるいは古書店や個人コレクターの元）でしか利用できない．一方，論文や記事はそれが載っている紀要や雑誌にアクセスする必要がある．以下に掲げたのは，ハーシェルに関する最良の参考文献の一部であり，その多くは現在も版を重ねている．いくつかの本については，初版出版年ではなしに，最新の版または刷の年次で表示してある．

◎単行本とマニュアル類

1. *Sir William Herschel*, E.S. Holden, Charles Scribner's Sons, New York, 1881.
　ウィリアム卿の生涯と業績に関する徹底した非常にすぐれた解説．これまで書かれた中で，まさに最良の1冊．
2. *The Herschels and Modern Astronomy*, Agnes Clerke, Cassell and Company, London, 1895.
　ハーシェル家の3人と，彼らが当時の天文学に与えたインパクトについての魅力的な概観．
3. *The Great Astronomers*, Sir Robert Ball, Isbister & Company, Ltd., London, 1895.
　魅力的な図版を載せた，ウィリアム・ハーシェルについてのすばらしい解説．
4. *Herschel at the Cape*, David Evans, University of Texas at Austin, Austin, TX, 1969.
　もっぱらジョン・ハーシェル卿が南アフリカのケープタウンで南天探査を行なった際に成し遂げた多くの発見に的を絞った著作．

5. *The History of the Telescope*, Henry King, Dover Publications, New York, 2003.

ウィリアム・ハーシェルの生涯とその望遠鏡や著作に関して，最もよくまとまった解説を収めている．

6. *William Herschel and His Work*, James Sime, Charles Scribner's Sons, New York, 1900.

この著作は筆者未見だが，引用されることが多い．

7. *The Herschel Chronicle: The Life Story of William Herschel and His Sister Caroline Herschel*, Constance Lubbock, Cambridge University Press, Cambridge, 1933; reprinted by the William Herschel Society, London, in 1997.

ハーシェル家に関して，これまでに公刊された中で最も完璧な解説の一つ．

8. *Scientific Papers of Sir William Herschel*, J.L.E. Dreyer, Royal Society, London, 1912.

この要録集は王立協会と王立天文学会が共同で復刻したもので，ハーシェルの原典をぜひ読んでみたいが『哲学紀要』に接する手段を持たないという方には，最も価値ある参照文献である．

9. *Memoir and Correspondence of Caroline Herschel*, Mrs. John Herschel, John Murray, London, 1876.

ジョン・ハーシェルの妻が編纂したもので，カロラインの多くの私信を元に，彼女の生涯を身近な立場から解説している．

10. *The Herschel Partnership: As Viewed by Caroline*, Michael Hoskin, Science History Publications, Ltd., London, 2003.

著名な天文学史家による比較的最近の本で，ウィリアム卿とその献身的な妹・カロラインの研究上の関係について，魅力的な新見解を述べている．

11. *Caroline Herschel's Autobiographies*, Michael Hoskin, Science History Publications, Ltd., London, 2003.

これもホスキンによる学術書．カロライン・ハーシェル自身の言葉で綴られた，彼女についてもっと知りたいと思う人向きの本．

12. *William Herschel and the Construction of the Heavens*, Michael Hoskin, Norton and Norton, New York, 1964.

これまたホスキンの初期の学術的貢献で，ウィリアム卿の宇宙論に焦点を当てている．

13. *William Herschel, Explorer of the Heavens*, J.B. Sidgwick, Faber and Faber, London, 1953.

観測天文学の分野におけるイギリスの著名な権威が著した包括的な著作．

14. *The King's Astronomer, William Herschel*, Deborah Crawford, J. Messner, New York, 1968.

筆者未見だが，推薦書として挙げられることが多い．

15. *New General Catalogue of Nebulae and Clusters of Stars*, J.L.E. Dreyer, Royal Astronomical Society, London, 1971.

ウィリアムとジョンのハーシェル父子が行なった全発見（実際にはカローライン・ハーシェルが見つけた天体も含む）に関する究極の参照文献．

16. *The Revised New General Catalogue of Nonstellar Astronomical Objects*, Jack Sulentic and William Tifft, University of Arizona Press, Tucson, AZ, 1973.

有名な「存在しない」ハーシェル天体を含む，オリジナルのNGCを包括的にアップデートしたもの．

17. *The Bedford Catalogue, A Cycle of Celestial Objects*, Volume 2, W.H. Smyth, Willmann-Bell Inc., Richmond Virginia, 1986.

この有名な初期の観測ガイドは，もともと1844年に出た．明るいハーシェル天体の多くについて，その外見をウィリアム卿による名称を使って，詳細に，時に非常に風変わりに記述しているのが目につく．

18. *Celestial Objects for Common Telescopes*, Volume 2, T.W. Webb, Dover Publications, New York, 1962.

この1859年に出版された古典的な観測ガイドの中で，星団と星雲には，NGC名と並んでオリジナルのハーシェル名も添えられている．（さらに，この本に挙がっている二重星と多重星の多くも，ウィリアムとジョンによる名称がつけられている．）

19. *1001 Celestial Wonders*, C.E. Barns, Pacific Science Press, Morgan Hill, CA, 1929.

このすばらしい古典的ハンドブックは，アマチュア天文学のあらゆる側面をカバーしており，メシエ天体以外のすべての星団と星雲をハーシェルのクラス記号と番号を使って掲げている．

20. *New Handbook of the Heavens*, Hubert Bernhard, Dorothy Bennett and Hugh Rice, McGraw-Hill, New York, 1956.

（1959年まで版を重ねたMentor社/New American Library社版を通じて，この著作には多くのペーパーバックが出た）．これもすぐれた古典．深宇宙天体のリスト中，メシエ天体以外の星団と星雲の名称について，ハーシェルのクラス記号と番号がある場合は，それを使っている．

21. *Observe: The Herschel Objects*, Brenda and Lydel Guzman and Paul Jones, published by The Astronomical League, East Peoria, IL, 1980.

アメリカに本部を置く天文連盟のハーシェル・クラブ（「付録1」参照）のために選ばれた，400個のハーシェル天体観測用のオリジナル・マニュアル．

22. *Observe: The Herschel II Objects*, Carol Cole and Candace Pratt, published by The

Astronomical League, West Burlington, IA, 1997.

　オリジナル・リストに続くフォローアップ・マニュアル．アメリカに本部を置く天文連盟のハーシェルⅡクラブ（「付録1」参照）のために新たに選ばれた400個のハーシェル天体を載せている．

23. *Steve O'Meara's Herschel 400 Observing Guide: How to Find & Explore 400 Star Clusters, Nebulae and Galaxies Discovered by Sir William Herschel*, Stephen James O'Meara, Cambridge University Press, Cambridge, 2007.

　現代における眼視観測の世界的第一人者が著した，ハーシェル・クラブ・オリジナルの400個の目標天体リストを網羅している．

24. *Celestial Harvest: 300-Plus Showpieces of the Heavens for Telescope Viewing & Contemplation*, James Mullaney, Dover Publications, New York, 2002.

　この拙著は，ハーシェル天体の中でも最良のものを広い範囲にわたって記述している．

◎論文と雑誌記事

1. "The Telescopes of William Herschel," J.A. Bennett, *Journal for the History of Astronomy*, Volume 7, Number 75, 1976.

　ウィリアム卿が自作し天空探検で使った各種機材について，もっと知りたいと思われる方にふさわしい学術論文．

2. "William Herschel: Pioneer of the Stars", Brian Jones, *Astronomy*, November, 1988.

　多くのすばらしい図版を含む，ハーシェルに関する物語のすぐれた概観．

3. "Astronomy's Matriarch", Michael Hoskin, *Sky & Telescope*, May, 2005.

　この記事はホスキン著 The Herschel Partnership（上記参照）のすぐれた要約になっている．

4. "He Broke through the Barriers of the Skies", N.A. Mackenzie, *Sky & Telescope*, March, 1949.

　ウィリアム・ハーシェル卿とその業績に関する非常にすぐれた初期の記事．

5. "The Discovery of Uranus", J.A. Bennett, *Sky & Telescope*, March, 1981.

　ハーシェルの生涯と業績についての見事な解説．史上初めて発見された惑星に力点を置いている．

6. "Herschel's 'Large 20-foot' Telescope", Joseph Ashbrook, *Sky & Telescope*, September, 1977.

　ウィリアム・ハーシェルが星団・星雲の大半を発見する際に使った，彼のお気に

入りの望遠鏡について，非常に多くの情報を含む記事．執筆者は有名な天文学史家で，『スカイ・アンド・テレスコープ』誌の元編集者．

7. "A Hole in the Sky", Joseph Ashbrook, *Sky & Telescope*, July, 1974.

ウィリアム・ハーシェルが意図せず行なった暗黒星雲の発見についての魅力的な解説．

8. "Portrait of a 40-foot Giant", Brian Warner, *Sky & Telescope*, March, 1986.

ハーシェルの望遠鏡で最大かつ最も有名な 48 インチ反射望遠鏡に関する，短いが有益な解説．

9. "William Herschel and His Music", Colin Ronan, *Sky & Telescope*, March, 1981.

ハーシェルの初期の人生における，この側面に関心のある読者のための魅力的な洞察．

10. "Exploring the Herschel Catalogue," James Mullaney, *Sky & Telescope*, September, 1992.

ハーシェル天体の観測をアマチュア天文家の間に普及することを目指し，筆者が長年にわたって書いた記事の一つ．

11. "Observing Herschel Objects," James Mullaney, *Astronomy*, January, 1978.

これも筆者がハーシェル天体の観望について書いた，もっと初期の記事．

付録3　ハーシェル天体615個の目標リスト

　筆者が1976年の『スカイ・アンド・テレスコープ』の誌上で行なった提案に従い，ここに赤経順に（西から東に空を横切って）掲げたのは，ウィリアム・ハーシェルのクラスI，IV，V，VI，VII，およびVIIIに属する615個*の天体である（ここでも，クラスIIとIIIに属する天体はその多くが見つけにくく，見栄えもしないので省略した）．以下，クラスごとにそのハーシェル名（H DSG），対応するNGC番号，星座（国際天文学連合による標準的な3文字略語を用いた），2000年分点による赤経・赤緯，天体の実際のタイプ**（第3章で論じたように，多くの場合，実際のタイプはハーシェルが割り振ったクラスとは一致しない！），実視等級***，角度の分（′）または秒（″）で表示した視直径，さらにもしあればメシエ（M）またはコールドウェル（C）番号と通称を添えた．左端（行頭）に「*」のついた項目は，第5章から10章で取り上げた見どころである（各章にはNGCから採ったハーシェルの略語を用いた記述を普通の文に書き換えたものも載っている）．これらの天体は空の条件さえ良ければ，すべて口径20cmで見えるし，大半はその半分のサイズの望遠鏡でも見ることができる．

*重出があるため，実際の項目数は618である．
** OC＝散開星団（open cluster），GC＝球状星団（globular cluster），PN＝惑星状星雲（planetary nebula），DN＝散光星雲（diffuse nebula），SR＝超新星残骸（supernova remnant），GX＝銀河（galaxy），NE＝「存在しない」（"nonexistent"），DS＝二重星（double star）
*** "p" は実視等級ではなく，写真等級であることを示す（いちばん近い整数に丸めてある）．後者は目に映るものよりも平均してほぼ1等級暗い．表に掲げたデータは主に『スカイカタログ2000年分点版』（*Sky Catalogue 2000.0*）の第2巻と『NGC2000年分点版』（*NGC2000.0*）が基になっている．またハーシェル名はオリジナルのNGCから採った．

221

付録3　ハーシェル天体615個の目標リスト

クラス I：明るい星雲（288）

	H DSG	NGC	星座	α	δ	Type	M	Size	通称名など
	I -159	278	Cas	00 52	+ 47 33	GX	10.9	2′	
	I -54	393	Cas	01 09	+ 39 40	GX	13p	—	
	I -108	467	Psc	01 19	+ 03 18	GX	11.9	2′	
	I -151	524	Psc	01 25	+ 09 32	GX	10.6	3′	
	I -100	584	Cet	01 31 − 06 52		GX	10.4	4′ × 2′	
	I -281	613	Scl	01 34 − 29 25		GX	10.0	6′ × 5′	
*	I -193	650/1	Per	01 42	+ 51 34	PN	11.5	140″ × 70″	= M76，小亜鈴星雲
	I -157	672	Tri	01 48	+ 27 26	GX	10.8	7′ × 3′	
	I -62	701	Cet	01 51 − 09 42		GX	12.2	2′ × 1′	
	I -105	720	Cet	01 53 − 13 44		GX	10.2	4′ × 3′	
*	I -112	772	Ari	01 59	+ 19 01	GX	10.3	7′ × 4′	
	I -101	779	Cet	02 00 − 05 58		GX	11.0	4′ × 1′	
	I -152	821	Ari	02 08	+ 11 00	GX	10.8	4′ × 2′	
	I -153	908	Cet	02 23 − 21 14		GX	10.2	6′ × 3′	
	I -154	949	Tri	02 31	+ 37 08	GX	11.9	3′ × 2′	
	I -102	1022	Cet	02 38 − 06 40		GX	11.4	2′	
*	I -156	1023	Per	02 40	+ 39 04	GX	9.5	9′ × 3′	
	I -63	1052	Cet	02 41 − 08 15		GX	10.6	3′ × 2′	
	I -1 = II -6	1055	Cet	02 42	+ 00 26	GX	10.6	8′ × 3′	
*	I -64	1084	Eri	02 46 − 07 35		GX	10.6	3′ × 2′	
	I -109	1201	For	03 04 − 26 04		GX	10.6	4′ × 3′	
	I -106	1309	Eri	03 22 − 15 24		GX	11.6	2′	
	I -60	1332	Eri	03 26 − 21 20		GX	10.3	5′ × 2′	
	I -257	1344	For	03 28 − 31 04		GX	10.4	4′ × 2′	
	I -58	1395	Eri	03 38 − 23 02		GX	11.3	3′ × 2′	
*	I -107	1407	Eri	03 40 − 18 35		GX	9.8	2′	
	I -155	1453	Eri	03 46 − 03 58		GX	11.6	2′	
	I -258	1491	Per	04 03	+ 51 19	DN	—	3′	
	I -217	1579	Per	04 30	+ 35 16	DN	—	12′ × 8′	
	I -158	1600	Eri	04 32 − 05 05		GX	11.1	2′	
	I -122	1637	Eri	04 42 − 02 51		GX	10.9	3′	
	I -261	1931	Aur	05 31	+ 34 15	OC+DN	11.3	3′	
*	I -218	2419	Lyn	07 38	+ 38 53	GC	10.4	4′	= C25，銀河間の放浪者
	I -204	2639	UMa	08 44	+ 50 12	GX	11.8	2′ × 1′	
*	I -200	2683	Lyn	08 53	+ 33 25	GX	9.7	9′ × 2′	
	I -242	2681	UMa	08 54	+ 51 19	GX	10.3	4′	
	I -288	2655	Cam	08 56	+ 78 13	GX	11.7	5′ × 4′	
	I -249	2742	UMa	09 08	+ 60 29	GX	11.7	3′ × 2′	
*	I -2	2775	Cnc	09 10	+ 07 02	GX	10.3	4′	= C48
	I -250	2768	UMa	09 12	+ 60 02	GX	10.0	6′ × 3′	
	I -66	2781	Hya	09 12 − 14 49		GX	11.5	4′ × 2′	
	I -59	2784	Hya	09 12 − 24 10		GX	10.1	5′ × 2′	
	I -167	2782	Lyn	09 14	+ 40 07	GX	11.5	4′ × 2′	
	I -216	2787	UMa	09 19	+ 69 12	GX	10.8	3′ × 2′	
	I -113	2830	Lyn	09 20	+ 33 44	GX	15p	1′	
*	I -205	2841	UMa	09 22	+ 50 58	GX	9.3	8′ × 4′	
	I -132	2855	Hya	09 22 − 11 55		GX	11.6	3′ × 2′	
	I -137	2859	LMi	09 24	+ 34 31	GX	10.7	5′ × 4′	
	I -260	2880	UMa	09 30	+ 62 30	GX	11.6	3′ × 2′	
*	I -56/57	2903/5	Leo	09 32	+ 21 30	GX	8.9	13′ × 7′	
	I -114	2964	Leo	09 43	+ 31 51	GX	11.3	3′ × 2′	
	I -61	2974	Sex	09 43 − 03 42		GX	10.8	3′ × 2′	

クラスI：明るい星雲（288）

	H DSG	NGC	星座	α	δ	Type	M	Size	通称名など
	I -282	2977	Dra	09 44	+ 74 52	GX	13p	2′ × 1′	
	I -285	2976	UMa	09 47	+ 67 55	GX	10.2	5′ × 2′	
	I -78	2985	UMa	09 50	+ 72 17	GX	10.5	4′ × 3′	
	I -115	3021	LMi	09 51	+ 33 33	GX	13p	2′ × 1′	
	I -286	3077	UMa	10 03	+ 68 44	GX	9.8	5′ × 4′	
*	I -163	3115	Sex	10 05	− 07 43	GX	9.2	8′ × 3′	= C53，紡錘銀河
*	I -3	3166	Sex	10 14	+ 03 26	GX	10.6	5′ × 3′	
*	I -4	3169	Sex	10 14	+ 03 28	GX	10.5	5′ × 3′	
	I -79	3147	Dra	10 17	+ 73 24	GX	10.6	4′	
*	I -168	3184	UMa	10 18	+ 41 25	GX	9.8	7′	
	I -265	3182	UMa	10 20	+ 58 12	GX	13p	2′	
	I -199	3198	UMa	10 20	+ 45 33	GX	10.4	8′ × 4′	
	I -266	3206	UMa	10 22	+ 56 56	GX	12p	3′ × 2′	
	I -283	3218	Dra	10 26	+ 74 39	NE	—	—	
	I -86	3245	LMi	10 27	+ 28 30	GX	10.8	3′ × 2′	
	I -72	3254	LMi	10 29	+ 29 30	GX	11.5	5′ × 2′	
	I -164	3294	LMi	10 36	+ 37 20	GX	11.7	3′ × 2′	
	I -272	3332	Leo	10 40	+ 09 11	GX	13p		
	I -81	3344	LMi	10 44	+ 24 55	GX	10.0	7′	
	I -26	3345	Leo	10 44	+ 11 59	DS	—	—	
	I -80	3348	UMa	10 47	+ 72 50	GX	11.2	2′	
*	I -17	3379	Leo	10 48	+ 12 35	GX	9.3	4′	= M105
*	I -18	3384	Leo	10 48	+ 12 38	GX	10.0	6′ × 3′	
	I -116	3395	LMi	10 50	+ 32 59	GX	12.1	2′ × 1′	
	I -117	3396	LMi	10 50	+ 32 59	GX	12.2	3′ × 1′	
	I -284	3397	Dra	10 54	+ 77 17	NE	—	—	
	I -27	3412	Leo	10 51	+ 13 25	GX	10.6	4′ × 2′	
	I -118	3430	LMi	10 52	+ 32 57	GX	11.5	4′ × 2′	
	I -172	3432	LMi	10 52	+ 36 37	GX	11.2	6′ × 2′	
	I -267	3445	UMa	10 55	+ 56 59	GX	12.4	2′	
	I -233	3448	UMa	10 55	+ 54 19	GX	11.7	5′ × 2′	
	I -268	3458	UMa	10 56	+ 57 07	GX	13p	2′ × 1′	
	I -87	3486	LMi	11 00	+ 28 58	GX	10.3	7′ × 5′	
	I -269	3488	UMa	11 01	+ 57 41	GX	14p	2′ × 1′	
	I -88	3504	LMi	11 03	+ 27 58	GX	11.1	3′ × 2′	
*	I -13	3251	Leo	11 06	00 02	GX	8.7	10′ × 5′	
	I -220	3549	UMa	11 11	+ 53 23	GX	12p	3′ × 1′	
	I -29	3593	Leo	11 15	+ 12 49	GX	11.0	6′ × 2′	
	I -270	3610	UMa	11 18	+ 58 47	GX	10.8	3′ × 2′	
	I -241	3621	Hya	11 18	− 32 49	GX	10.6	10′ × 6′	
	I -271	3613	UMa	11 19	+ 58 00	GX	12p	4′ × 2′	
	I -244	3619	UMa	11 19	+ 57 46	GX	13p	3′	
	I -226	3631	UMa	11 21	+ 53 10	GX	10.4	5′ × 4′	
	I -245	3642	UMa	11 22	+ 59 05	GX	11.1	6′ × 5′	
	I -5	3655	Leo	11 23	+ 16 35	GX	11.6	2′ × 1′	
	I -20	3666	Leo	11 24	+ 11 21	GX	12p	4′ × 1′	
	I -219	3665	UMa	11 25	+ 38 46	GX	10.8	3′	
	I -131	3672	Crt	11 25	− 09 48	GX	11p	4′ × 2′	
	I -194	3675	UMa	11 26	+ 43 35	GX	11p	6′ × 3′	
	I -262	3682	Dra	11 28	+ 66 35	GX	13p	2′ × 1′	
	I -246	3683	UMa	11 28	+ 56 53	GX	13p	2′ × 1′	
	I -247	3690	UMa	11 28	+ 58 33	GX	12p	2′	
	I -221	3718	UMa	11 33	+ 53 04	GX	10.5	9′ × 4′	

223

付録3　ハーシェル天体615個の目標リスト

	H DSG	NGC	星座	α	δ	Type	M	Size	通称名など
	I -222	3729	UMa	11 34	+ 53 08	GX	11.4	3′ × 2′	
	I -287	3735	Dra	11 36	+ 70 32	GX	12p	3′ × 2′	
	I -227	3780	UMa	11 39	+ 56 16	GX	12p	3′	
	I -21	3810	Leo	11 41	+ 11 28	GX	10.8	4′ × 3′	
	I -94	3813	UMa	11 41	+ 36 33	GX	11.7	2′ × 1′	
*	I -201	3877	UMa	11 46	+ 47 30	GX	10.9	5′ × 1′	
	I -120	3887	Crt	11 47	− 16 51	GX	11.0	3′	
	I -248	3894	UMa	11 49	+ 59 25	GX	13p	2′	
	I -228	3898	UMa	11 49	+ 56 05	GX	10.8	4′ × 3′	
	I -82	3900	Leo	11 49	+ 27 01	GX	11.4	4′ × 2′	
	I -259	3923	Hya	11 51	− 28 48	GX	10.1	3′ × 2′	
*	I -203	3928	UMa	11 53	+ 44 07	GX	10.4	5′	
	I -173	3941	UMa	11 53	+ 36 59	GX	11p	4′ × 2′	
	I -251	3945	UMa	11 53	+ 60 41	GX	10.6	6′ × 4′	
	I -202	3949	UMa	11 54	+ 47 52	GX	11.0	3′ × 2′	
	I -67	3962	Crt	11 55	− 13 58	GX	10.6	3′	
	I -229	3998	UMa	11 58	+ 55 27	GX	10.6	3′ × 2′	
	I -223	4026	UMa	11 59	+ 50 58	GX	12p	5′ × 1′	
*	I -253	4036	UMa	12 01	+ 61 54	GX	10.6	4′ × 2′	
*	I -252	4041	UMa	12 02	+ 62 08	GX	11.1	3′	
	I -174	4062	UMa	12 04	+ 31 54	GX	11.2	4′ × 2′	
*	I -224	4085	UMa	12 05	+ 50 21	GX	12.3	3′ × 1′	
*	I -206	4088	UMa	12 06	+ 50 33	GX	10.5	6′ × 2′	
	I -207	4096	UMa	12 06	+ 47 29	GX	10.6	6′ × 2′	
	I -225	4102	UMa	12 06	+ 52 43	GX	12p	3′ × 2′	
*	I -195	4111	CVn	12 07	+ 43 04	GX	10.8	5′ × 1′	
	I -33 = II -60	4124	Vir	12 08	+ 10 23	GX	12p	5′ × 2′	
	I -279	4127	Cam	12 08	+ 76 48	GX	12p	2′ × 1′	
	I -263	4128	Dra	12 08	+ 68 46	GX	13p	3′ × 1′	
	I -278	4133	Dra	12 09	+ 74 56	GX	13p	—	
	I -196	4138	CVn	12 10	+ 43 41	GX	12p	3′ × 2′	
	I -169	4145	CVn	12 10	+ 39 53	GX	11.0	6′ × 4′	
*	I -19	4147	Com	12 10	+ 18 33	GC	10.3	4′	
	I -73	4150	Com	12 11	+ 30 24	GX	11.7	2′	
	I -165	4151	CVn	12 10	+ 39 24	GX	10.4	6′ × 4′	
	I -11	4153	Com	12 11	+ 18 22	NE	—	—	
	I -208	4157	UMa	12 11	+ 50 29	GX	12p	7′ × 2′	
*	I -9	4179	Vir	12 13	+ 01 18	GX	10.9	4′ × 1′	
	I -175	4203	Com	12 15	+ 33 12	GX	10.7	4′ × 3′	
	I -95	4214	CVn	12 16	+ 36 20	GX	9.7	8′ × 6′	
*	I -35	4216	Vir	12 16	+ 13 09	GX	10.0	8′ × 2′	
	I -209	4220	CVn	12 16	+ 47 53	GX	12p	4′ × 2′	
	I -74	4245	Com	12 18	+ 29 36	GX	11.4	3′	
	I -264	4250	Dra	12 17	+ 70 48	GX	13p	3′ × 2′	
	I -89	4251	Com	12 18	+ 28 10	GX	12p	4′ × 2′	
*	I -75	4274	Com	12 20	+ 29 37	GX	10.4	7′ × 3′	
	I -90	4278	Com	12 20	+ 29 17	GX	10.2	4′	
	I -275	4291	Dra	12 20	+ 75 22	GX	12p	2′	
	I -276	4319	Dra	12 21	+ 75 19	GX	12p	3′ × 2′	
*	I -139	4303	Vir	12 22	+ 04 28	GX	9.7	6′	= M61
	I -76	4314	Com	12 23	+ 29 53	GX	10.5	5′ × 4′	
	I -277	4386	Dra	12 24	+ 75 32	GX	12p	3′ × 2′	
	I -210	4346	CVn	12 24	+ 47 00	GX	12p	4′ × 1′	

クラスI：明るい星雲（288）

	H DSG	NGC	星座	α	δ	Type	M	Size	通称名など
*	I -65	4361	Crv	12 24	− 18 48	PN	10.3	80″	= C32
	I -30	4365	Vir	12 24	+ 07 19	GX	11p	6′ × 5′	
	I -166	4369	CVn	12 25	+ 39 23	GX	12p	2′	
	I -22	4371	Vir	12 25	+ 11 42	GX	10.8	4′ × 2′	
	I -12	4377	Com	12 25	+ 14 46	GX	11.8	2′	
	I -123	4378	Vir	12 25	+ 04 55	GX	12p	3′	
	I -77	4414	Com	12 26	+ 31 13	GX	10.3	4′ × 2′	
*	I -28.1	4435	Vir	12 28	+ 13 05	GX	10.9	3′ × 2′	両目銀河
*	I -28.2	4438	Vir	12 28	+ 13 01	GX	10.1	9′ × 4′	両目銀河
	I -91	4448	Com	12 28	+ 28 37	GX	11.1	4′ × 2′	
*	I -213	4449	CVn	12 28	+ 44 06	GX	9.4	5′ × 4′	= C21
	I -23	4452	Vir	12 29	+ 11 45	GX	12.4	2′ × 1′	
	I -161	4459	Com	12 29	+ 13 59	GX	10.4	4′ × 3′	
	I -212	4460	CVn	12 29	+ 44 52	GX	12p	4′ × 1′	
	I -197	4485	CVn	12 30	+ 41 42	GX	12.0	2′	
*	I -198	4490	CVn	12 31	+ 41 38	GX	9.8	6′ × 3′	繭銀河
	I -83	4494	Com	12 31	+ 25 47	GX	9.9	5′ × 4′	
	I -234	4500	UMa	12 31	+ 57 58	GX	13p	2′ × 1′	
*	I -31 = I -38	4526	Vir	12 34	+ 07 42	GX	9.6	7′	
	I -160	4566	Vir	12 36	− 03 48	GX	10.3	4′ × 2′	
	I -36	4550	Vir	12 36	+ 12 13	GX	11.6	4′ × 1′	
	I -37	4551	Vir	12 36	+ 12 16	GX	11.9	2′	
*	I -92	4559	Com	12 36	+ 27 58	GX	10.0	11′ × 5′	= C36
	I -119	4560	Vir	12 36	+ 07 41	NE	—	—	
	I -273	4589	Dra	12 37	+ 74 12	GX	12p	3′	
	I -32	4570	Vir	12 37	+ 07 15	GX	10.9	4′ × 1′	
	I -124	4580	Vir	12 38	+ 05 22	GX	13p	2′	
	I -125	4586	Vir	12 38	+ 04 19	GX	11.6	4′ × 2′	
*	I -43	4594	Vir	12 40	− 11 37	GX	8.3	9′ × 4′	= M104, ソンブレロ銀河
*	I -44	4596	Vir	12 40	+ 10 11	GX	10.5	4′ × 3′	
	I -254	4605	UMa	12 40	+ 61 37	GX	11.0	6′ × 2′	
	I -178 = I -179	4618	CVn	12 42	+ 41 09	GX	10.8	4′	
	I -14	4632	Vir	12 42	− 05 05	GX	12p	3′ × 1′	
	I -274	4648	Dra	12 42	+ 74 25	GX	13p	2′	
	I -10	4643	Vir	12 43	+ 01 59	GX	10.6	3′	
*	I -176/177	4656/7	CVn	12 44	+ 32 10	GX	10.4	14′ × 3′	ホッケースティック銀河
	I -142	4665	Vir	12 45	+ 03 03	GX	12p	4′	
	I -15	4666	Vir	12 45	− 00 28	GX	10.8	4′ × 2′	
*	I -39	4697	Vir	12 49	− 05 48	GX	9.2	7′ × 5′	= C52
	I -8	4698	Vir	12 48	+ 08 29	GX	10.7	4′ × 2′	
	I -129	4699	Vir	12 49	− 08 40	GX	9.6	4′ × 3′	
	I -140	4713	Vir	12 50	+ 05 19	GX	11.8	3′ × 2′	
*	I -84	4725	Com	12 50	+ 25 30	GX	9.2	11′ × 8′	
	I -41	4731	Vir	12 51	− 06 24	GX	11p	6′ × 3′	
	I -133	4742	Vir	12 52	− 10 27	GX	11.1	2′	
	I -16	4753	Vir	12 52	− 01 12	GX	9.9	5′ × 3′	
*	I -25	4754	Vir	12 52	+ 11 19	GX	10.6	5′ × 3′	
	I -134	4781	Vir	12 54	− 10 32	GX	12p	4′ × 2′	
	I -135	4782	Crv	12 55	− 12 34	GX	11.7	2′	
	I -136	4783	Crv	12 55	− 12 34	GX	11.8	2′	
	I -93	4793	Com	12 55	+ 28 56	GX	11.7	3′ × 2′	
	I -211	4800	CVn	12 55	+ 46 32	GX	12p	2′ × 1′	
	I -243	4814	UMa	12 55	+ 58 21	GX	13p	3′ × 2′	

付録 3　ハーシェル天体 615 個の目標リスト

	H DSG	NGC	星座	α	δ	Type	M	Size	通称名など
	I -141	4808	Vir	12 56	+ 04 18	GX	12p	3′ × 1′	
	I -68	4856	Vir	12 59	− 15 02	GX	10.4	5′ × 2′	
	I -162	4866	Vir	13 00	+ 14 10	GX	11.0	6′ × 2′	
	I -143	4900	Vir	13 01	+ 02 30	GX	11.5	2′	
	I -69	4902	Vir	13 01	− 14 31	GX	11.2	3′	
	I -40	4941	Vir	13 04	− 05 33	GX	11.1	4′ × 2′	
	I -130	4958	Vir	13 06	− 08 01	GX	10.5	4′ × 1′	
	I -42	4995	Vir	13 10	− 07 50	GX	11.0	2′	
*	I -96	5005	CVn	13 11	+ 37 03	GX	9.8	5′ × 3′	= C29
	I -85	5012	Com	13 12	+ 22 55	GX	13p	3′ × 2′	
	I -97	5033	CVn	13 13	+ 36 36	GX	10.1	10′ × 6′	
	I -138	5061	Hya	13 18	− 26 50	GX	12p	3′ × 2′	
*	I -186	5195	CVn	13 30	+ 47 16	GX	9.6	5′ × 4′	M51 の伴銀河
*	I -34	5248	Boo	13 38	+ 08 53	GX	10.3	6′ × 5′	= C45
	I -98	5273	CVn	13 42	+ 35 39	GX	11.6	3′	
	I -170	5290	CVn	13 45	+ 41 43	GX	13p	4′ × 1′	
	I -180	5297	CVn	13 46	+ 43 52	GX	12p	6′ × 1′	
	I -255	5308	UMa	13 47	+ 60 58	GX	11.3	4′ × 1′	
	I -256	5322	UMa	13 49	+ 60 12	GX	10.0	6′ × 4′	
	I -238	5376	UMa	13 55	+ 59 30	GX	13p	2′ × 1′	
	I -6	5363	Vir	13 56	+ 05 15	GX	10.2	4′ × 3′	
	I -187	5377	CVn	13 56	+ 47 14	GX	11.2	5′ × 3′	
	I -239	5379	CVn	13 56	+ 59 45	GX	14p	2′ × 1′	
	I -240	5389	UMa	13 56	+ 59 44	GX	13p	4′ × 1′	
	I -181	5383	CVn	13 57	+ 41 51	GX	11.4	4′ × 3′	
	I -191	5394	CVn	13 59	+ 37 27	GX	13.0	2′ × 1′	
	I -190	5395	CVn	13 59	+ 37 25	GX	11.6	3′ × 2′	
	I -230	5422	UMa	14 01	+ 55 10	GX	13p	4′	
*	I -231	5473	UMa	14 05	+ 54 54	GX	11.4	3′ × 2′	
	I -214	5474	UMa	14 05	+ 53 40	GX	10.9	4′	
	I -232	5485	UMa	14 07	+ 55 00	GX	11.5	3′ × 2′	
	I -99	5557	Boo	14 18	+ 36 30	GX	11.1	2′	
	I -235	5585	UMa	14 20	+ 56 44	GX	10.9	6′ × 4′	
	I -144	5566	Vir	14 20	+ 03 56	GX	10.5	6′ × 2′	
	I -145	5574	Vir	14 21	+ 03 14	GX	12.4	2′ × 1′	
	I -146	5576	Vir	14 21	+ 03 16	GX	10.9	3′ × 2′	
	I -236	5631	UMa	14 27	+ 56 35	GX	13p	2′	
	I -185	5633	Boo	14 28	+ 46 09	GX	12.3	2′ × 1′	
*	I -70	5634	Vir	14 30	− 05 59	GC	9.6	5′	
	I -237	5678	Dra	14 32	+ 57 55	GX	12p	3′ × 2′	
	I -189	5676	Boo	14 33	+ 49 28	GX	10.9	4′ × 2′	
	I -188	5689	Boo	14 36	+ 48 45	GX	11.9	4′ × 1′	
	I -182	5713	Vir	14 40	− 00 17	GX	11.4	3′ × 2′	
	I -184	5728	Lib	14 42	− 17 15	GX	11.3	3′ × 2′	
	I -171	5739	Boo	14 42	+ 41 50	GX	13p	2′	
*	I -126	5746	Vir	14 45	+ 01 57	GX	10.6	8′ × 2′	
	I -183	5750	Vir	14 46	− 00 13	GX	11.6	3′ × 2′	
	I -71	5812	Lib	15 01	− 07 27	GX	11.2	2′	
	I -127	5813	Vir	15 01	+ 01 42	GX	10.7	4′ × 3′	
	I -128	5846	Vir	15 06	+ 01 36	GX	10.2	3′	
*	I -215	5866	Dra	15 07	+ 55 46	GX	10.0	5′ × 2′	旧 M102
	I -148	5921	Ser	15 22	+ 05 04	GX	10.8	5′ × 4′	
	I -280	6217	UMI	16 33	+ 78 12	GX	11.2	3′	

クラスIV：惑星状星雲（80）

	H DSG	NGC	星座	α	δ	Type	M	Size	通称名など
	I -147	6304	Oph	17 14	− 29 28	GC	8.4	7′	
	I -45	6316	Oph	17 17	− 28 08	GC	9.0	5′	
	I -149	6342	Oph	17 21	− 19 35	GC	9.9	3′	
	I -46	6355	Oph	17 24	− 26 21	GC	9.6	5′	
*	I -48	6356	Oph	17 24	− 17 49	GC	8.4	7′	
	I -44	6401	Oph	17 39	− 23 55	GC	9.5	6′	
*	I -150	6440	Sgr	17 49	− 20 22	GC	9.7	5′	
	I -49	6522	Sgr	18 04	− 30 02	GC	8.6	6′	
	I -50	6624	Sgr	18 24	− 30 22	GC	8.3	6′	
	I -51	6638	Sgr	18 31	− 25 30	GC	9.2	5′	
*	I -47	6712	Sct	18 53	− 08 42	GC	8.2	7′	
*	I -103	6934	Del	20 34	+ 07 24	GC	8.8	7′	= C47
*	I -52	7006	Del	21 02	+ 16 11	GC	10.6	4′	= C42
	I -192	7008	Cyg	21 01	+ 54 33	PN	13.3	83″	
*	I -53	7331	Peg	22 37	+ 34 25	GX	9.5	11′ × 4′	= C30
*	I -55	7479	Peg	23 05	+ 12 19	GX	11.0	4′ × 3′	= C44
	I -104	7606	Aqr	13 19	− 08 29	GX	10.8	6′ × 3′	
	I -110	7723	Aqr	23 39	− 12 58	GX	11.1	4′ × 3′	
	I -111	7727	Aqr	23 40	− 12 18	GX	10.7	4′ × 3′	

クラスIV：惑星状星雲（80）

	H DSG	NGC	星座	α	δ	Type	M	Size	通称名など
	IV -15	16	Peg	00 09	+ 27 44	GX	12.0	2′ × 1′	
*	IV -58	40	Cep	00 13	+ 72 32	PN	10.2	60″ × 40″	= C2
	IV -42	676	Psc	01 49	+ 05 54	GX	11p	4′ × 2′	
	IV -23	936	Cet	02 28	− 01 09	GX	10.1	5′ × 4′	
	IV -43	1186	Per	03 06	+ 42 50	GX	13p	3′ × 1′	
	IV -17	1253	Eri	03 14	− 02 49	GX	12p	5′ × 3′	
	IV -77	1325	Eri	03 25	− 21 20	GX	12.8	3′ × 2′	
*	IV -53	1501	Cam	04 07	+ 60 55	PN	11.9	55″ × 48″	牡蠣星雲
*	IV -69	1514	Tau	04 09	+ 30 47	PN	10.9	2″	
*	IV -26	1535	Eri	04 14	− 12 44	PN	9.4	20″ × 17″	ラッセルの最も驚くべき天体
	IV -32	1700	Eri	04 57	− 04 52	GX	11.0	3′ × 2′	
	IV -21	1964	LEP	05 33	− 21 57	GX	10.8	6′ × 2′	
	IV -33	1999	Ori	05 36	− 06 42	DN	—	16′ × 12′	
*	IV -34	2022	Ori	05 42	+ 09 05	PN	12.0	18″	
	IV -24	2023	Ori	05 42	− 02 14	DN	—	10′	
	IV -36	2071	Ori	05 47	+ 00 18	DN	—	4′ × 3′	
	IV -44	2167	Mon	06 07	− 06 12	NE	—	—	
	IV -19	2170	Mon	06 08	− 06 24	DN	—	2′	
	IV -38	2182	Mon	06 10	− 06 20	DN	—	3′	
	IV -20	2185	Mon	06 11	− 06 13	DN	—	3′	
	IV -3	2245	Mon	06 33	+ 10 10	DN	—	5′ × 3′	
*	IV -2	2261	Mon	06 39	+ 08 44	DN	10.0	2′ × 1′	= C46, ハッブルの変光星雲
	IV -25	2327	CMa	07 04	− 11 18	DN	—	—	
	IV -65	2346	Mon	07 09	− 00 48	PN	—	55″	
*	IV -45	2392	Gem	07 29	+ 20 55	PN	8.3	20″	= C39, エスキモー星雲
*	IV -39	2438	Pup	07 42	− 14 44	PN	11.0	66″	M46の内部
*	IV -64	2440	Pup	07 42	− 18 13	PN	10.5	16″	
	IV -22	2467	Pup	07 52	− 26 24	DN	9.2	8′ × 7′	
	IV 55	2537	Lyn	08 13	+ 46 00	GX	11.7	2′	
	IV -35	2610	Hya	08 33	− 16 09	PN	14p	37″	

付録 3 ハーシェル天体 615 個の目標リスト

	H DSG	NGC	星座	α	δ	Type	M	Size	通称名など
	IV -66	2701	UMa	08 59	+ 53 46	GX	12.4	2′	
	IV -68	2950	UMa	09 43	+ 58 51	GX	11.0	3′ × 2′	
*	IV -79	3034	UMa	09 56	+ 69 41	GX	8.4	11′ × 5′	= M82
	IV -48	3104	LMi	10 04	+ 40 45	GX	13p	3′ × 2′	
	IV -10	3239	Leo	10 25	+ 17 10	GX	12p	5′ × 4′	
*	IV -27	3242	Hya	10 25	− 18 38	PN	8.6	40″ × 35″	= C5, 木星状星雲
	IV -60	3310	UMa	10 39	+ 53 30	GX	10.9	4′ × 3′	
	IV -6	3423	Sex	10 51	+ 05 50	GX	11.2	4′	
	IV -29	3456	Crt	10 54	− 16 02	GX	13p	2′	
	IV -7	3507	Leo	11 04	+ 18 08	GX	11p	4′ × 3′	
	IV -59	3658	UMa	11 24	+ 38 34	GX	13P	2′	
	IV -4	3662	Leo	11 24	− 01 06	GX	14p	2′ × 1′	
	IV -67	3963	UMa	11 55	+ 58 30	GX	12p	3′	
	IV -62	3982	UMa	11 56	+ 55 08	GX	12p	2′	
*	IV -61	3992	UMa	11 58	+ 53 23	GX	9.8	8′ × 5′	= M109
*	IV -28.1	4038	Crv	12 02	− 18 52	GX	10.7	3′ × 2′	= C60, 接触銀河
*	IV -28.2	4039	Crv	12 02	− 18 52	GX	13p	3′ × 2′	= C61, リングテール銀河
	IV -56	4051	UMa	12 03	+ 44 32	GX	10.3	5′ × 4′	
	IV -54	4143	CVn	12 10	+ 42 32	GX	12p	3′ × 2′	
	IV -5	4517	Vir	12 33	+ 00 07	GX	10.5	10′ × 2′	
*	IV -8	4567	Vir	12 36	+ 11 15	GX	11.3	3′ × 2′	シャム双生児
*	IV -9	4568	Vir	12 37	+ 11 14	GX	10.8	5′ × 2′	シャム双生児
	IV -78	4750	Dra	12 50	+ 72 52	GX	11p	2′	
	IV -40	4804	Crv	12 56	− 13 02	NE	—	—	
	IV -30	4861	CVn	12 59	+ 34 52	GX	12.2	4′ × 2′	
	IV -47	4915	Vir	13 02	− 04 33	GX	11.9	2′ × 1′	
	IV -70	5144	UMi	13 23	+ 70 31	GX	13p	1′	
	IV -63	5204	UMa	13 30	+ 58 25	GX	11.3	5′ × 3′	
	IV -46	5493	Vir	14 12	− 05 03	GX	11.5	2′ × 1′	
	IV -49	5507	Vir	14 13	− 03 09	GX	12p	2′ × 1′	
	IV -71	5856	Boo	15 07	+ 18 27	NE	—	—	
*	IV -50	6229	Her	16 47	+ 47 32	GC	9.4	4′	
	IV -57	6301	Her	17 09	+ 42 20	GX	14p	—	
*	IV -11	6369	Oph	17 29	− 23 46	PN	11.5	30″	小さな幽霊星雲
*	IV -41	6514	Sgr	18 03	− 23 02	DN	6.3	28′	= M20, 三裂星雲
*	IV -37	6543	Dra	17 59	+ 66 38	PN	8.8	22″ × 16″	= C6, 猫の目星雲
	IV -12	6553	Sgr	18 09	− 25 54	GC	8.2	8′	
	IV -14	6772	Aql	19 15	− 02 42	PN	14p	62″	
*	IV -51	6818	Sgr	19 44	− 14 09	PN	9.9	22″ × 15″	小さな宝石星雲
*	IV -73	6826	Cyg	19 45	+ 50 31	PN	8.9	27″	= C15, まばたき星雲
*	IV -72	6888	Cyg	20 12	+ 38 21	DN	8.8	18′ × 13′	= C27, 三日月星雲
	IV -13	6894	Cyg	20 16	+ 30 34	PN	14p	42″	
*	IV -16	6905	Del	20 22	+ 20 07	PN	11.9	44″ × 38″	ブルーフラッシュ星雲
*	IV -76	6946	Cep	20 35	+ 60 09	GX	8.9	11′ × 10′	= C12
*	IV -74	7023	Cep	21 02	+ 68 12	DN	6.8	18′	= C4, アイリス星雲
*	IV -1	7009	Aqr	21 04	− 11 22	PN	8.3	25″ × 17″	= C55, 土星状星雲
	IV -75	7129	Cep	21 44	+ 66 10	DN	—	8′ × 7′	
	IV -31	7302	Aqr	22 32	− 14 07	GX	12.1	2′	
*	IV -52	7635	Cas	23 21	+ 61 12	DN	7.0	15′ × 8′	= C11, バブル星雲
*	IV -18	7662	And	23 26	+ 42 33	PN	8.5	32″ × 28″	= C22, 青い雪玉

クラスV：きわめて大型の星雲（52）

	H DSG	NGC	星座	α	δ	Type	M	Size	通称名など
	V -16	68	And	00 18	+ 30 04	GX	13.0	2′ × 1′	
*	V -18	205	And	00 40	+ 41 41	GX	8.0	17′ × 10′	= M110，M31 の伴銀河
	V -36	206	And	00 41	+ 40 44	OC+DN	—		
*	V -25	246	Cet	00 47	− 11 53	PN	8.5	4′	= C56
*	V -20	247	Cet	00 47	− 20 46	GX	8.9	20′ × 7′	= C62
*	V -1	253	Scl	00 48	− 25 17	GX	7.1	25′ × 7′	= C65，ちょうこくしつ座銀河
*	V -17	598	Tri	01 34	+ 30 39	GX	5.7	62′ × 39′	= M33，さんかく座銀河
*	V -19	891	And	02 23	+ 42 42	GX	9.9	14′ × 3′	= C23
*	V -48	1097	For	02 46	− 30 17	GX	9.2	9′ × 7′	= C67
	V -49	1624	Per	04 40	+ 50 27	DN	—	5′	
*	V -32	1788	Ori	05 07	− 03 21	DN	—	8′ × 5′	
	V -33	1908	Ori	05 26	− 02 32	NE	—		
	V -38	1909	Ori	05 26	− 08 08	NE	—		
	V -31	1980	Ori	05 35	− 05 24	DN	—	14′	
*	V -30	1977	Ori	05 36	− 04 52	DN	—	40′ × 20′	
	V -34	1990	Ori	05 36	− 01 12	DN	—	50′	
*	V -28	2024	Ori	05 41	02 27	DN	—	30′	炎星雲
	V -27 = VIII -5	2264	Mon	06 41	+ 09 54	DN	—	60′ × 30′	
	V -21	2359	CMa	07 19	− 13 12	DN	—	8′ × 6′	
*	V -44	2403	Cam	07 37	+ 65 36	GX	8.4	18′ × 11′	= C7
*	V -50	2997	Ant	09 45	− 31 11	GX	10.6	8′ × 6′	
	V -26	3003	LMi	09 49	+ 33 25	GX	11.7	6′ × 2′	
	V -23	3027	UMa	09 56	+ 72 12	GX	12p	5′ × 2′	
	V -47	3079	UMa	10 02	+ 55 41	GX	10.6	8′ × 2′	
	V -7	3346	Leo	10 44	+ 14 52	GX	12p	3′ × 2′	
	V -52	3359	UMa	10 47	+ 63 13	GX	10.4	7′ × 4′	
	V -39	3511	Crt	11 03	− 23 05	GX	12p	5′ × 2′	
	V -40	3513	Crt	11 04	− 23 15	GX	12p	3′ × 2′	
*	V -46	3556	UMa	11 12	+ 55 40	GX	10.1	8′ × 2′	= M108
*	V -8	3628	Leo	11 20	+ 13 36	GX	9.5	15′ × 4′	
*	V -45	3953	UMa	11 54	+ 52 20	GX	10.0	7′ × 4′	
	V -4	4123	Vir	12 08	+ 02 53	GX	11.2	4′	
*	V -51	4236	Dra	12 17	+ 69 28	GX	9.6	20′ × 8′	= C3
*	V -41	4244	CVn	12 18	+ 37 49	GX	10.2	16′ × 2′	= C26
*	V -43	4258	CVn	12 19	+ 47 18	GX	8.3	18′ × 8′	= M106
	V -5	4293	Com	12 21	+ 18 23	GX	11p	6′ × 3′	
	V -29.1	4395	CVn	12 26	+ 33 33	GX	10.2	13′ × 11′	
	V -29.2	4401	CVn	12 26	+ 33 31	NE	—		
	V -2	4536	Vir	12 34	+ 02 11	GX	10.4	7′ × 4′	
*	V -24	4565	Com	12 36	+ 25 29	GX	9.6	16′ × 3′	= C38
*	V -42	4631	CVn	12 42	+ 32 32	GX	9.3	15′ × 3′	= C32，鯨銀河
	V -3	4910	Vir	13 01	+ 01 40	NE	—		
	V -22	5170	Vir	13 30	− 17 58	GX	12p	8′ × 1′	
	V -6	5293	Boo	13 47	+ 16 16	GX			
*	V -10/11/12	6514	Sgr	18 02	− 23 02	OC?	6.3	28′	M20 の内部
	V -9	6526	Sgr	18 03	− 23 35	DN	—	40′	
	V -13	6533	Sgr	18 05	− 24 53	NE	—		
*	V -15	6960	Cyg	20 46	+ 30 43	SR	7.9	70′ × 6′	= C34，網状星雲
*	V -14	6992/5	Cyg	20 56	+ 31 43	SR	7.5	60′ × 8′	= C33，網状星雲
*	V -37	7000	Cyg	20 59	+ 44 20	DN	5.0	100′ × 60′	= C20，北アメリカ星雲

229

付録3　ハーシェル天体615個の目標リスト

クラスⅥ：きわめて密集した多数の星からなる星団 (42)

	H DSG	NGC	星座	α　　δ	Type	M	Size	通称名など
	Ⅵ-35	136	Cas	00 32 + 61 32	OC	—	1′	
*	Ⅵ-20	288	Scl	00 53 − 26 35	GC	8.1	14′	
*	Ⅵ-31	663	Cas	01 46 + 61 15	OC	7.1	16′	= C10
*	Ⅵ-33	869	Per	02 19 + 57 09	OC	3.5	3′	= C14，二重星団
*	Ⅵ-34	884	Per	02 22 + 57 07	OC	3.6	30′	= C14，二重星団
*	Ⅵ-25	1245	Per	03 15 + 47 15	OC	8.4	10′	
	Ⅵ-26	1605	Per	04 35 + 45 15	OC	10.7	5′	
*	Ⅵ-17	2158	Gem	06 08 + 24 06	OC	8.6	5′	
*	Ⅵ-5	2194	Ori	06 14 + 12 48	OC	8.5	10′	
	Ⅵ-28	2259	Mon	06 39 + 10 53	OC	11p	4′	
*	Ⅵ-21	2266	Gem	06 43 + 26 58	OC	9.8	7′	
	Ⅵ-3	2269	Mon	06 44 + 04 34	OC	10.0	4′	
*	Ⅵ-27	2301	Gem	06 52 + 00 28	OC	6.0	12′	
	Ⅵ-2	2304	Gem	06 55 + 18 01	OC	10p	5′	
	Ⅵ-18	2309	Mon	06 56 − 07 12	OC	11p	3′	
	Ⅵ-6	2355	Gem	07 17 + 13 47	OC	10p	9′	
*	Ⅵ-1	2420	Gem	07 39 + 21 34	OC	8.3	10′	
	Ⅵ-36	2432	Pup	07 41 − 19 05	OC	10p	8′	
*	Ⅵ-37	2506	Mon	08 00 − 10 46	OC	7.6	12′	= C54
*	Ⅵ-22	2548	Hya	08 14 − 05 48	OC	5.8	30′	= M48
	Ⅵ-39	2571	Pup	08 19 − 29 44	OC	7.0	13′	
	Ⅵ-4	3055	Sex	09 55 + 04 16	GX	12.1	2′ × 1′	
*	Ⅵ-7	5053	Com	13 16 + 17 42	GC	9.8	10′	
*	Ⅵ-9	5466	Boo	14 06 + 28 32	GC	9.1	11′	
*	Ⅵ-19 = Ⅵ-8?	5897	Lib	15 17 − 21 01	GC	8.6	13′	
*	Ⅵ-10	6144	Sco	16 27 − 26 02	GC	9.1	9′	
*	Ⅵ-40	6171	Oph	16 32 − 13 03	GC	8.1	10′	= M107
	Ⅵ-11	6284	Oph	17 04 − 24 46	GC	9.0	6′	
	Ⅵ-12	6293	Oph	17 10 − 26 35	GC	8.2	8′	
	Ⅵ-41	6412	Dra	17 30 + 75 42	GX	11.8	2′	
	Ⅵ-13	6451	Sco	17 51 − 30 13	OC	8.2	8′	
*	Ⅵ-23	6645	Sgr	18 33 − 16 54	OC	8.5	10′	
	Ⅵ-15	6678	Dra	18 33 + 67 51	NE	—	—	
	Ⅵ-14	6802	Vul	19 31 + 20 16	OC	8.8	3′	
	Ⅵ-38	6804	Aql	19 32 + 09 13	PN	12p	1′	
	Ⅵ-16	6839	Sge	19 55 + 17 54	NE	—	—	
*	Ⅵ-42	6939	Cep	20 31 + 60 38	OC	7.8	8′	
	Ⅵ-24	7044	Cyg	21 13 + 42 29	OC	—	—	
	Ⅵ-32	7086	Cyg	21 30 + 51 35	OC	8.4	9′	
	Ⅵ-29	7245	Lac	22 15 + 54 20	OC	9.2	5′	
*	Ⅵ-30	7789	Cas	23 57 + 56 44	OC	6.7	16′	カロライン星団

クラスⅦ：大小の星からなる密集した星団 (67)

	H DSG	NGC	星座	α　　δ	Type	M	Size	通称名など
	Ⅶ-45	436	Cas	01 16 + 58 49	OC	8.8	6′	
*	Ⅶ-42	457	Cas	01 19 + 58 20	OC	6.4	13′	= C13，ふくろう星団
*	Ⅶ-48	559	Cas	01 30 + 63 18	OC	9.5	7′	= C8
	Ⅶ-49	637	Cas	01 43 + 64 00	OC	8.2	4′	
	Ⅶ-46	654	Cas	01 44 + 61 53	OC	6.5	5′	
*	Ⅶ-32	752	And	01 58 + 37 50	OC	5.7	50′	= C28
	Ⅶ-3	1498	Eri	04 00 − 12 01	NE	—	—	

クラスⅦ：大小の星からなる密集した星団（67）

	H DSG	NGC	星座	α	δ	Type	M	Size	通称名など
*	Ⅶ-47	1502	Cam	04 08	+ 62 20	OC	5.7	8'	黄金の竪琴星団
	Ⅶ-60	1513	Per	04 10	+ 49 31	OC	8.4	9'	
*	Ⅶ-61	1528	Per	04 15	+ 51 14	OC	6.4	24'	
	Ⅶ-1	1662	Ori	04 48	+ 10 56	OC	6.4	20'	
*	Ⅶ-21	1758	Tau	05 04	+ 23 49	OC	7.0	42'	
*	Ⅶ-4	1817	Tau	05 12	+ 16 42	OC	7.7	16'	
*	Ⅶ-33	1857	Aur	05 20	+ 39 21	OC	7.0	6'	
	Ⅶ-34	1883	Aur	05 26	+ 46 33	OC	12p	2'	
	Ⅶ-39	1907	Aur	05 28	+ 35 19	OC	8.2	7'	
	Ⅶ-24	2112	Ori	05 54	+ 00 24	OC	9p	11'	
	Ⅶ-25	2186	Ori	06 12	+ 05 27	OC	8.7	4'	
	Ⅶ-57	2192	Aur	06 15	+ 39 51	OC	11p	6'	
	Ⅶ-13	2204	CMa	06 16	− 18 39	OC	9.6	13'	
	Ⅶ-20	2215	Mon	06 21	− 07 17	OC	8.4	11'	
	Ⅶ-35	2224	Gem	06 28	+ 12 38	NE	—	—	
	Ⅶ-26	2225	Mon	06 27	− 09 39	OC	—	—	
	Ⅶ-5	2236	Mon	06 30	+ 06 50	OC	8.5	7'	
*	Ⅶ-2	2244	Mon	06 32	+ 04 52	OC	4.8	24'	= C50，バラ星団
	Ⅶ-54	2253	Cam	06 42	+ 66 20	OC	—	—	
	Ⅶ-22	2254	Mon	06 36	+ 07 40	OC	9.7	4'	
	Ⅶ-37	2262	Mon	06 38	+ 01 11	OC	11p	4'	
	Ⅶ-36	2270	Mon	06 44	+ 03 26	NE	—	—	
	Ⅶ-14	2318	CMa	07 00	− 13 42	OC	—	—	
	Ⅶ-38	2324	Mon	07 04	+ 01 03	OC	8.4	8'	
	Ⅶ-27	2349	Mon	07 10	− 08 37	NE	—	—	
	Ⅶ-15	2352	CMa	07 14	− 24 06	NE	—	—	
	Ⅶ-16	2354	CMa	07 14	− 25 44	OC	6.5	20'	
	Ⅶ-6	2356	Gem	07 17	+ 13 58	NE	—	—	
*	Ⅶ-12	2360	CMa	07 18	− 15 37	OC	7.2	13'	= C58
*	Ⅶ-17	2362	CMa	07 19	− 24 57	OC	4.1	8'	= C64，τ CMa 星団
	Ⅶ-65	2401	Pup	07 29	− 13 58	OC	13p	2'	
	Ⅶ-67	2421	Pup	07 36	− 20 37	OC	8.3	10'	
	Ⅶ-28	2423	Pup	07 37	− 13 52	OC	6.7	19'	
	Ⅶ-58	2479	Pup	07 55	− 17 43	OC	10p	7'	
	Ⅶ-10	2482	Pup	07 55	− 24 18	OC	7.3	12'	
	Ⅶ-23	2489	Pup	07 56	− 30 04	OC	7.9	8'	
*	Ⅶ-11	2539	Pup	08 11	− 12 50	OC	6.5	22'	
*	Ⅶ-64	2567	Pup	08 19	− 30 38	OC	7.4	10'	
	Ⅶ-63	2627	Pyx	08 37	− 29 57	OC	8p	11'	
	Ⅶ-29	5998	Sco	15 49	− 28 36	NE	—	—	
*	Ⅶ-7	6520	Sgr	18 03	− 27 54	OC	8.1	6'	
	Ⅶ-30	6568	Sgr	18 13	− 21 36	OC	9p	13'	
	Ⅶ-31	6583	Sgr	18 16	− 22 08	OC	10p	3'	
*	Ⅶ-19	6755	Aql	19 08	+ 04 14	OC	7.5	15'	
	Ⅶ-62	6756	Aql	19 09	+ 04 41	OC	11p	4'	
	Ⅶ-18	6823	Vul	19 43	+ 23 18	OC	7.1	12'	
	Ⅶ-9	6830	Vul	19 51	+ 23 04	OC	7.9	12'	
*	Ⅶ-59	6866	Cyg	20 04	+ 44 00	OC	7.6	7'	凧星団
*	Ⅶ-8	6940	Vul	20 35	+ 28 18	OC	6.3	31'	
	Ⅶ-51	7062	Cyg	21 23	+ 46 23	OC	8.3	7'	
	Ⅶ-50	7067	Cyg	21 24	+ 48 01	OC	9.7	3'	
	Ⅶ-52	7082	Cyg	21 29	+ 47 05	OC	7.2	25'	
	Ⅶ-40	7128	Cyg	21 44	+ 53 43	OC	9.7	3'	

付録3　ハーシェル天体615個の目標リスト

H DSG		NGC	星座	α	δ	Type	M	Size	通称名など
	Ⅶ -66	7142	Cep	21 46	+ 65 48	OC	9.3	4′	
	Ⅶ -53	7209	Lac	22 05	+ 46 30	OC	6.7	25′	
	Ⅶ -41	7296	Lac	22 28	+ 52 17	OC	10p	4′	
	Ⅶ -43	7419	Cep	22 54	+ 60 50	OC	13p	2′	
*	Ⅶ -44	7510	Cep	23 12	+ 60 34	OC	7.9	4′	
	Ⅶ -55	7762	Cep	23 50	+ 68 02	OC	10p	11′	
	Ⅶ -56	7790	Cas	23 58	+ 61 13	OC	8.5	17′	

クラスⅧ：雑然と散在した星団（89）

H DSG		NGC	星座	α	δ	Type	M	Size	通称名など
	Ⅷ -29	7826	Cet	00 05	− 20 44	NE	—		
	Ⅷ -59	129	Cas	00 30	+ 60 14	OC	6.5	21′	
*	Ⅷ -78	225	Cas	00 43	+ 61 47	OC	7.0	12′	
	Ⅷ -64	381	Cas	01 08	+ 61 35	OC	9p	6′	
	Ⅷ -66	1027	Cas	02 43	+ 61 33	OC	6.7	20′	
	Ⅷ -65	659	Cas	01 44	+ 60 42	OC	7.9	5′	
	Ⅷ -88	1342	Per	03 32	+ 37 20	OC	6.7	14′	
	Ⅷ -84	1348	Per	03 34	+ 51 26	OC	—		
	Ⅷ -80	1444	Per	03 49	+ 52 40	OC	6.6	4′	
	Ⅷ -85	1545	Per	04 21	+ 50 15	OC	6.2	18′	
	Ⅷ -70	1582	Per	04 32	+ 43 51	OC	7p	37′	
*	Ⅷ -8	1647	Tau	04 46	+ 19 04	OC	6.4	45′	
	Ⅷ -7	1663	Ori	04 49	+ 13 10	OC	—		
	Ⅷ -59	1664	Aur	04 51	+ 43 42	OC	7.6	18′	
	Ⅷ -43	1750	Tau	05 04	+ 23 39	OC	—		
	Ⅷ -61	1778	Aur	05 08	+ 37 03	OC	7.7	7′	
	Ⅷ -41	1802	Tau	05 10	+ 24 06	NE	—		
	Ⅷ -4	1896	Tau	05 25	+ 20 10	NE	—		
	Ⅷ -42	1996	Tau	05 38	+ 25 49	NE	—		
	Ⅷ -28	2026	Tau	05 43	+ 20 07	NE	—		
	Ⅷ -2	2063	Ori	05 47	+ 08 48	NE	—		
	Ⅷ -26	2129	Gem	06 01	+ 23 18	OC	6.7	7′	
	Ⅷ -68	2126	Aur	06 03	+ 49 54	OC	10p	6′	
*	Ⅷ -24	2169	Ori	06 08	+ 13 57	OC	5.9	7′	「37」星団
	Ⅷ -6	2180	Ori	06 10	+ 04 43	NE	—		
*	Ⅷ -25	2232	Mon	06 27	− 04 45	OC	3.9	30′	
	Ⅷ -9	2234	Gem	06 29	+ 16 41	NE	—		
	Ⅷ -49	2240	Aur	06 33	+ 35 12	NE	—		
	Ⅷ -3	2251	Mon	06 35	+ 08 22	OC	7.3	10′	
	Ⅷ -50	2252	Mon	06 35	+ 05 23	OC	8p	20′	
	Ⅷ -48	2260	Mon	06 38	− 01 28	NE	—		
*	Ⅷ -5 = V-27	2264	Mon	06 41	+ 09 53	OC	3.9	20′	クリスマスツリー星団
	Ⅷ -31	2286	Mon	06 48	− 03 10	OC	7.5	15′	
*	Ⅷ -71	2281	Aur	06 49	+ 41 04	OC	5.4	15′	
	Ⅷ -39	2302	Mon	06 52	− 07 04	OC	8.9	2′	
	Ⅷ -51	2306	Mon	06 55	− 07 11	NE	—		
	Ⅷ -60	2311	Mon	06 58	− 04 35	OC	10p	7′	
	Ⅷ -1B	2319	Mon	07 01	+ 03 04	NE	—		
	Ⅷ -40	2331	Gem	07 07	+ 27 21	OC	9p	18′	
	Ⅷ -32	2335	Mon	07 07	− 10 05	OC	7.2	12′	
	Ⅷ -33	2343	Mon	07 08	− 10 39	OC	6.7	7′	
	Ⅷ -34	2353	Mon	07 15	− 10 18	OC	7.1	20′	
	Ⅷ -45	2358	CMa	07 17	− 17 03	NE	—		
	Ⅷ -27	2367	CMa	07 20	− 21 56	OC	7.9	4′	

クラスⅧ：雑然と散在した星団（89）

	H DSG	NGC	星座	α	δ	Type	M	Size	通称名など
	Ⅷ-35	2374	CMa	07 24	− 13 16	OC	8.0	19′	
	Ⅷ-44	2394	CMI	07 29	+ 07 02	NE	—	—	
	Ⅷ-11	2395	Gem	07 27	+ 13 35	OC	8.0	12′	
	Ⅷ-36	2396	Pup	07 28	− 11 44	OC	7p	10′	
	Ⅷ-52	2413	Pup	07 33	− 13 06	NE	—	—	
	Ⅷ-37	2414	Pup	07 33	− 15 27	OC	7.9	4′	
*	Ⅷ-38	2422	Pup	07 37	− 14 30	OC	4.4	30′	= M47
	Ⅷ-87	2425	Pup	07 38	− 14 52	OC	—	3′	
	Ⅷ-47	2428	Pup	07 39	− 16 31	NE	—	—	
	Ⅷ-46	2430	Pup	07 39	− 16 21	NE	—	—	
*	Ⅷ-1	2509	Pup	08 01	− 19 04	OC	9.3	4′	
	Ⅷ-30	2527	Pup	08 05	− 28 10	OC	6.5	22′	
	Ⅷ-10	2678	Cnc	08 50	+ 11 20	NE	—	—	
	Ⅷ-53	6507	Sgr	18 00	− 17 24	OC	10p	7′	
	Ⅷ-54	6561	Sgr	18 10	− 16 48	NE	—	—	
	Ⅷ-55	6596	Sgr	18 18	− 16 40	OC	—	—	
	Ⅷ-15	6604	Ser	18 18	− 12 14	OC	6.5	2′	
*	Ⅷ-72	6633	Oph	18 28	+ 06 34	OC	4.6	27′	
	Ⅷ-14	6647	Sgr	18 32	− 17 21	OC/NE?	8p	—	第13章参照
*	Ⅷ-12	6664	Sct	18 37	− 08 13	OC	7.8	16′	
	Ⅷ-13	6728	Aql	19 00	− 08 57	NE	—	—	
	Ⅷ-81	6793	Vul	19 23	+ 22 11	OC	—	—	
	Ⅷ-21	6800	Vul	19 27	+ 25 08	OC	—	—	
	Ⅷ-73	6828	Aql	19 50	+ 07 55	NE	—	—	
	Ⅷ-16	6834	Cyg	19 52	+ 29 25	OC	7.8	5′	
	Ⅷ-18	6837	Aql	19 54	+ 11 41	OC	—	—	
	Ⅷ-19	6840	Aql	19 55	+ 12 06	OC	—	—	
	Ⅷ-86	6874	Cyg	20 08	+ 38 33	NE	—	—	
*	Ⅷ-22	6882	Vul	20 12	+ 26 33	OC	8.1	18′	
*	Ⅷ-20	6885	Vul	20 12	+ 26 29	OC	8.1	20′	= C37
	Ⅷ-83	6895	Cyg	20 16	+ 50 14	NE	—	—	
*	Ⅷ-56	6910	Cyg	20 23	+ 40 47	OC	6.7	8′	
	Ⅷ-17	6938	Vul	20 35	+ 22 15	NE	—	—	
	Ⅷ-23	6950	Del	20 41	+ 16 38	NE	—	—	
	Ⅷ-82	6989	Cyg	20 54	+ 45 17	NE	—	—	
	Ⅷ-76	6991	Cyg	20 57	+ 47 25	OC			
	Ⅷ-58	6997	Cyg	20 57	+ 44 38	OC	10p	15′	
	Ⅷ-57	7024	Cyg	21 06	+ 41 30	NE	—	—	
	Ⅷ-74	7031	Cyg	21 07	+ 50 50	OC	9.1	5′	
	Ⅷ-67	7160	Cep	21 54	+ 62 36	OC	6.1	7′	
	Ⅷ-63	7234	Cep	22 12	+ 56 58	NE	—	—	
*	Ⅷ-75	7243	Lac	22 15	+ 49 53	OC	6.4	21′	= C16
	Ⅷ-77	7380	Cep	22 47	+ 58 06	OC	7.2	12′	
	Ⅷ-69	7686	And	23 30	+ 49 08	OC	5.6	15′	
	Ⅷ-62	7708	Cep	23 34	+ 72 55	NE	—	—	

233

著者について

　ジェームズ・マラニーは，天文学に関する著述家・講演家・コンサルタント．天界の驚異の観測に関する 500 編以上の記事と，5 冊の本を著し，肉眼・双眼鏡・望遠鏡によるその天体観測記録は 20,000 時間を超える．ピッツバーグにあるブール・プラネタリウムおよびポピュラー・サイエンス研究所学芸員，その後デュポン・プラネタリウムの館長を歴任．ピッツバーグ大学のアレゲニー天文台の天文スタッフ，さらに『スカイ・アンド・テレスコープ』『アストロノミー』『スター・アンド・スカイ』各誌の編集者として勤務．カール・セーガンが賞を受けた，PBS テレビの連続番組「コスモス」に貢献した一人であり，その仕事は，アーサー・クラーク，ジョ

写真 1　自著『天界の贈り物—望遠鏡による観望・観想に適した 300 余の宇宙の見どころ』(*Celestial Harvest: 300-Plus Showpieces of the Heavens for Telescope Viewing and Contemplation*) を手にした筆者．同書は最初 1998 年に自費出版され (2000 年に改訂)，2002 年にドーバー社から再刊された．この本ができるまでには 40 年以上の歳月がかかっており，ここで見どころとして挙がっているものには，ハーシェル大体でも最良のものが含まれている．
Courtesy of Warren Greenwald.

著者について

ニー・カーソン，レイ・ブラッドベリ，ヴェルナー・フォン・ブラウン博士，そして元教え子である NASA の科学者・宇宙飛行士のジェイ・アブト博士といった著名人（そして星仲間）からも認められた．彼の 50 年に及ぶ「天界の使徒」としての任務は，常に「宇宙を祝福せよ！」（Celebrate the Universe!）というものであり，夜空の荘厳さを見上げて星を眺める喜びを自ら経験するよう，他の者たちを仕向けることだった．2005 年 2 月には，権威ある王立天文学会（ロンドン）の会員に選出された．これまでシュプリンガー社のために，『二重星・多重星とその観測』（*Double and Multiple Stars and How to Observe Them*, 2005）および『天体望遠鏡と双眼鏡の購入・活用ガイド』（*A Buyer's and User's Guide to Astronomical Telescopes and Binoculars*, 2007）の 2 冊の本を書いている．

写真 2 愛機とともに写る筆者．セレストロン製の 13cm シュミット・カセグレン式鏡筒を，微動装置がついた昔の頑丈なユニトロン製経緯台に載せてある．優秀な光学系を持ち，全重量はわずかに 5.4 キロという．この機動性の高い機材はどんな場所にも移動可能で，使い勝手は非常に良い．口径は比較的小さいが，本書に挙げたハーシェル天体は，すべてこの機材で見ることができる．Photo by Sharon Mullaney.

訳者あとがき

　本書は，James Mullaney 著，*The Herschel Objects and How to Observe Them*（Springer, 2007）の全訳である．

　内容は，ご覧の通り5〜36センチ級の機材で楽しめるハーシェル天体のガイドブックであり，主にメシエ天体を一通り眺めた中〜上級の天文ファンを念頭において書かれている．ハーシェル天体という対象の目新しさもさることながら，本書の大きな特徴は，著者が徹底的に眼視の魅力にこだわった点だろう．

　天文ファンの中には，かつて初めて深宇宙天体に望遠鏡を向けたとき，期待したような「渦巻く大銀河」は影も形もなくて，がっかりした経験をお持ちの方も少なくないと思う．しかし，天体の姿を，たとえかすかな光のしみとしてであれ，自分の目で見ることの意義をマラニー氏は力説してやまない．

　近年のアマチュア天文界は，自動導入，デジタル撮像，そして高度な画像処理等，デジタル化の進展が著しい．確かにそうした技術によって，「渦巻く大銀河」が手軽に楽しめるようになったのは，深宇宙ファンにとって大きな福音であることは間違いない．そうしたデジタル技術のメリットも熟知した上で，著者があえて眼視にこだわったのは，一つにはウィリアム・ハーシェルという，現代天文学の偉大な父を追体験する喜びを，そしてまた光子(フォトン)を介して何千万光年も離れた遠くの天体と，（比喩的な意味ではなく）じかに触れ合うことの素晴らしさを人々に伝えたいという，「天界の使徒」としての熱い思いからである．全身で宇宙と向き合う喜びを思い起こして，多くの天文ファンに，ぜひ今一度眼視に挑戦していただければと思う．何しろ，見ようと思えば「かすかな光のしみ」以上のものを見ることができる大型機材も，今や十分身近な存在なのだから．

　本書を訳すにあたり，星座の配列をアルファベット順から五十音順に改めるかどうか，また，原著にないファインディング・チャートをつけるかどうか迷ったが，本書の対象読者を考慮し，また著者の意図を汲んで，あえて手を加えなかった．この点どうかご了解いただきたい．

　著者マラニー氏には，翻訳の過程で不明の箇所について懇切にご教示をいただいたほか，図版の入手についても温かいご配慮をいただいた．また地人書館の永山幸男氏には，本書の企画段階から訳稿の完成まで，全面的にお世話になった上，多く

訳者あとがき

の的確なご助言をいただいた．この場を借りて両氏に厚く御礼申し上げる．

　なお，本書を読まれてハーシェルに興味を持たれた方は，訳者も参加している「日本ハーシェル協会」のサイト（http://www.ne.jp/asahi/mononoke/ttnd/herschel/）を一度ご覧いただきたい．本書の刊行によって，ハーシェルファンが一人でも増え，さらに日本で新たにハーシェル・クラブが誕生するきっかけともなれば，訳者としては望外の幸せである．

角田玉青（日本ハーシェル協会）

　付記：マラニー氏の経歴は別に記した通りだが，本書の校正段階で，氏が Wil Tirion 氏と共同で著した最新刊，*The Cambridge Double Star Atlas*（Cambridge University Press, 2009）のご案内をいただいたので，ここに付記する．二重星・多重星こそ，星雲・星団と並んでハーシェル父子が最も力を注いだ観測対象であり，これは二重星ファンにとってはもちろん，実践派ハーシェリアンにとっても見逃せない1冊となるだろう．

索　引

【あ　行】

アイピース　49
アイリス星雲　96
青い雪玉　91
アマチュア　21
網状星雲　124,125
アルクトゥールス　47
暗順応　43-45
アンタレス　47
アンドロメダ座β星　173
アンブロージ，デイビッド
　　David Ambrosi　197
いっかくじゅう座10番星　165
いっかくじゅう座15番星（S星）
　　166
いっかくじゅう座β星　35,165
偽りの彗星　173
糸状星雲　124,125
『ウィリアム・ハーシェル卿』
　　Sir William Herschel　26
ウェッブ　T.W.Webb　37
ウェッブの原始惑星状星雲
　　190
『宇宙の驚異1001個』　1001
　　Celestial Wonders　37,58,205
宇宙の「計量」　207
『ウラノメトリア2000年分点版』
　　Uranometria 2000.0　55
エスキモー星雲　103
エッジオン　38
黄金の竪琴星団　153
おおいぬ座τ星星団　154
大しけの海　119
オブザヴァトリー・ハウス
　　213

オリオン座42番星　130
オリオン座45番星　130

【か　行】

『改訂版 非恒星天体新総合目録』
　　The Revised New General
　　Catalogue of Nonstellar
　　Astronomical Objects, RNGC
　　197
回転花火銀河　133,183
牡蠣星雲　93
かたつむり星雲　101
傾いたディナー皿　133
カロライン星団　23,138
観測テクニックの必要性　43
観測ノート　52,53
桿体　44,45,47
カンタベリー大司教　34
北アメリカ星雲　126
狐の頭星団　189
鏡金　29
鏡筒径　51
局所的シーイング　51
銀河間の放浪者　74
キング，ヘンリー　Henry King
　　33
銀メッキガラス鏡　21,29
くさび　87
鯨銀河　120
クラーク，アグネス　Agnes
　　Clarke　27
クリスマスツリー星団　165
絹雲星雲　126
『ケンブリッジ星図』
　　Cambridge Star Atlas　54,55

光害　51
光学的二重星　207
広視野望遠鏡　49
『コールドウェル・カタログ』
　　Caldwell Catalog　38
コーン星雲　166
古代の神　188
木っ端銀河　70,176,177
子持ち銀河　65
コルク星雲　77

【さ　行】

『索引目録』　Index Catalogues
　　40
サレンティック，ジャック
　　Jack Sulentic　197
さんかく座銀河　133
「37」星団　167
三裂星雲　38,109,132
シーイング　49-51
　　局所的――　51
視界
　　実――　49
　　見かけ――　49
色彩の知覚　46
視紅　44
しし座の三つ組み銀河　128,129
獅子の大鎌　38
実視界　49
シノット，ロジャー　Roger
　　Sinnott　40,41,56
「10ft」反射望遠鏡　29
視野　48
シャボン玉星雲　174
シャム双生児　113

239

索 引

秀麗星 63
シュミット・カセグレン式カタディオプトリック望遠鏡 48,51
小亜鈴星雲 77
ジョージⅢ世 King George Ⅲ 23
　——の星 23
触角銀河 97
シリウス伴星の白色矮星 43
彗星掃査望遠鏡（カロラインの） 23
錐体 44,45,47
『スカイアトラス2000年分点版』 Sky Atlas 2000.0 55
『スカイ・アンド・テレスコープ・ポケット星図』 Sky & Telescope's Pocket Sky Atlas 55
スターホッピング 54,55
スティーブンの原始惑星状星雲 190
ステファンの五つ子 76
ストルーベ5N 191
ストルーベ6N 191,193
ストルーベ151番星 138
ストルーベ152番星 138
ストルーベ153番星 138
ストルーベ484番星 153
ストルーベ485番星 153
ストルーベ848番星 168
ストルーベ1121番星 169
ストルーベ1664番星 87
ストルーベ2890番星 165
スペースウォーク 49
スミス W.H.Smyth 37
スミスの野鴨星団 170
星雲 31
『星雲・星団新総合目録』 New General Catalogue of Nebulae and Clusters of Stars, NGC 25,40
『星雲総合目録』 General Catalogue of Nebulae, GC 40

そらし目 45,46
空の穴 159
空のカリフォルニア 146
空のクラゲ 103
ソンブレロ銀河 87,88

【た 行】
大気
　——の状態 49
　——の透明度 50
太陽向点 207
凧（銀河） 183
凧星団 157
小さな宝石星雲 109
小さなや（矢）座 87
小さな幽霊星雲 106
ちょうこくしつ座銀河 133
ティーズデイル，サラ Sarah Teasdale 208
ティフト，ウィリアム William Tifft 197
『天界の贈り物——望遠鏡による観望・観想に適した300余の宇宙の見どころ』 Celestial Harvest: 300-Plus Showpieces of the Heavens for Telescope Viewing and Contemplation 173
天界の構造 21
電気アーク銀河 181
『天体望遠鏡と双眼鏡の購入・活用ガイド』 A Buyer's and User's Guide to Astronomical Telescopes and Binoculars 43
天王星 23,29
道化の顔星雲 103,143
土星状星雲 92
ドブソニアン望遠鏡 51
とも座19番星 158
ドレイヤー J.L.E.Dreyer 40,41
トンボ星団 155

【な 行】
夏の蜂の巣 193

「7ft」反射望遠鏡 22,29-31,35
『二重星・多重星とその観測』 Double and Multiple Stars and How to Observe Them 36
二重星団 146,147
「20ft」反射望遠鏡 25,29,31,35
ニュートン式望遠鏡 29
猫の目星雲 101
年周視差 207
ノーズワーシー，トム Tom Noseworthy 212
ノートン，アーサー Arthur P. Norton 56
『ノートン星図』 Norton's Star Atlas 54-56
『ノートン星図2000年分点版』 Norton's 2000.0 56
『ノルトン星図』 →『ノートン星図』

【は 行】
ハーシェル，ウィリアム William Herschel
　ウィリアム・——協会 212
　ウィリアム・——卿とは 21
　——・クラス 36
　——のカタログ 35,36
　——の屈性望遠鏡製作 29
　——の肖像画 22,206
　——の（天体の）名称 56
　——の反射望遠鏡製作 29
　——の防寒対策 57
ハーシェル，カロライン Caroline Herschel 23,52,57,167
　——の肖像画 24
ハーシェル，ジョン John Herschel 25,35,40
　——の肖像画 25,26
『ハーシェル家と現代天文学』 The Herschels and Modern Astronomy 27
ハーシェル式望遠鏡 32
「ハーシェル証明書」 52
ハーシェルの驚異星 35,165

240

『ハーシェル・パートナーシップ――キャロラインの視点から』 The Herschel Partnership: As Viewed by Caroline 23
バーナードの矮銀河 110,194
バーナード86番 159
バーナム，ロバート Robert Burnhum 38
『バーナムの天界ハンドブック』 Burnham's Celestial Handbook 38
バーニングブッシュ（燃える木立）星雲 131
バーベル星雲 77
バーンズ C.E.Barns 37,58,205
倍率 48
ハインドの変光星雲 195
はくちょう座κ星 124,125
はくちょう座大ループ 125
はくちょう座の泡 100
走る男星雲 131
バタフライ星雲 77
ハッブル，エドウィン Edwin Hubble 105
――の変光星雲 105
華やかな隣人（M53）からさまよい出た魂 141
バブル星雲 94
バラ星雲 192
バラ星団 157
光の犯罪 52
ピカリング，ウィリアム W.H.Pickering 105,193
ヒクソン銀河群44番 180
ヒューストン，ウォルター・スコット Walter Scott Houston 198
フォックスヘッド（狐の頭）星団 189
ふくろう星雲 135
ふくろう星団 155
『普通の望遠鏡向きの天体』 Celestial Objects for Common Telescopes 37

冬のアルビレオ 36,155
『ブライト・スターアトラス 2000年分点版』 Bright Star Atlas 2000.0 54,55
ブルーフラッシュ星雲 100
プルキンエ効果 47
フレーミングスター（燃える星）星雲 187
ブレナン，パトリック Patrick Brennan 197,212
フロント・ビュー方式 32
ベール星雲 124,125
ベガ 46
『ベッドフォード・カタログ――「天体の回転」より』 The Bedford Catalog from A Cycle of Celestial Objects 37
ベテルギウス 46
『望遠鏡の歴史』 The History of the Telescope 34
帽子のつば 87
紡錘銀河 80
ホールデン，エドワード Edward Holden 26
『ポケット星図』 Pocket Sky Atlas 56
星の門 87
『星百科大事典』 38
ホスキン，マイケル Michael Hoskin 23
ホッケースティック銀河 64
炎星雲 131

【ま 行】

まばたき星雲 46,98,99
繭銀河 63
繭星雲 190
見かけ視界 49
三日月星雲 100,182
ムーア，パトリック Patrick Moore 38,213
メシエ，シャルル Charles Messier 37,206
――・カタログ（あるいはリスト） 37,38

目玉星雲 104
目の鋭さ 47
もう一つの海王星 103
燃える木立星雲 131
燃える星星雲 187
木星状星雲 104
木星の幽霊 104
モリス T.F.Morris 212

【や 行】

矢印 87
八つ裂き星雲 39
「40ft」巨大望遠鏡 31-34

【ら 行】

ラ・スパーバ 63
らせん星雲 186
ラッセル，ウィリアム William Lassell 102
――の最も驚くべき天体 102
――の喜び 141
ランニングマン星雲 131
リゲル 46
リッチ・フィールド・テレスコープ 49
両目銀河 85
リングテール銀河 97
レース星雲 126
ロドプシン 44

【欧 文】

A Buyer's and User's Guide to Astronomical Telescopes and Binoculars 43
another Neptune 103
Antennae Galaxy 97
Arrow 87
Barbell Nebula 77
Barnard's Dwarf Galaxy 110,194
Bedford Catalog from A Cycle of Celestial Objects 37
Blinking Planetary 98
Blue Flash Nebula 100

索　引

Blue Snowball　91
Bright Star Atlas 2000.0　54,55
Burnham's Celestial Handbook　38
Burning Bush Nebula　131
Butterfly Nebula　77

Caldwell Catalog　38
Cambridge Star Atlas　54,55
Caroline's Cluster　138
Cat's Eye Nebula　101
CBS Nebula　104
Celestial Harvest: 300-Plus Showpieces of the Heavens for Telescope Viewing and Contemplation　173
celestial jellyfish　103
Celestial Objects for Common Telescopes　37
Cirrus Nebula　126
Clown Face Nebula　103
Cocoon Galaxy　63
Cone Nebula　166,190
Cork Nebula　77
Crescent Nebula　100,182
Cygnus Bubble　100

Double and Multiple Stars and How to Observe Them　36
Double Cluster　146
Dragonfly Cluster　155
Dumbbell Nebula　77

Electric Arc Galaxy　181
Eskimo Nebula　103
ET Cluster　155
Eye Nebula　104
Eyes　85

False Comet　173
Filamentary Nebula　124,125
Flame Nebula　131
Flaming Star Nebula　187
Foxhead Cluster　189

General Catalogue of Nebulae, GC　40
Golden Harp Cluster　153
Go-To 機器　54
GPS 技術　54
Great Cygnus Loop　125

h3945　36,155
Helix Nebula　186
Herschel Partnership: As Viewed by Caroline　23
Herschels and Modern Astronomy　27
Herschel's Wonder Star　35,165
Hickson Galaxy Group #44　180
Hind's Variable Nebula　195
History of the Telescope　34
HN40　109,132
Hockey Stick Galaxy　64
hole in the sky　159
Hubble's Variable Nebula　105
Humpback Whale Galaxy　120

Index Catalogues　40
Intergalactic Wanderer　74
Iris Nebula　96

Jupiter's Ghost　104

Kite (galaxy)　183
Kite Cluster　157

Lacework nebula　126
Lassell's Delight　142
Lassell's Most Extraordinary Object　102
Leo Triplet of spirals　128
Little Gem Nebula　109
Little Ghost Nebula　106
Little Sagitta　87

M 天体　37

New General Catalogue of Nebulae and Clusters of Stars, NGC　25,40

NGC　54,56
NGC2000.0　40,41
North America Nebula　126
Norton's 2000.0　56
Norton's Star Atlas　54-56

ocean of turbulence　119
Owl Cluster　155
Oyster Nebula　93

Pinwheel Galaxy　133,183
Pocket Sky Atlas　56

Revised New General Catalogue of Nonstellar Astronomical Objects, RNGC　197
RFT　49
Ring-Tail Galaxy　97
RNGC　197
Rosette Cluster　157
Rosette Nebula　192
Running Man Nebula　131

Saturn Nebula　92
Sculptor Galaxy　133
Siamese Twins　113
Sir William Herschel　26
Sky & Telescope's Pocket Sky Atlas　55
Sky Atlas 2000.0　55
Smyth's Wild Duck Cluster　170
Snail Nebula　101
Soap Bubble Nebula　174
Sombrero Galaxy　87
Spindle Galaxy　80
Splinter Galaxy　176,177
Stargate　87
Stephan's Quintet　76
Stephen's Protoplanetary　190
Summer Beehive　193

Tau CMA Cluster　154
Triangulum Galaxy　133
Trifid Nebula　109,132

242

Uranometria 2000.0 55	Wedge 87	「10ft」反射望遠鏡　29
	Whirlpool Galaxy 65	「20ft」反射望遠鏡　25,29
Veil Nebula 124,125		「37」星団　167
	【数　字】	*1001 Celestial Wonders* 37,58
Webb's Protoplanetary 190	「7ft」反射望遠鏡　22	

◎ハーシェル天体名

HⅠ-2 62	HⅠ-150 79,183	HⅡ-317 177	HⅣ-73 46,98
HⅠ-3 81	HⅠ-156 79	HⅡ-391 175	HⅣ-74 96
HⅠ-4 81	HⅠ-163 80	HⅡ-472 122	HⅣ-76 95,140
HⅠ-9 84	HⅠ-168 82	HⅡ-538 89	HⅣ-79 111
HⅠ-13 74	HⅠ-176 64	HⅡ-586 79,182	HⅤ-1 122,133
HⅠ-17 73	HⅠ-177 64	HⅡ-701 178	HⅤ-8 128
HⅠ-18 73	HⅠ-186 65	HⅡ-707 175	HⅤ-10 132
HⅠ-19 66	HⅠ-193 77	HⅡ-757 70	HⅤ-11 132
HⅠ-24 86	HⅠ-195 62	HⅡ-759 70,176	HⅤ-12 132
HⅠ-25 88	HⅠ-197 63	HⅢ-150 38,183	HⅤ-14 125
HⅠ-28.1 85	HⅠ-198 63	HⅢ-743 174	HⅤ-15 124
HⅠ-28.2 85	HⅠ-200 75	HⅣ-1 92	HⅤ-17 133
HⅠ-31 85	HⅠ-201 82	HⅣ-2 105	HⅤ-18 115
HⅠ-34 61	HⅠ-203 82	HⅣ-8 113	HⅤ-19 116
HⅠ-35 84	HⅠ-205 81	HⅣ-9 113	HⅤ-20 122
HⅠ-38 85	HⅠ-206 83	HⅣ-11 106	HⅤ-24 123
HⅠ-39 88	HⅠ-213 62	HⅣ-16 100	HⅤ-25 121
HⅠ-43 87	HⅠ-215 69	HⅣ-18 91	HⅤ-27 165
HⅠ-47 79	HⅠ-218 74	HⅣ-26 102	HⅤ-28 131
HⅠ-48 75	HⅠ-224 83	HⅣ-27 104	HⅤ-30 130,193
HⅠ-52 69	HⅠ-231 83	HⅣ-28.1 97	HⅤ-32 128
HⅠ-53 76	HⅠ-241 39	HⅣ-28.2 97	HⅤ-37 126
HⅠ-55 76	HⅠ-252 83	HⅣ-34 107	HⅤ-41 119
HⅠ-56 38,71	HⅠ-253 82	HⅣ-37 101	HⅤ-42 120
HⅠ-57 38,71	HⅡ-6 175	HⅣ-39 107	HⅤ-43 120
HⅠ-64 71	HⅡ-41 73	HⅣ-41 109	HⅤ-44 118
HⅠ-65 67	HⅡ-44 180	HⅣ-45 103,143	HⅤ-45 136
HⅠ-70 89	HⅡ-45 180	HⅣ-50 39,103	HⅤ-46 135
HⅠ-75 66	HⅡ-52 181	HⅣ-51 109,194	HⅤ-48 128
HⅠ-84 67	HⅡ-69 86	HⅣ-52 94	HⅤ-50 117
HⅠ-92 67	HⅡ-74 88	HⅣ-53 93	HⅤ-51 126
HⅠ-96 65	HⅡ-75 89,183	HⅣ-54 62	HⅥ-1 143
HⅠ-103 69	HⅡ-196 179	HⅣ-58 97	HⅥ-5 146
HⅠ-107 71	HⅡ-224 173	HⅣ-61 112	HⅥ-7 141
HⅠ-112 61	HⅡ-240 181	HⅣ-64 108	HⅥ-8? 144
HⅠ-126 89	HⅡ-297 184	HⅣ-69 39,110	HⅥ-9 137
HⅠ-139 84	HⅡ-316 177	HⅣ-72 100	HⅥ-10 149

243

H Ⅵ-17	141	H Ⅶ-12	154	H Ⅷ-8	171	H Ⅷ-47	202
H Ⅵ-19	144	H Ⅶ-17	154	H Ⅷ-9	201	H Ⅷ-48	201
H Ⅵ-20	150	H Ⅶ-19	152	H Ⅷ-10	200	H Ⅷ-49	200
H Ⅵ-21	142	H Ⅶ-21	160	H Ⅷ-12	170	H Ⅷ-51	201
H Ⅵ-22	143	H Ⅶ-32	151	H Ⅷ-13	200	H Ⅷ-52	202
H Ⅵ-23	149	H Ⅶ-33	153	H Ⅷ-14	199,202	H Ⅷ-54	202
H Ⅵ-25	148	H Ⅶ-42	155	H Ⅷ-17	203	H Ⅷ-56	164
H Ⅵ-27	144	H Ⅶ-44	156	H Ⅷ-20	171	H Ⅷ-57	201
H Ⅵ-30	23,138	H Ⅶ-46	138	H Ⅷ-22	171	H Ⅷ-62	200
H Ⅵ-31	137	H Ⅶ-47	153	H Ⅷ-23	201	H Ⅷ-63	200
H Ⅵ-33	146	H Ⅶ-48	156	H Ⅷ-24	167	H Ⅷ-65	138
H Ⅵ-34	146	H Ⅶ-59	157	H Ⅷ-25	165	H Ⅷ-71	163
H Ⅵ-37	145	H Ⅶ-61	158	H Ⅷ-28	202	H Ⅷ-72	167
H Ⅵ-40	145,146	H Ⅶ-64	159	H Ⅷ-29	201	H Ⅷ-73	200
H Ⅵ-42	95,139	H Ⅷ-1	170	H Ⅷ-38	168	H Ⅷ-75	164
H Ⅶ-2	157,192	H Ⅷ-1B	201	H Ⅷ-41	202	H Ⅷ-78	163
H Ⅶ-4	160,196	H Ⅷ-2	202	H Ⅷ-42	202	H Ⅷ-82	201
H Ⅶ-7	159	H Ⅷ-4	202	H Ⅷ-44	198,200	H Ⅷ-83	201
H Ⅶ-8	161	H Ⅷ-5	165	H Ⅷ-45	200	H Ⅷ-86	201
H Ⅶ-11	158	H Ⅷ-6	202	H Ⅷ-46	202		

◎ NGC，IC 天体名

IC342	187	NGC559	156	NGC1501	93	NGC2158	141
IC405	187	NGC598	133	NGC1502	153	NGC2169	167
IC1295	80	NGC604	38,183	NGC1514	39,110	NGC2180	201,202
IC1613	189	NGC650	77	NGC1528	158	NGC2194	146
IC4665	193	NGC651	77	NGC1535	102	NGC2232	165
IC5146	190	NGC654	138	NGC1554	195	NGC2234	201
NGC40	97	NGC659	138	NGC1555	195	NGC2237	192
NGC55	39	NGC663	137	NGC1647	171	NGC2240	199,200
NGC147	187	NGC752	151	NGC1758	160	NGC2244	157,192
NGC185	175	NGC772	61	NGC1788	128	NGC2260	201
NGC188	188	NGC869	146	NGC1802	202	NGC2261	105
NGC205	115	NGC884	146	NGC1807	196	NGC2264	165
NGC225	163	NGC891	116	NGC1817	160,196	NGC2266	142
NGC246	121	NGC1023	79	NGC1857	153	NGC2281	163
NGC247	122	NGC1055	175	NGC1896	202	NGC2301	144
NGC253	122,133	NGC1084	71	NGC1977	130,193	NGC2306	201
NGC255	122	NGC1097	128	NGC1981	193	NGC2319	201
NGC281	187	NGC1245	148	NGC1996	202	NGC2358	200
NGC288	150	NGC1316	39	NGC2022	107	NGC2360	154
NGC300	39	NGC1360	190	NGC2024	131	NGC2362	154
NGC404	173	NGC1365	39	NGC2026	202	NGC2371	177
NGC457	155	NGC1407	71	NGC2063	201,202	NGC2372	177

NGC2392	103,143	NGC3938	82	NGC5053	141	NGC6822	110,194
NGC2394	200	NGC3953	136	NGC5195	65	NGC6826	46,98
NGC2403	118	NGC3992	112	NGC5247	184	NGC6828	199,200
NGC2413	201,202	NGC4036	82	NGC5248	61	NGC6866	157
NGC2419	74	NGC4038	97	NGC5466	137	NGC6874	200,201
NGC2420	143	NGC4039	97	NGC5473	83	NGC6882	171
NGC2422	168	NGC4041	83	NGC5634	89	NGC6885	171
NGC2428	202	NGC4085	83	NGC5694	179	NGC6888	100
NGC2430	202	NGC4088	83	NGC5740	89	NGC6895	200,201
NGC2438	107	NGC4111	62	NGC5746	89	NGC6905	100
NGC2440	108	NGC4143	62	NGC5866	69	NGC6910	164
NGC2477	39	NGC4147	66	NGC5879	70	NGC6934	69
NGC2506	145	NGC4179	84	NGC5897	144	NGC6938	202,203
NGC2509	170	NGC4216	84	NGC5907	70,176	NGC6939	95,139
NGC2539	158	NGC4236	126	NGC6144	149	NGC6940	161
NGC2548	143	NGC4244	119	NGC6171	145	NGC6946	95,140
NGC2567	159	NGC4258	120	NGC6207	178	NGC6950	201
NGC2678	200	NGC4274	66	NGC6210	191	NGC6960	124
NGC2683	75	NGC4303	85	NGC6229	39,104	NGC6989	200,201
NGC2775	62	NGC4361	67	NGC6302	39	NGC6992	125
NGC2841	81	NGC4435	85	NGC6356	75	NGC6995	125
NGC2903	38,71	NGC4438	85	NGC6369	106	NGC7000	126
NGC2905	38,71	NGC4449	62	NGC6440	79,183	NGC7006	69
NGC2997	117	NGC4485	63	NGC6445	79,182	NGC7009	92
NGC3034	111	NGC4490	63	NGC6514	109,132	NGC7023	96
NGC3115	80	NGC4526	86	NGC6520	159	NGC7024	201
NGC3132	39	NGC4559	67	NGC6530	195	NGC7027	190
NGC3166	81	NGC4565	123	NGC6543	101	NGC7234	200
NGC3169	81	NGC4567	113	NGC6561	202	NGC7243	164
NGC3184	82	NGC4568	113	NGC6572	191,193	NGC7293	186
NGC3190	180	NGC4594	87	NGC6633	167	NGC7331	76
NGC3193	180	NGC4596	86	NGC6645	149	NGC7479	76
NGC3242	104	NGC4608	86	NGC6647	199,202	NGC7510	156
NGC3379	73	NGC4631	120	NGC6664	170	NGC7635	94
NGC3384	73	NGC4656	64	NGC6709	186	NGC7662	91
NGC3389	73	NGC4657	64	NGC6712	79	NGC7708	200
NGC3521	74	NGC4697	88	NGC6728	199,200	NGC7789	23,138
NGC3556	135	NGC4725	67	NGC6755	152	NGC7814	181
NGC3621	39	NGC4754	89	NGC6781	174	NGC7826	200,201
NGC3626	181	NGC4762	89,183	NGC6791	192		
NGC3628	128	NGC4889	175	NGC6818	109,194		
NGC3877	82	NGC5005	65	NGC6819	189		

245

索引

◎メシエ天体名

M4	149	M48	143	M81	111	M105	73
M11	170	M51	65	M82	38,111	M106	120
M20	38,109,132	M52	95	M95	73	M107	145
M29	164	M61	84	M96	73	M108	135
M33	37,38,133,134	M65	128	M97	135	M109	112
M35	141	M66	128	M101	38,70	M110	115
M46	107,169	M76	77	M102	38,69,70		
M47	168,169	M77	175	M104	87		

◎コールドウェル天体名

Caldwell 1	188	Caldwell 18	175	Caldwell 35	175	Caldwell 52	88
Caldwell 2	97	Caldwell 19	190	Caldwell 36	67	Caldwell 53	80
Caldwell 3	126	Caldwell 20	126	Caldwell 37	171	Caldwell 54	145
Caldwell 4	96	Caldwell 21	62	Caldwell 38	123	Caldwell 55	92
Caldwell 5	187	Caldwell 22	91	Caldwell 39	103	Caldwell 56	121
Caldwell 6	101	Caldwell 23	116	Caldwell 40	181	Caldwell 57	194
Caldwell 7	118	Caldwell 25	74	Caldwell 42	69	Caldwell 58	154
Caldwell 8	156	Caldwell 26	119	Caldwell 43	181	Caldwell 59	104
Caldwell 10	137	Caldwell 27	100	Caldwell 44	76	Caldwell 60	97
Caldwell 11	94	Caldwell 28	151	Caldwell 45	61	Caldwell 61	97
Caldwell 12	95	Caldwell 29	65	Caldwell 46	105	Caldwell 62	122
Caldwell 13	155	Caldwell 30	76	Caldwell 47	69	Caldwell 63	186
Caldwell 14	146	Caldwell 31	187	Caldwell 48	62	Caldwell 64	154
Caldwell 15	98	Caldwell 32	67,120	Caldwell 49	192	Caldwell 65	133
Caldwell 16	164	Caldwell 33	125	Caldwell 50	157	Caldwell 66	179
Caldwell 17	187	Caldwell 34	124	Caldwell 51	189	Caldwell 67	128

ハーシェル天体ウォッチング
The Herschel Objects and How to Observe Them

2009年8月1日　初版第1刷
著　者　ジェームズ・マラニー
訳　者　角田玉青
発行者　上條　宰
発行所　株式会社 地人書館
　　　　162-0835　東京都新宿区中町15
　　　　電話　03-3235-4422　FAX 03-3235-8984
　　　　郵便振替口座　00160 6 1532
　　　　e-mail chijinshokan@nifty.com
　　　　URL http://www.chijinshokan.co.jp/
印刷所　モリモト印刷
製本所　イマヰ製本

Ⓒ 2009 in Japan by Chijin Shokan
Printed in Japan.
ISBN978-4-8052-0813-7

|JCOPY| <(社)出版者著作権管理機構 委託出版物>
本書の無断複写は著作権法上での例外を除き禁じられています。複写される場合は、そのつど事前に㈳出版者著作権管理機構（電話 03-3513-6969、FAX 03-3513-6979、e-mail:info@jcopy.or.jp）の許諾を得てください。

●好評既刊

エリア別ガイドマップ 月面ウォッチング [新装版]
A.ルークル 著／山田 卓 訳
A4判／一二〇頁／本体四八〇〇円（税別）

月面上のクレーターや山脈といった地形は，小望遠鏡でもかなり細かい部分まで詳しい観察が可能である．本書は月面探索を楽しもうという天文ファンのために地球側の面を76のエリアに分け，それぞれに詳細でリアルな月面図と地形名の由来・解説を見開きで構成した，使いやすく便利な月面用区分地図帳．

エリア別ガイドマップ 星雲星団ウォッチング
浅田英夫 著
B5判／一六〇頁／本体二〇〇〇円（税別）

天体望遠鏡や双眼鏡を使った，楽しみのための星雲・星団観望に，何冊もの星図や解説書を持ち歩くのは似合わない．本書は，これ一冊で肉眼星図から，案内星図，詳細星図と各天体の解説書までを兼ね備えた初心者向けのガイドブック．著者の長年の体験による，その星雲・星団紹介はポイントを衝く．

天文学大事典
天文学大事典編集委員会 編
B5判／八三二頁／本体二四〇〇〇円（税別）

日本を代表する130人の天文学者，天文教育普及関係者によって，約5000項目を解説．簡潔な定義的説明と，重要度と必要性に応じて書き加えられた解説を組み合わせることによって，拡大する天文学各分野の多種多様な成果を紹介する．特に，マスメディアや科学教育の関係者を読者として想定している．

標準星図2000 [第2版]
中野 繁 著
B4判／二八頁／本体六〇〇〇円（税別）

最新の星表から作成した2000年分点星図．7.5等以上の恒星25,000個を，見開きB3判28枚の星図に収載．経緯度と天体だけを記載した白星図も収録．星雲星団，二重星，変光星には名前を併記．さらに電波源やX線源を記入し，さまざまなニーズに対応する．位置の読み取り，プロット用の赤経赤緯スケール付き．

●ご注文は全国の書店，あるいは直接小社まで

㈱地人書館　〒162-0835 東京都新宿区中町15　TEL 03-3235-4422　FAX 03-3235-8984
E-mail=chijinshokan@nifty.com　URL=http://www.chijinshokan.co.jp